海洋牧场通识

侯明鑫——主编

刘强 孙钦秀 陈婷婷——副主编

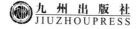
九州出版社
JIUZHOUPRESS

图书在版编目（CIP）数据

海洋牧场通识 / 侯明鑫主编 . -- 北京：九州出版社，2024.9. -- ISBN 978-7-5225-3382-7

Ⅰ. S953.2

中国国家版本馆 CIP 数据核字第 2024KY9930 号

海洋牧场通识

作　　者	侯明鑫　主编
责任编辑	陈丹青
出版发行	九州出版社
地　　址	北京市西城区阜外大街甲 35 号（100037）
发行电话	（010）68992190/3/5/6
网　　址	www.jiuzhoupress.com
印　　刷	唐山才智印刷有限公司
开　　本	710 毫米×1000 毫米　16 开
印　　张	17
字　　数	305 千字
版　　次	2025 年 1 月第 1 版
印　　次	2025 年 1 月第 1 次印刷
书　　号	ISBN 978-7-5225-3382-7
定　　价	95.00 元

序　言

　　海洋，这个覆盖了地球表面约三分之二的蔚蓝领域，自古以来就是人类探索与利用的重要对象。然而，随着人类活动的不断增加，海洋生态系统正面临着前所未有的压力与挑战。渔业资源的过度捕捞、海洋污染以及气候变化等问题，严重威胁着海洋生物的多样性和生态平衡。在这样的背景下，海洋牧场作为一种新型的渔业发展模式应运而生。

　　《海洋牧场通识》一书，正是基于这一背景编写而成，旨在为广大读者、科研人员及从业人员提供一本全面、系统、实用的海洋牧场知识指南。本书不仅深入探讨了海洋牧场的基本概念、发展历程、规划与管理原则，还详细介绍了技术前沿、社会责任与伦理道德、风险管理与应对策略等多个方面的内容，力求为读者构建一个完整的知识框架。

　　本书共分为十六章，每章内容均经过精心编排与撰写，以确保信息的准确性和时效性。从海洋牧场的基本概念与发展历程入手，逐步深入到规划与管理、技术前沿、生态保护与修复等核心议题。通过具体案例分析与实践项目展示，读者不仅能够理解理论知识，还能直观地感受到海洋牧场在实际应用中的效果与挑战。

　　在技术创新方面，本书重点介绍了智能监控系统、循环水养殖系统、基因编辑技术等前沿科技在海洋牧场中的应用。这些技术的引入，不仅显著提高了养殖效率和资源利用效率，还为海洋牧场的可持续发展提供了有力支持。同时，我们也深入探讨了这些技术可能带来的伦理与社会责任问题，引导读者在享受科技便利的同时，不忘对生态环境的尊重与保护。

　　在社会责任与伦理道德部分，本书强调了企业在海洋牧场开发过程中应承担的环境保护、社区参与、员工福祉及公平贸易等社会责任。通过具体案例和理论分析，展示了如何在追求经济效益的同时，实现社会效益与生态效益的双赢。这不仅是对企业的道德要求，也是实现海洋牧场可持续发展的必由之路。

　　面对海洋牧场可能面临的各种风险与挑战，本书还详细阐述了风险评估与应对策略。通过建立健全的风险评估与监测体系、制定科学可行的应急预案以及加强应急演练和培训等措施，确保海洋牧场在遭遇突发事件时能够迅速响应并有效应对。

最后，本书展望了海洋牧场的未来发展趋势与可持续发展路径。我们坚信，在科技创新、政策引导、国际合作及人才培养等多方面的共同努力下，海洋牧场必将迎来更加广阔的发展前景。同时，我们也呼吁社会各界共同关注海洋生态保护与可持续发展问题，为实现人与海洋的和谐共生贡献自己的力量。

《海洋牧场通识》一书的编写，得到了众多专家学者的支持与帮助。其中，刘强负责本书第三和十一章的内容编写，孙钦秀负责本书第十四和十五章的内容编写，陈婷婷负责本书第二、六、九和十二章的内容编写，本书的其他章节由侯明鑫负责撰写，并由其进行了全书的统稿与修订工作。在此，我们向所有为本书付出辛勤努力的作者、审稿人及工作人员表示衷心的感谢。同时，我们也期待广大读者能够从本书中汲取知识与灵感，为海洋牧场的实践与发展贡献自己的力量。

愿我们携手共进，为守护这片蔚蓝贡献我们的智慧与力量！

目 录
CONTENTS

第一章

导论与海洋牧场概述

第一节 引 言

随着全球人口的不断增长和经济的快速发展，人类活动对海洋环境的影响日益加剧，渔业资源面临前所未有的压力。传统捕捞业的无序扩张导致了渔业资源的过度开发，海洋生态环境遭受严重破坏，生物多样性急剧下降。为了应对这一挑战，海洋牧场作为一种全新的渔业发展模式应运而生，旨在通过科学规划与管理，实现海洋生物资源的可持续利用与保护。本章将深入探讨海洋牧场的基本概念、发展历程、跨学科视角的重要性，以及本书的整体框架与写作目的。

一、海洋牧场的简介

海洋牧场，作为一种人工构建并精细管理的海洋生态系统，其核心目标在于促进海洋生物资源的可持续利用与保护。这一概念源于对传统渔业模式弊端的深刻反思，旨在通过模拟自然生态过程，为海洋生物提供适宜的生长条件和栖息环境，从而恢复与提升生物多样性，确保渔业资源的长期稳定供应。

海洋牧场主要由以下几个关键要素构成：

养殖设施：包括网箱、浮标、防波堤等基础设施，用于支撑和固定养殖生物，防止风浪等自然因素的侵害。

生态环境：通过人工干预，模拟并优化自然生态环境，如调节水质、改善底质、提供适宜的光照与温度，为养殖生物创造理想的生长环境。

生物群落：海洋牧场中的生物群落是核心资源，包括鱼类、贝类、藻类等多种生物。这些生物通过食物链关系相互依存，共同维持生态系统的稳定与平衡。

管理策略：科学的管理策略是海洋牧场成功的关键。管理者需综合运用生物学、生态学、工程学等多学科知识，制定合理的养殖密度、投喂计划、疾病防控措施等，确保养殖活动的顺利进行。

二、海洋牧场的发展历程

海洋牧场的发展历程可以大致划分为以下几个关键阶段：

早期探索阶段：

在这一阶段，人们开始意识到传统捕捞业对海洋生态的破坏，并尝试通过人工方式改善海洋生态环境。早期的海洋牧场实践主要集中在小规模的海域修复与保护，如投放人工鱼礁、种植海藻等，以探索其对海洋生物多样性和渔业资源恢复的影响。这些实践虽然规模有限，但为后续海洋牧场的发展奠定了理论基础并进行了技术储备。

技术突破阶段：

随着科技进步，海洋牧场技术得到了显著发展。循环水养殖系统、智能监控系统、自动化投喂系统等先进技术引入，极大地提高了海洋牧场的养殖效率和资源利用效率。这些技术不仅降低了养殖成本，还显著改善了养殖环境，减少了环境污染。同时，生态修复技术的不断创新也为海洋牧场生物多样性的恢复提供了有力支持。

规模化应用阶段：

在技术突破的基础上，海洋牧场开始在全球范围内得到规模化应用。各国政府和企业纷纷投入资金和技术力量，推动海洋牧场的建设与发展。这一阶段，海洋牧场不仅在渔业资源保护和恢复方面取得了显著成效，还带动了相关产业的发展，促进了地方经济的繁荣。

三、跨学科视角的重要性

海洋牧场作为一个人工构建的复杂生态系统，其规划、建设与管理涉及生物学、生态学、环境科学、工程学、经济学等多个学科领域。因此，跨学科视角在海洋牧场的发展中尤为重要。通过综合运用各学科知识，可以更全面、深入地理解海洋牧场的运作机制，制定科学合理的规划与管理策略。

具体来说，跨学科视角在海洋牧场中的应用体现在以下几个方面：

生物学与生态学：提供生物多样性保护、生态修复等方面的理论支持，指导入人工鱼礁投放、海藻床恢复等生态工程的设计与实施。

环境科学：监测海洋牧场的水质、底质等环境参数，评估养殖活动对海洋环境的影响，为环境保护措施的制定提供依据。

工程学：负责养殖设施的设计与建设，确保网箱、防波堤等基础设施的稳固与安全，提高养殖效率。

经济学：分析海洋牧场的经济效益，评估投资回报率，为项目的融资与运营提供决策支持。

通过跨学科合作与交流，海洋牧场能够充分吸收各学科的精华，形成综合性的解决方案，推动海洋牧场的可持续发展。

四、本书的框架与写作目的

本书旨在全面介绍海洋牧场的基本概念、发展历程、规划与管理策略、技术创新与应用、社会责任与伦理道德、风险管理与应对策略等内容，为读者提供一个系统、全面的海洋牧场知识体系。通过深入剖析海洋牧场的各个方面，推动海洋牧场的科学研究与实践应用，促进渔业资源的可持续利用与海洋生态环境的保护。

本书共分为 16 章，每章内容紧密相连，层层递进。第一章导论部分介绍了海洋牧场的基本概念、发展历程和跨学科视角的重要性；后续章节则分别探讨了海洋牧场的规划与管理、技术前沿与应用、社会责任与伦理道德、风险管理与应对策略等关键议题。通过具体案例分析与实践项目展示，本书还深入剖析了海洋牧场在实际操作中的应用效果与经验教训。

本书的写作目的主要有以下几点：

普及海洋牧场知识：通过深入浅出的介绍，读者全面了解海洋牧场的基本概念、发展历程与重要性。

推广先进技术与经验：介绍海洋牧场领域的最新技术与成功案例，推动技术创新与实践应用的普及。

提升环保意识与责任感：强调海洋牧场在生态保护与可持续发展方面的重要作用，增强读者的环保意识和责任感。

指导实践应用：通过具体案例分析与实践项目展示，为读者提供可借鉴的操作指南和先进经验，促进海洋牧场的实践应用与推广。

总之，本书作为海洋牧场领域的综合性著作，将为读者提供全面、深入的知识体系讲解和实践指导，推动海洋牧场的科学研究与实践应用，促进渔业资源的可持续利用与海洋生态环境的保护。

第二节 海洋牧场的基本概念、发展历程与全球现状

一、基本概念

海洋牧场，作为一种创新性的海洋资源管理与利用模式，是人工构建并精细管理的海洋生态系统。其核心目标在于实现海洋生物资源的可持续利用与生态保护的双重效益。通过科学规划与合理布局，海洋牧场为海洋生物提供了适宜的栖息环境和生长条件，旨在促进海洋生物多样性的恢复与提升，同时确保渔业资源的长期稳定供应。

海洋牧场的主要构成要素包括：

养殖设施：这是海洋牧场的基础设施，主要包括网箱、浮标、防波堤等，用于支撑和固定养殖生物，防止风浪等自然因素的侵害。网箱作为核心设施，其设计需考虑材质、形状、布局等因素，以确保养殖生物的健康成长和高效管理。

生态环境：海洋牧场通过人工干预，模拟并优化自然生态环境，为养殖生物创造适宜的生长条件。这包括水质的调控、底质的改良、光照与温度的控制等，旨在提高养殖效率并减少疾病发生。

生物群落：海洋牧场中的生物群落是核心资源，包括鱼类、贝类、藻类等多种生物种类。通过合理搭配不同生物种类，形成复杂的食物链关系，促进物质循环与能量流动，提高养殖系统的稳定性和生物多样性。

管理：海洋牧场的有效管理是实现其目标的关键。管理内容涵盖养殖规划、环境监测、疾病防控、资源调配等多个方面，需要综合运用生物学、生态学、工程学等多学科知识，确保养殖活动的科学性和可持续性。

二、发展历程

海洋牧场的发展历程可以划分为几个关键阶段：

早期探索阶段：此阶段主要集中于对海洋牧场概念的初步探索与试验。人们开始意识到传统捕捞业对海洋生态的破坏，并尝试通过投放人工鱼礁、种植海藻等措施，改善海域生态环境，促进渔业资源的恢复。这些早期实践为海洋牧场的发展奠定了理论基础和技术储备。

技术突破阶段：随着科技的进步，海洋牧场技术取得了显著突破。循环水养殖系统、智能监控系统、自动化投喂系统等先进技术的引入，极大提高了养殖效率和资源利用率。这些技术不仅降低了养殖成本，还减少了养殖活动对海洋环境的影响，推动了海洋牧场的快速发展。

规模化应用阶段：在技术突破的基础上，海洋牧场开始在全球范围内得到规模化应用。各国政府和企业纷纷投入资金和技术力量，推动海洋牧场的建设与发展。此阶段，海洋牧场不仅在渔业资源保护和恢复方面取得了显著成效，还带动了相关产业的发展，促进了地方经济的繁荣。

关键技术突破和政策支持对海洋牧场的发展起到了重要推动作用。例如，循环水养殖技术的出现，解决了传统养殖模式中的水质污染和资源浪费问题；而智能监控系统的应用，则实现了对养殖环境的实时监测与精准调控。同时，政府出台的一系列扶持政策，如财政补贴、税收优惠等，也为海洋牧场的发展提供了有力保障。

三、全球现状

当前，全球海洋牧场呈现出蓬勃发展的态势，分布广泛且规模不断扩大。从分布特点来看，海洋牧场主要集中在沿海国家和地区，特别是渔业资源丰富、生态环境适宜的海域。这些地区凭借得天独厚的自然条件和技术优势，成了海洋牧场发展的热土。

在规模方面，随着技术的不断进步和管理经验的积累，海洋牧场的养殖规模不断扩大。许多大型海洋牧场已经实现了从单一品种养殖向多品种综合养殖的转变，提高了资源利用效率和经济效益。同时，随着消费者对高品质海产品需求的增加，海洋牧场的产品种类也日益丰富，涵盖了鱼类、贝类、藻类等多个领域。

不同地区在海洋牧场发展上积累了丰富的成功经验，但也面临着不同的挑战。例如，一些地区通过科学规划和管理，实现了渔业资源的可持续利用和生态环境的持续改善；而另一些地区则面临着技术瓶颈、资金短缺、市场波动等问题。针对这些挑战，各国政府和企业不断探索创新路径，加强国际合作与交流，共同推动海洋牧场的健康发展。

国际合作与交流在推动全球海洋牧场发展中发挥了重要作用。通过共享技术成果、交流管理经验、拓展市场渠道等方式，国际合作促进了全球海洋牧场技术的快速进步和市场的繁荣发展。同时，面对全球性海洋问题如海洋污染、气候变化等，国际合作也为共同应对挑战提供了重要平台。

综上所述，海洋牧场作为一种创新的渔业发展模式，在促进海洋生物资源可持续利用与生态保护方面发挥了重要作用。随着技术的不断进步和市场的不断扩大，海洋牧场的发展前景将更加广阔。然而，面对未来的机遇与挑战，我们仍需不断探索创新路径、加强国际合作与交流，共同推动海洋牧场的可持续发展。

第一章　思考题

1. 海洋牧场的核心价值体现在哪些方面？请简要阐述其在可持续渔业、海洋生态保护及海洋经济发展中的具体作用。

2. 海洋牧场的发展历程可以划分为哪几个关键阶段？每个阶段的主要特点是什么？

3. 当前全球海洋牧场的发展态势如何？主要集中在哪些地区？面临哪些主要挑战？

4. 在海洋牧场的基本概念中，养殖设施、生态环境、生物群落和管理之间的关系是什么？它们如何共同作用以实现海洋牧场的目标？

5. 请列举并解释海洋牧场发展中至少三项关键技术突破，并讨论这些技术如何推动海洋牧场的规模化应用。

第二章

海洋生态基础

第一节　海洋生态系统的组成与功能

海洋生态系统是地球上最为复杂和多样的生态系统之一，涵盖了从浅海到深海的广阔区域。其组成要素主要包括生物群落、非生物环境以及它们之间的相互作用。生物群落涵盖了从微小的浮游生物到大型的海洋哺乳动物，形成了一个复杂的食物网。非生物环境则包括了海水、海底地形、光照、温度、盐度等要素，这些要素对生物群落的分布和生产力具有重要影响。

海洋生态系统具有多种功能，其中最为显著的是物质循环和能量流动。通过生物地球化学过程，海洋生态系统能够循环碳、氮、磷等关键元素，维持生态系统的平衡。同时，海洋也是地球上最大的能量储存库之一，通过光合作用和化学作用，太阳能和化学能被转化为有机物质，支持着整个生态系统的运转。

此外，海洋生态系统还具有调节气候、保护生物多样性、提供食物和资源等重要功能。因此，维护海洋生态系统的健康和稳定对于地球的可持续发展至关重要。海洋生态系统是地球上最为复杂和多样的生态系统之一，其广阔的地域范围涵盖了从浅海到深海的多种环境。为了全面理解海洋牧场的基础，我们首先需要深入了解海洋生态系统的组成要素及其功能。

一、海洋生态系统的组成要素

海洋生态系统，作为地球上最为广阔且复杂的生态系统之一，其组成要素繁多且相互关联，共同构成了一个庞大而精细的生态网络。这个网络不仅支撑着海洋中无数生物的生存与繁衍，还在很大程度上影响着地球的气候与环境。接下来，我们将详细探讨海洋生态系统的组成要素，以及它们如何相互关联，共同构成这一幅壮丽的生态画卷。

海洋生态系统的基石无疑是水体本身。水体不仅为海洋生物提供了生存的空间，还通过其独特的物理和化学特性，如温度、盐度、光照等，影响着生物的分布和生产力。温暖的海域往往孕育着丰富的珊瑚礁生态系统，而寒冷的海域则可能是鲸鱼和海豹的家园。盐度的变化也会影响生物的生存，一些生物只能在特定的盐度范围内生活。

藻类，作为海洋生态系统中的初级生产者，扮演着至关重要的角色。它们通过光合作用，将太阳能转化为化学能，为整个生态系统提供了源源不断的能量。藻类的繁盛与否，直接影响着海洋中其他生物的生存状况。当藻类大量繁殖时，它们会为鱼类和其他海洋生物提供丰富的食物来源；而当藻类减少时，整个生态系统的生产力也会受到影响。

浮游生物，包括浮游植物和浮游动物，是海洋生态系统中的另一个重要组成部分。浮游植物，如一些微小的藻类，通过光合作用产生能量，是海洋食物链的基础。而浮游动物，如一些微小的甲壳动物和鱼类幼体，则以其他浮游生物为食，形成了复杂的食物网。这些浮游生物虽然微小，但它们的数量庞大，对海洋生态系统的能量流动和物质循环起着至关重要的作用。

鲨鱼，作为海洋中的顶级捕食者，对维护生态系统的平衡起着重要作用。它们通过捕食鱼类和其他海洋生物，控制着这些生物的数量，防止它们过度繁殖并破坏生态平衡。同时，鲨鱼也是海洋食物链中的重要一环，它们的存在保证了能量和物质在生态系统中的有效传递。

鲸，作为海洋中的大型哺乳动物，同样对生态系统产生着重要影响。它们以浮游生物和小型鱼类为食，通过捕食活动将能量从低营养级传递到高营养级。同时，鲸的排泄物也为海洋中的其他生物提供了丰富的营养物质，促进了生态系统的生产力。

除了上述生物要素外，海洋生态系统还包括了众多的非生物要素，如海底地形、海流、潮汐等。这些非生物要素对生物的分布和生产力同样产生着重要影响。例如，海底地形决定了生物的栖息地类型，从浅海的珊瑚礁到深海的黑暗深渊，都存在着独特的生物群落。而海流和潮汐则影响着生物的迁徙和繁殖活动，为它们提供了必要的生存环境。

这些组成要素之间并不是孤立存在的，而是相互关联、相互依存，共同构成了海洋生态系统。水体为生物提供了生存的空间和环境条件；藻类和浮游生物作为初级生产者，为整个生态系统提供了能量来源；鲨鱼和鲸等顶级捕食者则通过捕食活动控制着生物的数量和生态平衡；非生物要素如海底地形和海流等则为生物提供了多样化的栖息地和生存环境。这些要素之间的相互作用和相互依存关系，构成了海洋生态系统的复杂性和多样性。

海洋生态系统在自然界中扮演着至关重要的角色。它不仅是地球上最大的碳库之一，通过吸收和储存大量的二氧化碳来减缓全球变暖的速度；还是地球上生物多样性最为丰富的区域之一，为众多生物提供了繁殖、生长和迁徙的栖息地。同时，海洋生态系统还为人类提供了丰富的食物和资源，如鱼类、贝类、海藻等，以及具有药用价值的海洋生物和矿产资源。

然而，随着人类活动的不断增加，海洋生态系统面临着严重的威胁和挑战。过度捕捞导致海洋生物资源枯竭；污染物的排放破坏了海洋环境的平衡；气候变化导致海水温度升高和酸化，对海洋生物的生存和繁衍造成严重影响。这些人类活动不仅破坏了海洋生态系统的结构和功能，还威胁到了人类的生存和发展。

因此，我们必须深刻认识到海洋生态系统的重要性和脆弱性，采取积极的措施来保护和维护它的健康和稳定。这包括减少污染物的排放、合理管理渔业资源、保护海洋生物多样性、应对气候变化等。通过这些措施的实施，我们可以确保海洋生态系统能够持续地为人类和地球提供其独特的价值和功能。同时，我们也需要加强海洋生态系统的研究和监测工作，以便更好地了解其变化趋势和潜在风险，为制定更有效的保护措施提供科学依据。只有这样，我们才能共同守护好这一片蔚蓝的海洋家园。

二、海洋生态系统的功能

海洋生态系统，作为地球上最为复杂且重要的生态系统之一，不仅孕育了无数生命，还承载着调节气候、维持生物多样性、提供食物资源等多重功能。深入探讨海洋生态系统的功能，有助于我们更全面地理解其重要性，并意识到保护海洋生态系统的紧迫性。

海洋生态系统的首要功能之一是气候调节。海洋作为地球上最大的碳库，能够吸收并储存大量的二氧化碳，从而减缓全球变暖的速度。海洋中的浮游生物和藻类通过光合作用，将二氧化碳转化为有机碳，并将其储存在体内或沉积到海底。这一过程不仅减少了大气中的二氧化碳浓度，还减缓了温室效应的进程。此外，海洋还通过蒸发和降水等过程，参与着全球的水循环，对气候系统产生着深远的影响。

生物多样性的维护是海洋生态系统的另一项重要功能。海洋中生活着数以万计的生物种类，从微小的浮游生物到庞大的鲸鱼，构成了地球上最为丰富的生物群落。这些生物在海洋生态系统中各自扮演着不同的角色，共同维持着生态系统的平衡和稳定。例如，珊瑚礁生态系统作为海洋中的"热带雨林"，为众多海洋生物提供了繁殖、生长和迁徙的栖息地。而深海生态系统则孕育着许多独特的生物种类，如深海鱼、巨型乌贼等，它们适应了深海的高压、低温环境，形成了独特的生物群落。

提供食物资源也是海洋生态系统的重要功能之一。海洋是人类食物的重要来源，尤其是对于那些依赖海洋渔业为生的国家和地区。海洋中的鱼类、贝类、海藻等生物资源，不仅为人类提供了丰富的蛋白质、维生素和矿物质，还成了许多地区的主要经济支柱。然而，随着人类活动的不断增加，海洋渔业资源面临着严重的威胁和挑战。过度捕捞、污染和气候变化等因素导致海洋生物资源日益减少，对人类的食物安全和经济发展构成了严重威胁。

除了上述功能外，海洋生态系统还具有净化环境、提供休闲旅游场所等多重功能。海洋中的微生物和植物能够分解有机物质，将其转化为无害的物质，从而净化海洋环境。同时，海洋还为人类提供了广阔的休闲旅游场所，如海滨沙滩、潜水胜地等，成了人们放松身心、享受自然的重要去处。

然而，海洋生态系统的功能并不是孤立存在的，而是相互关联、相互依存的。例如，气候调节和生物多样性维护之间就存在着密切的联系。海洋通过吸收和储存二氧化碳来调节气候，而这一过程又受到海洋中生物多样性的影响。丰富的生物多样性意味着更多的生物能够参与到碳循环中来，从而增强海洋的碳吸收能力。同样地，提供食物资源和净化环境等功能也与其他功能相互关联，共同构成了海洋生态系统的整体功能。

值得注意的是，海洋生态系统的功能并不是一成不变的。随着人类活动的不断增加和环境变化的加剧，海洋生态系统的功能也在发生着变化。例如，过度捕捞导致海洋生物资源减少，影响了海洋生态系统的食物链和生物多样性；污染物的排放破坏了海洋环境的平衡，影响了海洋生态系统的净化能力和气候调节功能；气候变化导致海水温度升高和酸化，对海洋生物的生存和繁衍造成严重影响，进而影响了海洋生态系统的整体功能。

因此，保护和维护海洋生态系统的功能显得尤为重要。我们需要采取积极的措施来减少污染物的排放、合理管理渔业资源、保护海洋生物多样性、应对气候变化等。通过这些措施的实施，我们可以确保海洋生态系统能够持续地为人类和地球提供其独特的价值和功能。例如，通过推广可持续渔业和海洋保护区建设，我们可以保护海洋生物多样性并恢复渔业资源；通过减少温室气体排放和发展清洁能源，我们可以减缓气候变化对海洋生态系统的影响；通过加强海洋环境监测和管理，我们可以及时发现并解决海洋污染等环境问题。

同时，我们也需要加强海洋生态系统的研究和监测工作。通过深入研究海洋生态系统的结构和功能、了解其变化趋势和潜在风险，我们可以为制定更有效的保护措施提供科学依据。例如，通过监测海洋中的碳循环过程，我们可以更准确地评估海洋在气候调节中的作用；通过研究海洋生物多样性的变化趋势，我们可以及时发现并应对生物多样性丧失等环境问题。

总之，海洋生态系统作为地球上最为重要且复杂的生态系统之一，承载着多重功能并为人类和地球提供着独特的价值和服务。然而，随着人类活动的不断增加和环境变化的加剧，海洋生态系统的功能也在发生着变化并面临着严重的威胁和挑战。因此，我们需要采取积极的措施来保护和维护海洋生态系统的功能，并加强研究和监测工作以提供科学依据。只有这样，我们才能确保海洋生态系统能够持续地为人类和地球提供其独特的价值和功能，并共同守护好这一片蔚蓝的海洋家园。

三、海洋生态系统的重要性与维护

海洋生态系统作为地球上最为庞大且复杂的生态系统，其重要性不言而喻。它不仅对全球气候、生态平衡和生物多样性产生深远影响，还是人类赖以生存的重要资源之一。因此，深入探讨海洋生态系统的重要性，并采取有效措施进行维护，显得尤为迫切和重要。

海洋生态系统在全球气候调节中扮演着举足轻重的角色。作为地球上最大的碳库，海洋能够吸收并储存大量的二氧化碳，从而有效减缓全球变暖的速度。海洋中的浮游生物和藻类通过光合作用，将二氧化碳转化为有机碳，进而减少大气中的二氧化碳浓度，对缓解温室效应具有不可替代的作用。此外，海洋还通过蒸发和降水等过程参与全球水循环，对气候系统产生深远影响。因此，保护海洋生态系统的完整性，对于维护全球气候稳定具有重要意义。

海洋生态系统在维护生态平衡和生物多样性方面也发挥着关键作用。海洋中生活着数以万计的生物种类，它们相互依存、相互制约，共同构成了复杂的生态网络。这个网络不仅支撑着海洋中无数生物的生存与繁衍，还在很大程度上影响着地球的整体生态环境。例如，珊瑚礁生态系统作为海洋中的"热带雨林"，为众多海洋生物提供了繁殖、生长和迁徙的栖息地，对于维护海洋生物多样性具有至关重要的作用。深海生态系统则孕育着许多独特的生物种类，如深海鱼、巨型乌贼等，它们适应了深海的高压、低温环境，形成了独特的生物群落，对于丰富地球生物多样性同样具有重要意义。

　　然而，随着人类活动的不断增加，海洋生态系统面临着严重的威胁和挑战。过度捕捞导致海洋生物资源枯竭，生物多样性丧失；污染物的排放破坏了海洋环境的平衡，对海洋生物造成致命伤害；气候变化导致海水温度升高和酸化，对海洋生物的生存和繁衍造成严重影响。这些人类活动不仅破坏了海洋生态系统的结构和功能，还威胁到了人类的生存和发展。因此，采取有效措施维护海洋生态系统的健康与稳定显得尤为迫切。

　　维护海洋生态系统的具体措施包括保护海洋生物、减少污染、加强监管等。在保护海洋生物方面，我们可以建立海洋保护区，限制人类活动对海洋生物的干扰和破坏；实施可持续渔业政策，合理管理渔业资源，避免过度捕捞导致生物资源枯竭。在减少污染方面，我们需要严格控制污染物的排放，加强对工业、农业和城市污水等污染源的监管；推广环保技术和清洁能源，减少温室气体排放和海洋酸化的风险。在加强监管方面，政府应制定更为严格的海洋环境保护法规，并加大执法力度；同时，加强国际合作与交流，共同应对全球性的海洋环境问题。

　　以珊瑚礁生态系统为例，其受损的原因主要包括过度捕捞、污染和气候变化等。过度捕捞导致珊瑚礁生态系统中的关键物种数量减少，破坏了生态平衡；污染物的排放导致海水富营养化，引发珊瑚白化等生态问题；气候变化导致海水温度升高，加剧了珊瑚礁生态系统的退化。这些因素的共同作用使得珊瑚礁生态系统面临严重的生存危机。为了修复受损的珊瑚礁生态系统，我们可以采取人工种植珊瑚、恢复关键物种数量、控制污染物排放等措施。通过这些努力，我们可以逐步恢复珊瑚礁生态系统的结构和功能，为海洋生物提供更为适宜的生存环境。

　　除了政府和专业机构的努力外，公众的关注和保护意识也是维护海洋生态系统的重要力量。公众可以通过减少使用塑料制品、节约用水用电等日常生活中的小行动来减少对海洋环境的负担；同时，积极参与海洋保护活动、传播海洋保护知识等也是非常有意义的举措。通过这些行动，我们可以共同营造出一个关注海洋、保护海洋的良好社会氛围。

　　针对海洋生态系统的保护和维护工作，还有以下针对性的建议和措施：一是加强海洋教育，提高公众对海洋生态系统的认识和保护意识；二是鼓励科技创新，研发更为环保和高效的海洋利用技术；三是加强国际合作与交流，共同应对全球性的海洋环境问题；四是建立完善的海洋生态补偿机制，对因保护海洋生态系统而受损的群体进行合理补偿。

　　综上所述，海洋生态系统的重要性不言而喻，其对于全球气候、生态平衡和生物多样性等方面的影响深远而广泛。为了维护海洋生态系统的健康与稳定，我们需要采取一系列有效措施进行保护和管理。同时，公众的关注和参与也是不可或缺的力量。让我们共同努力，为保护这片蔚蓝的海洋家园贡献自己的力量。

第二节　海洋牧场中的生物多样性及其保护

一、海洋牧场生物多样性的概述

（一）定义与范畴

海洋牧场生物多样性，作为自然界复杂生态系统的一个重要组成部分，涵盖了遗传多样性、物种多样性和生态系统多样性三个层面。遗传多样性指的是种群内个体间遗传变异的总和，它决定了物种适应环境变化的能力。在海洋牧场中，不同鱼种、贝类、藻类等生物群体内部存在着丰富的遗传变异，这些变异为它们提供了应对环境压力、疾病侵袭等多种挑战的能力。

物种多样性则是指一定区域内生物种类的丰富程度。海洋牧场作为人工干预与自然生态相结合的产物，其生物多样性尤为丰富。从微小的浮游生物如硅藻、甲藻，到中型的甲壳类动物如虾、蟹，再到大型的鱼类如金枪鱼、三文鱼，以及底栖生物如贝类、海参等，构成了海洋牧场独特的生物群落。此外，海洋牧场还常常伴随有藻类如海带、紫菜等的栽培，进一步丰富了其生物多样性。

生态系统多样性则是指不同生态系统类型、结构和功能的多样性。在海洋牧场中，这种多样性体现在不同的养殖模式、栖息地类型以及生物群落间的相互作用上。例如，有的海洋牧场采用网箱养殖模式，专门养殖经济价值较高的鱼类；有的则利用海底地形建设人工鱼礁，模拟自然生态环境，吸引多种海洋生物栖息繁衍。这些不同的生态系统类型不仅提高了海洋牧场的生产效率，还促进了生物多样性的保护和恢复。

（二）特征分析

海洋牧场生物多样性的特征主要体现在物种丰富度、群落结构和优势种三个方面。

物种丰富度是衡量一个区域内生物种类数量的重要指标。在海洋牧场中，由于人工干预和自然生态的有机结合，生物种类往往比自然海域更为丰富。这种丰富的物种组成不仅提高了海洋牧场的生产潜力，还增强了其生态系统的稳定性和抵抗力。当某种生物因环境变化或疾病侵袭而数量减少时，其他生物可以迅速填补空缺，维持生态系统的平衡。

群落结构则是指生物种群在空间上的分布和相互关系。在海洋牧场中，不同生物种群之间形成了复杂的食物网关系。例如，浮游植物通过光合作用产生氧气和有机物，为浮游动物提供食物；浮游动物又被鱼类等更高级的生物捕食。这种食物网关系不仅促进了物质循环和能量流动，还维持了生态系统的稳定性和生产力。

优势种是指在群落中占据优势地位的物种。在海洋牧场中，这些优势种往往是经济价值较高、生长速度较快、适应能力强的鱼类或其他生物。通过合理的人工干预和管理措施，可以进一步发挥这些优势种的潜力，提高海洋牧场的经济效益和生态效益。

这些特征共同影响了海洋牧场的生产力和稳定性。物种丰富度和群落结构的多样性使得海洋牧场能够抵御外界干扰和变化，保持生态系统的稳定性和生产力。而优势种的存在则使得海洋牧场在经济上具有更高的产出价值。因此，保护和恢复海洋牧场的生物多样性对于维持其生产力和稳定性具有重要意义。

（三）生态价值

生物多样性在海洋牧场中具有重要的生态价值，主要体现在促进物质循环、能量流动、维持生态平衡等方面。

首先，生物多样性促进了物质循环。在海洋牧场中，不同生物通过摄食、排泄等活动参与了碳、氮、磷等元素的循环过程。例如，浮游植物通过光合作用吸收二氧化碳并释放氧气；浮游动物和鱼类通过摄食浮游植物和其他小型生物将有机物转化为自身组织；当这些生物死亡后，它们的遗体会被分解者分解为无机物重新进入环境循环。这种物质循环过程不仅维持了海洋牧场的生态平衡还促进了生物资源的再生和可持续利用。

其次，生物多样性促进了能量流动。在海洋牧场中不同营养级之间的生物通过食物链关系实现了能量的传递和转化。从低级的浮游植物到高级的鱼类等捕食者形成了一个复杂的能量流动网络。这种能量流动不仅支持了海洋牧场的生产活动还促进了生物多样性的保护和恢复。

最后，生物多样性对于维持生态平衡具有至关重要的作用。在海洋牧场中不同生物之间形成了相互制约、相互促进的关系共同维持了生态系统的平衡和稳定。当某种生物数量过多时可能会对其他生物造成压力甚至导致生态平衡破坏；而当某种生物数量减少时其他生物可能会填补空缺维持生态系统的稳定。

因此保护和恢复海洋牧场的生物多样性对于维持其生态平衡和可持续发展具有重要意义。

综上所述，海洋牧场生物多样性作为自然界复杂生态系统的重要组成部分具有丰富的遗传多样性、物种多样性和生态系统多样性特征。这些特征共同影响了海洋牧场的生产力和稳定性并促进了物质循环、能量流动和生态平衡等生态过程的进行。因此我们应该高度重视海洋牧场生物多样性的保护和恢复工作通过科学合理的管理措施促进其可持续发展并为人类社会的可持续发展作出贡献。

二、生物多样性在海洋牧场中的作用

（一）生态系统服务功能

海洋牧场中的生物多样性在维护生态平衡和提供生态系统服务方面扮演着至关重要的角色。这些服务功能不仅保障了海洋牧场的健康运行，还直接提升了其经济效益和环境质量。

水质净化：海洋牧场中的生物多样性通过自然过滤和生物降解作用，有效净化了水体环境。藻类、贝类以及其他底栖生物能够吸收水中的营养物质，减少富营养化现象，防止藻类过度生长导致的"水华"问题。同时，微生物群落通过分解有机物质，减少了水中有害物质的积累，保持了水质的清洁。这种自然净化过程不仅降低了人工处理水质的成本，还提高了海洋牧场的整体环境质量，为养殖生物提供了更适宜的生存环境。

疾病控制：生物多样性在海洋牧场中形成了一个复杂的生态网络，不同物种之间存在着相互制约和平衡的关系。这种生态平衡有助于控制病害的发生和传播。例如，某些微生物能够抑制病原菌的生长，从而减少了养殖生物的疾病发生率。同时，多样的生物群落能够吸引天敌，对害虫进行有效控制，避免了化学农药的使用，既保护了生态环境，又提高了产品的安全性。

食物链维持：海洋牧场中的生物多样性构建了复杂的食物网，不同营养级的生物通过捕食与被捕食的关系紧密相连。这种食物链的维持不仅促进了物质循环和能量流动，还确保了养殖生物的稳定生长。初级生产者（如浮游植物和藻类）通过光合作用产生氧气和有机物，为整个生态系统提供了能量基础；中间消费者（如浮游动物、小型鱼类）则利用这些能量进一步生长，并最终成为大型经济鱼类的食物来源。这种食物链的稳定性和多样性保障了海洋牧场的持续生产能力。

（二）提高生产力

生物多样性在海洋牧场中通过增加食物网的复杂性、提高资源利用效率等方式，显著提升了生产力。

增加食物网复杂性：海洋牧场中的生物多样性丰富了食物网的层次结构，使得能量和营养物质能够在不同生物之间高效传递。多样化的生物群落为养殖生物提供了丰富的食物来源，满足了其不同生长阶段的需求。例如，某些鱼类以浮游生物为食，而大型经济鱼类则以这些小鱼为食，形成了一个紧密关联的食物链。这种复杂的食物网结构不仅提高了能量利用效率，还促进了生物资源的再生和可持续利用。

提高资源利用效率：生物多样性还通过优化资源配置和利用方式，提高了海洋牧场的整体生产力。不同生物对资源的需求和利用方式不同，通过合理配置养殖种类和密度，可以实现资源的最大化利用。例如，在海洋牧场中混养不同种类的鱼类，可以利用不同水层的生态位差异，减少养殖空间的竞争压力。同时，底栖生物如贝类和海参等能够利用底泥中的有机物质和营养物质进行生长，从而提高了底泥资源的利用效率。

关键物种的作用：在海洋牧场中，某些关键物种对提升生产力具有特别重要的作用。例如，某些滤食性贝类通过过滤大量海水中的浮游植物和有机碎屑，不仅净化了水质，还为其他生物提供了丰富的食物来源。大型经济鱼类作为海洋牧场的主要养殖对象，其生长速度和品质直接决定了牧场的经济效益。通过选育优良品种、优化养殖环境等措施，可以提高这些关键物种的生长性能和抗病能力，进而提升海洋牧场的整体生产力。

（三）增强系统韧性

生物多样性使得海洋牧场生态系统具有更强的韧性和稳定性，能够更好地抵御外部干扰和变化。

抵御自然灾害：海洋牧场中的生物多样性通过形成复杂的生态网络，增强了系统对自然灾害的抵御能力。例如，在台风或海啸等极端天气条件下，多样化的生物群落能够通过相互支持和适应机制减轻灾害影响。底栖生物如贝类和海藻等能够稳固底质结构，减少水流冲刷对养殖设施的破坏；而浮游生物和微生物则能够通过快速繁殖和代谢活动恢复水体生态平衡。这种韧性的提升保障了海洋牧场在灾害发生后的快速恢复能力。

应对疾病暴发：生物多样性的存在降低了疾病暴发的风险并增强了系统对疾病的抵抗能力。多样化的生物群落中往往存在着天然的免疫屏障和抑制机制，能够有效阻止病原菌的扩散和传播。同时，不同物种之间的相互作用和竞争关系也有助于维持生态平衡和稳定。当某种生物因疾病而数量减少时，其他生物能够迅速填补空缺并维持生态系统的正常运转。这种自我调节和恢复机制使得海洋牧场在面对疾病暴发时能够保持相对稳定的生产能力。

适应环境变化：随着全球气候变化的加剧和海洋环境的不断变化，生物多样性为海洋牧场提供了更强的适应能力和灵活性。多样化的生物群落能够应对不同的环境条件变化，如海水温度上升、盐度变化等。通过自然选择和遗传变异等机制，生物能够逐渐适应新的环境条件并维持其生存和繁衍能力。这种适应性使得海洋牧场在面对环境变化时能够保持相对稳定的生态结构和功能，从而保障了其长期可持续发展。

综上所述，生物多样性在海洋牧场中发挥着至关重要的作用。它不仅支持了多种生态系统服务功能、提高了生产力、还增强了系统的韧性和稳定性。因此，在海洋牧场的规划和管理过程中应高度重视生物多样性的保护和恢复工作，通过科学合理的措施促进生物多样性的提升和可持续利用，为海洋牧场的健康发展提供有力保障。

三、海洋牧场生物多样性的保护策略

（一）建立保护区

在海洋牧场内划定特定区域作为生物多样性保护区，是保护海洋牧场生物多样性的直接且有效的手段。这一策略旨在通过物理隔离的方式，减少人类活动对敏感生物群落及其栖息地的干扰，从而维护其自然状态和生物多样性。

必要性：海洋牧场作为人工干预与自然生态相结合的产物，其生物多样性虽然丰富，但也面临着多重威胁。建立保护区，特别是将关键生态区域（如珊瑚礁、海草床等）纳入保护范围，是确保这些生态系统得以存续和恢复的必要措施。此外，保护区还能为科学研究提供理想的场所，有助于深入理解海洋生态系统的运作机制和生物多样性维护的关键要素。

方法：保护区的设立需经过科学评估，明确保护对象、范围和管理目标。通过遥感技术、水下地形测绘等手段，精确划定保护区的边界。同时，制定详细的管理计划，明确保护区内允许和禁止的活动类型，确保保护区内生物多样性的完整性。

管理和监测措施：加强执法力度：建立专门的管理机构，负责保护区的日常管理和执法工作，确保各项保护措施得到有效执行。

实施动态监测：利用遥感卫星、无人机、水下机器人等先进技术，对保护

区内生物多样性进行定期监测，及时掌握生态系统的变化情况。

科学研究支持：鼓励和支持科研机构在保护区内开展生物多样性、生态系统服务等方面的研究，为管理决策提供科学依据。

社区参与：加强与周边社区的沟通和合作，提高当地居民对生物多样性保护的认识和支持力度，形成全社会共同参与的保护氛围。

（二）可持续渔业管理

可持续渔业管理是保护海洋牧场生物多样性的重要途径之一。通过实施科学合理的渔业管理措施，可以在保障渔业资源可持续利用的同时，减少对海洋生态系统的负面影响。

原则：

·资源量评估：定期对渔业资源进行科学评估，明确资源现状和未来趋势，为制定管理措施提供依据。

·捕捞限额：根据资源评估结果，合理设定捕捞限额，避免过度捕捞导致资源枯竭。

·渔具选择性：推广使用选择性好的渔具，减少非目标物种的误捕和丢弃，降低对生态系统的破坏。

·渔期管理：根据生物生长繁殖特性，合理设定禁渔期和捕捞期，保护幼鱼和繁殖群体。

具体措施：

·限制捕捞强度：通过发放捕捞许可证、限制渔船数量和功率等方式，控制捕捞总量，避免过度捕捞。

·实施禁渔期渔具限制：明确禁渔期和允许使用的渔具类型，减少对敏感生物群落和栖息地的破坏。

·渔民培训：加强对渔民的培训和教育，提高其对可持续渔业管理重要性的认识，推广生态友好的捕捞方式。

·渔业合作社：鼓励渔民成立合作社，通过集体管理提高渔业资源利用效率，降低捕捞成本，实现渔业可持续发展。

（三）生态修复技术

生态修复技术是恢复和提升海洋牧场生物多样性的重要手段。通过人工干预，模拟自然过程，促进受损生态系统的恢复和重建。

技术应用：

·人工鱼礁投放：在海洋牧场内投放适宜的人工鱼礁，为鱼类和其他海洋生物提供栖息地和繁殖场所，促进生物多样性的增加。人工鱼礁的设计应考虑材料选择、形状、大小和布局等因素，以最大限度地发挥其生态功能。

·海藻床恢复：在适宜的海域种植或移植海藻，恢复受损的海藻床生态系统。海藻床不仅能提供丰富的生物量和栖息地，还能吸收营养物质，净化水质，改善海洋环境。

·底栖生物移植：将健康的底栖生物（如贝类、海参等）移植到受损区域，促进底栖生物群落的恢复和重建。底栖生物在生态系统中扮演着重要角色，对维持生态平衡和生物多样性具有关键作用。

效果和潜在挑战：

·效果：生态修复技术能够显著促进受损生态系统的恢复和重建，提高生物多样性水平。例如，人工鱼礁的投放可以吸引多种鱼类和其他海洋生物栖息繁衍，形成复杂的生物群落；海藻床的恢复能够改善水质条件，为其他生物提供更好的生存环境。

·潜在挑战：生态修复技术的成功实施受到多种因素的影响，包括材料选择、设计布局、投放时机等。此外，长期监测和管理也是确保生态修复效果的关键。因此，在实施生态修复技术时，需要充分考虑各种因素的综合影响，制定科学合理的实施方案和管理计划。

（四）公众参与与教育

公众参与是提高海洋牧场生物多样性保护效果的重要途径。通过加强公众教育和宣传，提高公众对生物多样性保护的认识和支持力度，形成全社会共同参与的保护氛围。

重要性：公众参与是生物多样性保护不可或缺的一部分。公众作为海洋生态系统的直接受益者和使用者，其行为对生物多样性保护具有重要影响。通过加强公众教育和宣传，可以提高公众对生物多样性价值的认识和理解，激发其参与保护行动的积极性和主动性。

具体措施：

·教育宣传：通过媒体、网络、展览等多种形式开展生物多样性保护教育宣传活动，普及生物多样性知识及其保护意义。

·社区参与：鼓励社区居民参与海洋牧场生物多样性的监测和保护工作，如参与清洁海滩、植树造林等活动。

·志愿者项目：设立生物多样性保护志愿者项目，吸引更多人参与到保护行动中来。通过培训和指导志愿者参与生物多样性监测、宣传等工作，提高其保护能力和意识。

·合作与交流：加强与国际组织、科研机构、非政府组织等的合作与交流，共同推动海洋牧场生物多样性的保护工作。通过分享经验、技术和资源等方式加强合作与交流力度，提高保护效果和质量。

四、保护挑战与对策

（一）挑战分析

资金不足。海洋牧场生物多样性保护需要大量的资金投入，包括保护区建设、生态修复、环境监测以及科研支持等方面。然而，当前保护工作的资金来源相对有限，主要依赖于政府拨款和少量的社会捐赠。这种资金状况难以满足长期、大规模的保护需求。资金不足直接导致了许多保护项目无法实施或难以持续，影响了保护工作的整体效果。

技术瓶颈。尽管在海洋生态保护和修复技术方面取得了一定进展，但仍存在诸多技术瓶颈。例如，在人工鱼礁的设计和投放、海藻床的恢复、底栖生物的移植等方面，仍缺乏高效、经济的解决方案。此外，海洋环境的复杂性和多变性也对技术的应用提出了更高要求。技术瓶颈的存在限制了保护工作的深度和广度，使得一些关键保护任务难以完成。

法律法规不完善。尽管国际上和国内都出台了一系列关于海洋生态保护的法律法规，但在海洋牧场生物多样性保护方面仍存在许多空白和漏洞。例如，对于某些破坏海洋生态的行为，缺乏明确的法律界定和处罚措施；对于保护区的划定和管理，也缺乏统一、科学的标准和规范。法律法规的不完善导致了一些破坏行为得不到有效遏制，同时也给保护工作带来了诸多不便。

公众意识薄弱。尽管海洋生态保护的重要性日益受到关注，但公众的海洋生态保护意识仍然相对薄弱。许多人对海洋牧场生物多样性的价值和意义缺乏了解，对保护工作的紧迫性和必要性认识不足。这种公众意识的薄弱导致了许多破坏海洋生态的行为得不到有效遏制，同时也影响了保护工作的社会基础和支持力度。

跨部门合作不畅。海洋牧场生物多样性的保护工作涉及多个部门和领域，需要跨部门的紧密合作和协调。然而，在实际工作中，由于部门利益、职责划分不清等原因，跨部门合作往往存在诸多障碍。这种合作不畅导致了许多保护工作难以形成合力，影响了保护工作的整体效果。

（二）应对策略

加强政策支持。政府应加大对海洋牧场生物多样性保护工作的政策支持力度，通过制定更加明确、具体的政策目标和措施，为保护工作提供有力保障。

例如，可以设立专项保护基金，为保护工作提供稳定的资金来源；可以出台更加严格的法律法规，对破坏海洋生态的行为进行严厉打击；可以加强部门间的协调与合作，形成保护工作的合力。

推动技术创新。技术创新是解决海洋牧场生物多样性保护技术瓶颈的关键。应鼓励和支持科研机构和企业加强技术研发和创新，推动人工鱼礁、海藻床恢复、底栖生物移植等关键技术的突破和应用。同时，应加强技术的推广和示范，提高保护工作的科技含量和效果。

完善法律法规。完善法律法规是保障海洋牧场生物多样性保护工作顺利进行的重要基础。应加快制定和完善相关法律法规，明确保护工作的法律地位和责任主体，为保护工作提供有力的法律支持。同时，应加强对法律法规的宣传和普及工作，提高公众的法律意识和遵守法律的自觉性。

提高公众意识。提高公众意识是推动海洋牧场生物多样性保护工作的重要力量。应通过媒体宣传、教育普及等多种方式，加强对海洋生态保护知识的宣传和普及工作，提高公众对海洋牧场生物多样性的认识和了解。同时，应鼓励公众参与保护工作，形成全社会共同关注和支持保护工作的良好氛围。

加强跨部门合作。加强跨部门合作是推动海洋牧场生物多样性保护工作的重要途径。应建立跨部门协调机制和工作平台，明确各部门的职责和任务分工，加强信息共享和协作配合工作。同时，应鼓励和支持各部门开展联合行动和合作项目，形成保护工作的合力效应。

（三）未来展望

技术引领谱写保护新篇章。随着科技的不断发展进步，未来海洋牧场生物多样性保护工作将更加注重技术的引领和支撑作用。通过人工智能、大数据、物联网等先进技术的应用和推广，将实现对海洋生态系统的实时监测和精准管理；通过基因编辑、合成生物学等生物技术的突破和应用，将实现对海洋生物的遗传改良和生态修复；通过新材料、新能源等技术的创新和应用，将实现对海洋牧场设施的升级改造和绿色发展。

法律法规更加完善。未来海洋牧场生物多样性保护工作的法律法规将更加完善和科学。将出台更加明确、具体的法律法规和政策措施，为保护工作提供更加有力的法律支持和保障；将建立更加科学、合理的保护区划定和管理标准体系，为保护工作提供更加明确的方向和目标；将加强法律法规的宣传和普及工作，提高公众的法律意识和遵守法律的自觉性。

公众参与成为新常态。随着公众意识的不断提高和参与度的不断增加，未来海洋牧场生物多样性保护工作将更加注重公众参与和社会共治。将鼓励和支持公众积极参与保护工作，通过志愿服务、捐款捐物等方式为保护工作贡献力量；将加强公众教育和培训工作，提高公众对海洋牧场生物多样性的认识和了解；将建立健全公众参与机制和社会监督机制，确保保护工作的透明度和公正性。

国际合作开启新篇章。海洋牧场生物多样性保护工作是全球性的任务和挑战，需要各国政府和国际社会的共同努力和合作。未来国际合作将在保护工作中发挥更加重要的作用。将加强与国际组织、科研机构和其他国家的交流与合作工作；将共同制定和实施跨国界保护项目和行动计划；将推动建立全球性的海洋生态保护网络和信息共享平台；将共同应对全球性海洋生态危机和挑战，推动构建人类命运共同体。

综上所述，面对当前海洋牧场生物多样性保护工作的挑战和困难，我们需要采取积极有效的应对策略和措施，加强政策支持、推动技术创新、完善法律法规、提高公众意识以及加强跨部门合作和国际合作等方面的工作。只有这样，我们才能共同守护好这片蔚蓝的海洋家园，为子孙后代留下一个更加美好、可持续的地球环境。

第三节　人类活动对海洋牧场生态的影响

一、渔业活动的影响

（一）过度捕捞

描述过度捕捞现象在海洋牧场中的普遍性及后果。在海洋牧场中，过度捕捞已成为一个普遍存在的问题，对海洋生态系统的健康和可持续性构成了严重威胁。由于市场需求的不断增长和渔业资源的有限性，许多渔民为了追求短期经济利益，采取高强度的捕捞作业，远远超出了海洋生态系统的自我恢复能力。这种过度捕捞行为不仅导致目标鱼类的数量急剧下降，还对整个海洋生态系统的平衡造成了破坏。过度捕捞的直接后果是目标物种数量的锐减。在海洋牧场中，一些经济价值较高的鱼类往往成为过度捕捞的主要对象。随着捕捞强度的不断增加，这些鱼类的种群数量迅速下降，甚至在某些区域面临灭绝的风险。例如，金枪鱼、鳕鱼等经济价值较高的鱼类，在全球范围内都受到了过度捕捞的严重影响。

　　除了目标物种数量的减少外，过度捕捞还破坏了海洋生态系统的平衡。海洋生态系统是一个复杂的食物网，各种生物之间存在着紧密的联系和依存关系。当某个物种的数量急剧下降时，会对其捕食者或猎物产生连锁反应，进而影响整个生态系统的稳定性。例如，过度捕捞导致的小型鱼类数量减少，可能会影响到以这些小型鱼类为食的大型鱼类和其他海洋生物的生存状况。

　　分析过度捕捞如何影响海洋牧场的可持续生产能力。过度捕捞严重削弱了海洋牧场的可持续生产能力。海洋牧场作为一种人工管理的渔业资源利用方式，其核心目标是实现渔业资源的可持续利用。然而，过度捕捞行为违背了这一原则，导致渔业资源迅速枯竭，进而影响了海洋牧场的长期生产潜力。首先，过度捕捞使得渔业资源的再生能力受到严重损害。许多鱼类需要一定的时间来繁殖和成长，过度捕捞打断了这一自然过程，使得鱼类种群难以恢复。当渔业资源无法得到有效补充时，海洋牧场的生产能力自然会下降。其次，过度捕捞破坏了海洋牧场的生态平衡，进而影响了渔业资源的稳定性和可持续性。在平衡的生态系统中，各种生物之间存在着相互制约和相互促进的关系，共同维持着生态系统的稳定。然而，过度捕捞打破了这种平衡，导致某些物种数量急剧下降，而其他物种则可能过度繁殖。这种失衡状态不仅降低了渔业资源的多样性，还增加了疾病和寄生虫暴发的风险，进一步削弱了海洋牧场的生产能力。

　　特定鱼类资源枯竭的案例。过度捕捞导致特定鱼类资源枯竭的案例不胜枚举。以大西洋蓝鳍金枪鱼为例，这种鱼类因其肉质鲜美、营养丰富而备受市场欢迎。然而，由于其经济价值较高且繁殖速度较慢，蓝鳍金枪鱼成了过度捕捞的主要对象。在过去几十年中，由于高强度的捕捞作业和缺乏有效的管理措施，大西洋蓝鳍金枪鱼的数量急剧下降，许多种群甚至濒临灭绝。这不仅对渔业资源造成了严重损害，还对海洋生态系统的平衡产生了深远影响。另一个案例是北海鳕鱼。北海鳕鱼曾是欧洲渔业的重要资源之一，但由于过度捕捞和管理不善，其数量在20世纪后期急剧下降。为了保护这一资源，欧洲各国不得不采取一系列紧急措施，包括限制捕捞量、设立禁渔期等。尽管这些措施在一定程度上缓解了鳕鱼资源的压力，但其数量仍未完全恢复，对渔业生产和海洋生态系统造成了长期影响。

　　(二) 渔具选择与使用

　　探讨不同类型渔具对海洋牧场生态的潜在影响。在海洋牧场中，渔具的选择和使用对海洋生态系统具有重要影响。不同类型的渔具在捕捞效率和选择性方面存在差异，这些差异直接影响到渔业资源的可持续利用和海洋生态系统的健康。拖网是一种常用的渔具类型，其捕捞效率高但选择性差。拖网作业时，会将海底的泥沙和生物一起拖上来，对底栖生物造成破坏。此外，拖网还容易误捕非目标物种和幼鱼，进一步加剧了渔业资源的浪费和生态系统的破坏。

刺网则是一种相对有选择性的渔具类型。刺网通过设置不同大小的网目来捕获特定大小的鱼类，减少了对非目标物种和幼鱼的误捕。然而，刺网也存在一定的局限性，如容易缠绕和损伤鱼类、难以在复杂海域作业等。其他渔具类型如围网、钓具等也各有优缺点。围网适用于捕捞集群性鱼类，但其作业范围大、对海洋环境的影响也较大；钓具则选择性较好但捕捞效率相对较低。

如何优化渔具设计和管理策略。为了减少对海洋牧场生态的负面影响，需要优化渔具设计和管理策略。具体来说，可以从以下几个方面入手：

·提高渔具的选择性：通过改进渔具设计来提高其选择性，减少对非目标物种和幼鱼的误捕。例如，可以研发更加精细的网目设计、使用智能识别技术等手段来提高渔具的捕捞精度。

·推广生态友好型渔具：鼓励渔民使用生态友好型渔具，如选择性好的刺网、钓具等。同时，加强对渔民的教育和培训，提高其环保意识和使用生态友好型渔具的技能。

·实施渔具准入制度：建立渔具准入制度，对进入海洋牧场的渔具进行严格审查和管理。对于不符合环保要求的渔具进行限制或禁止，确保海洋牧场内使用的渔具都符合环保标准。

·加强渔业资源管理：通过科学合理的渔业资源管理来减少对海洋牧场生态的破坏。例如，可以设定合理的捕捞限额、实施禁渔期和休渔期等措施来保护渔业资源；同时加强对渔业资源的监测和评估工作，及时掌握渔业资源的动态变化并采取相应的管理措施。

·促进渔业科技创新：鼓励和支持渔业科技创新工作，推动渔具设计和管理策略的不断进步。通过引入新技术、新材料等手段来提高渔具的捕捞效率和选择性；同时加强对渔业资源保护和可持续利用的研究和探索工作，为渔业可持续发展提供有力支持。

二、污染与废弃物排放

（一）工业与生活污染

在海洋牧场区域，工业废水、油类泄漏以及塑料垃圾等污染物的存在对海洋生态环境构成了严重威胁。这些污染物通过多种途径进入海洋，对水质和生物健康产生了深远影响。

工业废水的排放：许多沿海工业区直接将含有重金属、有机物和其他有害物质的废水排入海洋。这些废水中的有害物质能够直接毒害海洋生物，破坏其生理机能，导致生物体畸形、生长迟缓甚至死亡。此外，废水中的营养物质（如氮、磷等）过量排放还会引起海水富营养化，促使藻类过度繁殖，形成有害藻华，进一步恶化水质并影响其他生物的生存空间。

油类泄漏：海上石油勘探、运输和储存过程中，油类泄漏事件时有发生。泄漏的石油会迅速在海面扩散，形成一层厚厚的油膜，阻挡阳光进入水体，影响浮游植物的光合作用，从而减少氧气的产生。同时，油膜还会黏附在海洋生物体表，阻塞其呼吸孔道，导致生物窒息死亡。对于鱼类、鸟类等生物来说，一旦接触油污，其羽毛或鳞片上的油脂层被破坏，将丧失保温和防水功能，生存能力大大降低。

塑料垃圾：随着塑料制品的广泛应用，海洋中的塑料垃圾问题日益严峻。塑料垃圾不易降解，长期漂浮在海面或沉入海底，对海洋生物造成直接伤害。海龟、海鸟等动物常因误食塑料垃圾而死亡。此外，微小的塑料颗粒还会通过食物链进入海洋生物体内，最终可能影响到人类的食物安全。

对食物链的连锁反应：这些污染物进入海洋后，会通过食物链逐级传递和积累。低营养级的生物（如浮游生物）首先受到污染，随后被高营养级的生物（如鱼类、贝类）捕食，污染物随之在其体内富集。这种生物放大效应不仅降低了生物体的健康水平，还可能导致整个生态系统的失衡。长期累积的污染还可能引发基因突变、生物种群结构变化等严重后果。

（二）农业径流

农业活动中广泛使用的化肥和农药通过地表径流和地下渗透进入海洋牧场区域，对浮游生物、藻类及底栖生物产生了显著影响。

化肥的影响：农业化肥中含有大量的氮、磷等营养元素。这些元素在雨水冲刷下进入水体，增加了海水的营养盐浓度。虽然适量的营养盐是海洋初级生产力的基础，但过量的营养盐输入却会导致海水富营养化。富营养化环境下，藻类大量繁殖，消耗水中溶解氧，导致水质恶化。同时，藻类死亡后分解会进一步消耗氧气并释放有害物质（如硫化氢），对海洋生物构成致命威胁。

农药的残留：农药在农业生产中用于防治病虫害，但其残留物会随着径流进入海洋。这些农药对海洋生物具有毒性作用，能够破坏生物体的生理机能和遗传物质。某些农药还具有持久性和生物累积性，能够在生物体内长期存在并逐级放大，对海洋生态系统造成长期危害。

富营养化问题：农业径流引起的富营养化问题是海洋牧场面临的一大挑战。

富营养化不仅导致水质恶化、生物多样性下降，还增加了有害藻华的发生频率和规模。有害藻华不仅消耗大量氧气、释放有害物质，还可能产生毒素污染海产品，对人类健康构成潜在威胁。

综上所述，工业与生活污染以及农业径流对海洋牧场生态造成了严重破坏。为了保护海洋生态环境和渔业资源，必须采取有效措施减少污染物排放、加强环境监测和治理工作。同时，提高公众环保意识、推广生态农业和清洁生产技术也是解决海洋污染问题的关键途径。

三、气候变化的影响

（一）海水温度与酸化

解释全球气候变化如何导致海水温度升高和酸化。全球气候变化，主要是由温室气体排放增加引起的，导致地球表面温度上升，进而影响海洋环境。随着大气中二氧化碳等温室气体的不断累积，海洋作为地球上最大的碳汇，吸收了大量的二氧化碳。这一过程中，海水不仅温度逐渐升高，还因吸收二氧化碳而发生酸化现象。

海水温度的升高是气候变化的一个直接后果。随着全球平均气温的上升，海洋表层水温也相应提高。这种变化对海洋生物的生理机能和繁殖能力产生了显著影响。许多海洋生物对温度有着严格的适应范围，超出这一范围可能导致其新陈代谢紊乱、生长速率下降甚至死亡。特别是对于热带和亚热带海域的海洋牧场，水温的微小变化都可能对养殖生物造成重大影响。

同时，海水酸化是另一个不容忽视的问题。当海洋吸收大量二氧化碳时，会与水中的氢氧根离子结合，形成碳酸氢根离子，从而降低海水的 pH 值，使海水变得更为酸性。这种酸化现象对海洋生物的钙质外壳和骨骼造成了严重威胁，因为它们依赖碱性环境来维持正常的生理功能。例如，珊瑚礁生态系统中的珊瑚虫需要高 pH 值环境来构建其钙质骨骼，海水酸化会溶解这些骨骼，导致珊瑚礁生态系统的崩溃。

对海洋牧场生物的生理机能、繁殖能力的影响。海水温度和酸度的变化对海洋牧场生物的生理机能和繁殖能力产生了深远影响。温度升高可能导致生物体代谢加速，增加能量消耗，同时影响性腺发育和繁殖周期。对于某些鱼类而言，高温可能使其提前进入繁殖期，但由于食物供应不足或其他环境条件不适宜，导致繁殖成功率下降。此外，高温还可能增加疾病和寄生虫的暴发风险，进一步降低生物体的存活率。

海水酸化则直接威胁到依赖钙质构建外壳或骨骼的生物。例如，贝类、甲壳类和珊瑚等生物在酸性环境中难以形成坚固的外壳或骨骼，导致生长受阻、死亡率上升。同时，酸化还可能影响生物的生理机能，如神经传导、肌肉收缩等，从而降低其适应环境变化的能力。

对珊瑚礁等敏感生态系统的破坏作用。珊瑚礁是海洋中最具生物多样性的生态系统之一，也是许多海洋牧场的重要组成部分。然而，珊瑚礁对海水温度和酸度的变化极为敏感。海水温度升高可能导致珊瑚白化现象的发生，即珊瑚虫失去与其共生的藻类，导致珊瑚失去色彩并逐渐死亡。而海水酸化则直接溶解珊瑚的钙质骨骼，加速其死亡过程。

珊瑚礁的破坏不仅导致生物多样性的丧失，还影响了整个生态系统的稳定性和功能性。珊瑚礁为众多海洋生物提供了栖息地和繁殖场所，其破坏将导致食物链的断裂和生物种群的减少。对于依赖珊瑚礁资源的海洋牧场而言，这将直接影响其生产力和经济效益。

物种分布范围的改变。随着海水温度和酸度的变化，许多海洋生物的分布范围也在发生变化。一些物种可能因无法适应新的环境条件而死亡或灭绝，而另一些物种则可能向更适宜的环境迁移。这种物种分布范围的改变对海洋牧场的规划和管理提出了新的挑战。例如，原本适合养殖的物种可能因环境变化而不再适应当前区域，需要寻找新的养殖品种或调整养殖区域。

（二）极端气候事件

分析飓风、海啸等极端气候事件对海洋牧场物理结构的破坏

极端气候事件，如飓风、海啸等，对海洋牧场的物理结构造成了严重破坏。飓风带来的强风和巨浪可能摧毁养殖设施，如网箱、浮标等，导致养殖生物逃逸或死亡。海啸则可能引发巨大的海浪冲击，不仅破坏养殖设施，还可能改变海底地形，影响生物栖息地的稳定性。

这些极端气候事件对海洋牧场的直接破坏是巨大的，可能导致短时间内大量生物死亡和经济损失。此外，极端气候事件还可能引发次生灾害，如养殖区域的污染、疾病传播等，进一步加剧对海洋牧场的破坏。

探讨这些事件后海洋牧场生态系统的恢复能力及其面临的挑战

在极端气候事件后，海洋牧场的生态系统面临巨大的恢复挑战。首先，养殖设施的重建需要时间和资金投入，这可能导致海洋牧场在一段时间内无法恢复生产。其次，生物多样性的恢复更为复杂和漫长。许多敏感物种可能在极端气候事件中灭绝或数量锐减，需要长时间的自然演替和人工干预才能逐步恢复。

在恢复过程中，海洋牧场还面临着一系列挑战。首先，如何快速有效地重

建养殖设施是一个关键问题。这需要科学合理的规划和充足的资金支持。其次，如何促进生物多样性的恢复也是一个重要挑战。这需要通过生态修复技术、人工增殖放流等手段来加速生物种群的恢复。

此外，极端气候事件的频发也提醒我们，海洋牧场需要具备更强的抗灾能力。这需要在规划和管理过程中充分考虑极端气候事件的风险，采取必要的防灾减灾措施，如建设更加坚固的养殖设施、制定应急预案等。

综上所述，气候变化对海洋牧场产生了深远的影响。海水温度升高和酸化不仅影响了海洋生物的生理机能和繁殖能力，还对珊瑚礁等敏感生态系统造成了破坏。极端气候事件则对海洋牧场的物理结构和生态系统造成了直接破坏。为了应对这些挑战，我们需要加强科学研究、提高防灾减灾能力、促进生物多样性恢复等方面的工作，以确保海洋牧场的可持续发展。

四、海洋开发活动

(一) 海洋工程建设

海洋工程建设活动，如港口建设、海底电缆铺设等，对海洋牧场的生态环境产生了深远的影响。这些活动不仅直接改变了海洋的物理环境，还间接影响了生物多样性和生态系统的稳定性。

直接影响：

·海底地形的改变：港口建设往往需要大规模的挖填作业，这会显著改变原有的海底地形。挖掘和回填过程会破坏原有的底质结构，移除或掩埋生物栖息地，导致底栖生物失去生存空间。同时，新形成的港口结构和防波堤等人工构造物也会成为新的海底障碍物，影响海洋生物的迁徙和觅食行为。

·水流模式的改变：港口和海底电缆等工程设施的建设会改变周边海域的水流模式。防波堤等结构会阻挡和改变海水的自然流动，导致水流速度、方向和温度分布发生变化。这些变化会进一步影响海洋生物的分布和生存条件，特别是那些对水流敏感的物种。

间接影响：

·生物栖息地的破坏：海底地形的改变和水流模式的调整会直接影响海洋生物的栖息地。底栖生物如贝类、海胆和珊瑚等，对底质类型和水流条件有严格要求。栖息地的破坏会导致这些生物大量死亡或迁移，进而影响整个生态系统的平衡。

·食物链的干扰：生物栖息地的破坏和食物来源的减少会直接影响海洋牧

场的食物链。底层生物的减少会影响中层和上层捕食者的食物供应，导致整个食物链的不稳定。例如，底栖生物是许多鱼类的重要食物来源，它们的减少会导致鱼类数量的下降，进而影响海洋牧场的渔业生产。

· 生态系统的长期影响：海洋工程建设对海洋牧场的生态系统具有长期影响。生态系统的恢复需要较长时间，且往往难以完全恢复到原始状态。一些敏感物种可能因无法适应新环境而灭绝，生物多样性的降低会进一步削弱生态系统的稳定性和恢复力。

（二）旅游与休闲活动

随着海洋旅游业的兴起，潜水、游艇航行等旅游休闲活动也日益频繁。这些活动在给游客带来愉悦体验的同时，也对海洋牧场的生态环境造成了潜在干扰。

噪声污染：水下噪声的增加：游艇航行和潜水活动中使用的发动机、螺旋桨等会产生大量水下噪声。这些噪声会干扰海洋生物的声呐系统，影响它们的觅食、交配和避敌行为。特别是对于依赖声音进行定位和通信的物种，如海豚和鲸鱼，噪声污染可能导致其生存能力下降。

长期累积效应：噪声污染对海洋生物的影响具有长期累积效应。长期暴露在高强度噪声环境下，海洋生物可能会出现听力损伤、行为异常和生理压力增加等问题。这些问题不仅影响个体的生存质量，还可能通过遗传机制传递给后代。

生物生存压力增加：

· 直接物理干扰：潜水员和游客的活动可能会直接干扰海洋生物的正常生活。触摸、追赶或捕捉海洋生物会对其造成压力和伤害，甚至导致死亡。特别是对于那些易受惊扰的物种，如珊瑚和某些鱼类，频繁的游客活动会对其生存造成严重威胁。

· 食物和栖息地的竞争：随着游客数量的增加，海洋牧场的食物和栖息地资源也面临更大的竞争压力。游客的活动可能会消耗大量的海洋生物资源，导致局部地区的食物短缺和栖息地退化。这种竞争不仅影响野生生物的生存条件，还可能间接影响海洋牧场的渔业生产。

应对措施：

· 合理规划旅游路线：为了避免对敏感生态区域造成干扰，应合理规划旅游路线和活动区域。将旅游活动限制在远离重要生物栖息地和繁殖区的海域进行，以减少对海洋生物的直接影响。

· 加强监管和管理：建立健全的监管机制和管理制度，对旅游活动进行严格控制和管理。对游客行为进行规范和引导，禁止触摸、追赶和捕捉海洋生物等行为。同时，加强对旅游设施的检查和维护，确保其符合环保要求。

·推广生态旅游理念：加强生态旅游理念的宣传和推广工作。通过教育和宣传手段提高游客的环保意识和责任感，鼓励其采取更加环保的旅游方式。同时，推广低碳、绿色的旅游产品和服务模式，减少对海洋牧场生态环境的负面影响。

·科学评估与监测：建立科学的评估与监测体系，定期对旅游活动对海洋牧场生态环境的影响进行评估和监测。通过数据分析和研究手段了解旅游活动的具体影响程度和范围，为制定更加科学合理的保护和管理措施提供依据。

综上所述，海洋开发活动对海洋牧场的生态环境产生了深远的影响。为了保护和恢复海洋牧场的生态系统健康与稳定，我们需要采取一系列有效措施来减少这些活动带来的负面影响。通过合理规划、加强监管、推广生态旅游理念以及科学评估与监测等手段，我们可以更好地平衡海洋开发与生态保护之间的关系，实现海洋牧场的可持续发展。

第二章　思考题

1. 海洋生态系统的主要组成要素有哪些？请简要描述它们如何相互关联并共同维持生态系统的稳定。

2. 解释海洋生态系统在气候调节中的具体作用，并说明这一作用对全球气候的重要性。

3. 海洋牧场中的生物多样性主要体现在哪些方面？请举例说明。

4. 简述海洋生态系统中的物质循环和能量流动过程，并说明其对生态系统平衡的重要性。

5. 人类活动对海洋生态系统造成了哪些主要威胁？如何有效应对这些威胁以保护海洋生态系统的健康与稳定？

第三章

海洋牧场的规划与管理

第一节　海洋牧场规划的原则与方法

一、规划原则概述

在海洋牧场的规划过程中，为了确保其长期可持续发展与生态保护的双重目标，必须遵循一系列核心原则。

（一）生态优先原则

生态优先原则在海洋牧场规划中占据核心地位。这一原则强调，在任何开发活动之前，必须全面评估并考虑海洋生态系统的完整性和稳定性。海洋牧场作为人工生态系统与自然环境的交汇点，其规划必须确保不对原有自然生态系统造成不可逆的破坏。

评估与监测：在规划初期，应进行全面细致的生态调查，包括海底地形、生物多样性、水流动态等方面的评估。同时，建立长期监测机制，实时监测海洋生态的变化，确保规划实施过程中的生态影响在可控范围内。

最小化干预：在规划布局时，应尽量减少对海底地形的改变，避免大规模挖填作业对底栖生物栖息地的破坏。同时，选择对生态影响较小的养殖技术和设施，如浮动式网箱，以减少对海底生态的压力。

生态修复与补偿：对于规划中不可避免的生态影响，应制定相应的生态修复计划，如投放人工鱼礁、恢复受损的珊瑚礁等，以补偿和恢复受损的生态系统。

（二）可持续发展原则

可持续发展原则要求海洋牧场的规划必须兼顾经济效益与环境保护，实现资源的长期可持续利用。

资源评估与管理：在规划过程中，应对海洋资源进行科学评估，明确资源的可持续利用量，避免过度开发导致资源枯竭。同时，建立资源管理系统，定期监测资源状况，及时调整养殖规模和种类，确保资源的可持续供给。

循环经济与资源利用：鼓励采用循环经济的理念，实现养殖废弃物的资源化利用。例如，将养殖过程中产生的有机废弃物通过生物技术转化为肥料或能源，减少环境污染的同时增加经济效益。

社区参与与共赢：海洋牧场的规划应充分考虑周边社区的利益，鼓励社区居民参与规划过程，确保规划方案能够惠及当地社区。通过提供就业机会、技术培训等方式，实现社区与海洋牧场的共赢发展。

（三）科学规划原则

科学规划原则强调基于海洋科学研究成果进行科学布局和合理规划，以提高海洋牧场的生产效率和生态效益。

数据驱动决策：利用遥感技术、GIS 系统、大数据分析等手段，收集并分析海洋环境数据，为规划提供科学依据。通过模拟预测不同规划方案对海洋生态的影响，选择最优方案实施。

多学科合作：海洋牧场的规划涉及海洋科学、生态学、工程学、经济学等多个学科领域。应建立多学科合作机制，邀请各领域专家共同参与规划过程，确保规划方案的科学性和可行性。

技术创新与应用：鼓励引进和应用先进的养殖技术和管理方法，如智能化监控系统、自动化投喂设备等，提高海洋牧场的生产效率和管理水平。同时，加强技术创新，研发适合当地海域条件的特色养殖技术和品种。

（四）多方参与原则

多方参与原则要求政府、企业、科研机构及社区居民共同参与海洋牧场的规划过程，确保规划的合理性和可行性。

政府引导与支持：政府在海洋牧场规划中应发挥引导作用，制定相关政策和法规，为规划提供制度保障。同时，加大财政投入，支持海洋牧场的基础设施建设和科研创新。

企业主体与责任：企业作为海洋牧场的主要经营者，应承担起生态保护和社会责任。在规划过程中，企业应积极参与方案讨论和制定，确保规划符合企业长远发展和生态保护的需求。

科研机构技术支持：科研机构应发挥技术支撑作用，为海洋牧场的规划提供科学依据和技术支持。通过科研合作和成果转化，推动海洋牧场技术的创新与应用。

社区参与反馈：社区居民作为海洋牧场周边环境的直接使用者和管理者，其意见和反馈对规划方案的完善至关重要。应建立社区参与机制，确保社区居民在规划过程中的知情权、参与权和监督权。通过定期召开座谈会、听证会等方式，收集社区意见并及时反馈到规划方案中。

综上所述，海洋牧场的规划必须遵循生态优先、可持续发展、科学规划和多方参与等核心原则。这些原则不仅为海洋牧场的长期可持续发展提供了保障，也为海洋生态保护和资源合理利用提供了有力支撑。在规划过程中，应充分考虑这些原则的要求，确保规划方案的合理性和可行性。

二、规划方法

在海洋牧场的规划过程中，科学、合理且系统的规划方法是确保项目成功的关键。以下是针对海洋牧场规划的具体方法，旨在实现经济效益与生态保护的双赢。

（一）生态承载力评估

生态承载力评估是海洋牧场规划的第一步，也是最为关键的一步。这一步骤的核心在于通过科学的方法评估目标海域的生态系统能够承受的最大人类活动压力，即其生态承载力。

评估流程：

·资料收集与整理：首先，需要广泛收集目标海域的地理、气候、水文、生物多样性等基础数据。这些数据可以通过历史文献、遥感影像、现场调查等多种途径获取。

·现场调查：在资料收集的基础上，进行现场调查以获取更详细、更实时的生态信息。这包括使用声学多普勒流速剖面仪（ADCP）测量水流速度，使用多波束声呐测绘海底地形，以及进行生物多样性的样方调查等。

·模型构建与模拟：基于收集到的数据，构建生态系统模型，模拟不同养殖规模和布局对海域生态的影响。这些模型可以包括生态动力学模型、生物地球化学循环模型等，以全面评估生态系统的响应。

·承载力计算：通过模型模拟结果，计算目标海域的生态承载力，即在不造成不可逆生态破坏的前提下，能够承载的最大养殖规模和强度。

·结果验证与调整：对计算结果进行实地验证，根据反馈调整模型参数，确保评估结果的准确性和可靠性。

评估结果应用：

生态承载力评估的结果将直接指导后续的养殖规模和布局规划。根据评估结果，可以确定合理的养殖密度、养殖种类以及养殖设施的类型和数量，确保海洋牧场的运营不会对海域生态系统造成不可逆的破坏。

（二）空间布局优化

在明确了生态承载力的基础上，下一步是优化养殖设施的空间布局。合理的空间布局不仅能够最大化利用海域资源，还能有效减少对生态环境的负面影响。

布局原则：

·顺应自然：尊重海域的自然条件，如地形地貌、水流方向等，使养殖设施与自然环境相协调。

·分区管理：根据海域的生态特征和功能需求，将海域划分为不同的功能区，如养殖区、生态修复区、保护区等，实现精细化管理。

·避免干扰：避免在重要生态敏感区域或生物多样性丰富的区域设置养殖设施，减少对生态系统的人为干扰。

·高效利用：利用海域的自然条件，如潮流、波浪等，提高养殖效率和资源利用率。

布局方法：

·GIS技术应用：利用地理信息系统（GIS）技术，对海域进行空间分析，确定养殖设施的最佳位置。GIS技术可以综合考虑海域的多种因素，如水深、底质、水流速度等，为布局优化提供科学依据。

·数值模拟：通过数值模拟方法，模拟不同布局方案对海域水流、水质、生物多样性的影响，选择最优布局方案。

·实地勘察与调整：在GIS分析和数值模拟的基础上，进行现场勘察，根据实际情况对布局方案进行微调，确保布局的可行性和合理性。

（三）风险评估与应对策略

海洋牧场的建设和运营过程中面临着多种风险，如自然灾害、疾病暴发、环境污染等。因此，在规划阶段就需要进行风险评估，并制定相应的应对策略。

风险评估流程：

·风险识别：通过文献调研、专家咨询、历史数据分析等方法，识别海洋牧场可能面临的各种风险。

·风险分析：对识别出的风险进行定性和定量分析，评估其发生的可能性和潜在影响。

·风险评价：根据风险分析的结果，对风险进行排序和分类，确定关键风险点。

应对策略制定：

·预防措施：针对关键风险点，制定预防措施，如加强环境监测、提高养殖设施的抗灾能力、制定应急预案等。

·应急响应：建立应急响应机制，明确应急指挥体系、救援队伍、救援物资等，确保在风险发生时能够迅速、有效地进行应对。

·灾后恢复：制定灾后恢复计划，包括生态修复、设施重建、生产恢复等内容，确保海洋牧场在风险过后能够尽快恢复正常运营。

（四）公众参与与反馈

海洋牧场的规划不仅涉及专业技术问题，还涉及广泛的社会利益。因此，公众参与是规划过程中不可或缺的一环。通过公众参与，可以收集到来自不同利益相关方的意见和建议，提高规划的民主性和科学性。

参与方式：

·听证会：组织专家、政府代表、企业代表、社区居民等参加听证会，就规划方案进行充分讨论和协商。

·问卷调查：设计问卷调查表，向公众广泛征求意见和建议。问卷调查可以涵盖规划方案的各个方面，如养殖种类、养殖规模、布局方案等。

·网络征求意见：利用互联网平台，如政府网站、社交媒体等，发布规划方案并征求公众意见。这种方式可以覆盖更广泛的受众群体，提高公众参与度。

反馈处理：

·意见汇总与分析：对收集到的公众意见进行汇总和分析，提炼出主要观点和建议。

·意见采纳与反馈：根据公众意见对规划方案进行相应调整，并将调整结果向公众进行反馈。同时，对未采纳的意见进行解释和说明，增强公众对规划方案的理解和支持。

·持续沟通：建立持续沟通机制，确保在规划实施过程中能够及时了解公众反馈并进行相应调整。这种机制有助于增强公众对规划项目的信任和支持。

第二节 海洋牧场管理策略与可持续发展

一、管理策略制定

在海洋牧场的管理中，制定科学合理的管理策略是实现其高效运营与可持续发展的重要保障。本节将从综合管理体系构建、政策法规遵循以及技术创新与应用三个方面详细阐述海洋牧场的管理策略制定。

（一）综合管理体系构建

海洋牧场作为复杂的生态系统与人工管理相结合的产物，其管理需要涵盖多个方面，包括生产、环境、质量等多个维度。因此，构建一个综合性的管理体系显得尤为重要。

生产管理：

生产管理是海洋牧场运营的核心环节，直接关系到养殖生物的生长状况及经济效益。有效的生产管理应包括以下方面：

·养殖计划制定：根据生态承载力评估结果，科学制定养殖计划，包括养殖种类、规模、密度等，确保养殖活动在生态系统可承受范围内进行。

·日常巡查与维护：建立定期巡查制度，对养殖设施、水质状况、生物生长情况进行全面监测，及时发现并解决问题。

·养殖技术指导：为养殖人员提供专业技术培训，包括饲料投喂、疾病防控、水质调控等方面，提高其养殖技术水平。

环境管理：

海洋牧场的环境质量直接影响养殖生物的生长和生态系统的稳定性。因此，环境管理是海洋牧场管理不可或缺的一部分。具体措施包括：

·水质监测与调控：定期监测水质指标，如溶解氧、pH 值、氨氮含量等，确保水质符合养殖生物生长需求。同时，根据监测结果及时调整水质调控措施，如增氧、换水等。

·生态环境保护：加强对海洋牧场周边生态环境的保护，减少人类活动对生态系统的干扰。通过设立生态保护区、投放人工鱼礁等措施，促进生物多样性的保护和恢复。

·污染防治：建立完善的污染防治体系，对养殖过程中产生的废弃物进行分类收集和处理，防止污染物流入海洋环境。同时，加强对周边工业污染源的监管，防止外部污染对海洋牧场造成影响。

质量管理：

质量是海洋牧场产品的生命线。为确保产品质量安全，需建立严格的质量管理体系：

·产品检测与认证：对养殖产品进行定期检测，确保其符合国家及行业相关标准。同时，积极申请绿色食品、有机食品等认证，提升产品附加值。

·追溯体系建设：建立完善的养殖产品追溯体系，实现养殖、加工、销售等环节的全程可追溯，确保产品质量可控可查。

·品牌建设与推广：加强品牌建设与市场推广力度，提升海洋牧场产品的知名度和美誉度。通过参加国内外展会、举办品鉴会等方式，拓宽销售渠道和市场份额。

（二）政策法规遵循

政策法规是海洋牧场建设和管理的法律依据和保障。严格遵守国家及地方关于海洋牧场建设和管理的法律法规，是确保管理活动合法性和规范性的重要前提。

了解并熟悉相关法律法规：

海洋牧场管理者应全面了解和熟悉国家及地方关于海洋牧场建设和管理的法律法规体系，包括但不限于《海域使用管理法》、《海洋环境保护法》、《渔业法》等。同时，密切关注相关法律法规的修订和更新情况，确保管理活动始终符合法律要求。

加强法律法规宣传与培训：

通过举办法律法规培训班、发放宣传资料等方式，加强对养殖人员和管理人员的法律法规宣传和培训力度。增强其法律意识和遵法守法自觉性，确保海洋牧场管理活动始终在法律框架内进行。

建立合规性审查机制：

建立海洋牧场管理活动的合规性审查机制，对涉及海域使用、环境保护、养殖许可等方面的管理活动进行全面审查。确保管理活动符合相关法律法规要求，避免因违法违规行为导致的法律风险和经济损失。

（三）技术创新与应用

技术创新是推动海洋牧场可持续发展的重要动力。通过引进和推广先进的养殖技术和管理方法，可以显著提高海洋牧场的生产效率和资源利用率。

智能化养殖技术：

引进智能化养殖技术，如智能监控系统、自动化投喂系统等，实现对养殖过程的精准控制。通过实时监测水质状况、生物生长情况等信息，及时调整养殖管理措施，提高养殖效率和产品质量。同时，利用大数据分析技术挖掘养殖过程中的潜在问题和发展趋势，为管理决策提供科学依据。

生态养殖模式：

推广生态养殖模式，通过构建多层次、多营养级的养殖生态系统，实现养殖废弃物的资源化利用和生物多样性的保护。例如，在海洋牧场中混养不同种类的鱼类和贝类，利用它们之间的食物链关系促进物质循环和能量流动。同时，通过投放人工鱼礁等措施为养殖生物提供丰富的栖息地和繁殖场所，提高其生存能力和繁殖率。

高效养殖品种与技术：

积极引进和培育高效养殖品种与技术，提高海洋牧场的生产效益和市场竞争力。通过遗传改良和选育优良品种等手段提高养殖生物的生长速度和品质；通过优化饲料配方和投喂策略等手段降低养殖成本和提高饲料利用率；通过疾病防控和健康管理等技术手段保障养殖生物的健康生长和产品质量安全。

综上所述，海洋牧场的管理策略制定应围绕综合管理体系构建、政策法规遵循以及技术创新与应用三个方面展开。通过构建科学合理的综合管理体系、严格遵守相关法律法规以及积极引进和推广先进的养殖技术和管理方法等措施，可以显著提高海洋牧场的运营效率和可持续发展能力。

二、可持续发展措施

在海洋牧场的可持续发展过程中，实施一系列有效的管理措施是至关重要的。这些措施旨在保护生物多样性、促进资源循环利用、增强社区参与感，并通过经济激励与约束机制确保可持续发展目标的实现。以下是针对这些措施的具体阐述。

（一）生物多样性保护

生物多样性是海洋牧场生态系统稳定和可持续发展的基石。为了保护海洋牧场的生物多样性，需要采取以下措施：

·合理控制养殖密度：养殖密度过高会导致生物间的竞争加剧，增加疾病传播的风险，从而对生物多样性构成威胁。因此，应根据海域的生态承载力科学设定养殖密度，确保养殖活动在生态系统可承受范围内进行。通过定期监测生物种群数量、生长状况及海域环境条件，动态调整养殖密度，以维持生态系统的平衡。

·实施生态修复：对于受损的生态系统区域，实施生态修复是恢复生物多样性的重要手段。例如，通过投放人工鱼礁、种植海藻等方式，为海洋生物提供适宜的栖息地和繁殖场所，促进生物多样性的恢复。同时，加强对珊瑚礁、海草床等关键生态系统的保护，防止人为破坏，确保其生态功能的正常发挥。

·加强生物多样性监测与评估：建立生物多样性监测体系，定期对海洋牧场的生物多样性状况进行评估。通过样带调查、遥感监测等手段，掌握生物种类的变化趋势和分布特征，及时发现并应对生物多样性下降的问题。同时，加强对外来物种入侵的监测和防控，防止其对本地生态系统造成破坏。

（二）资源循环利用

资源循环利用是实现海洋牧场可持续发展的重要途径。通过建立废弃物处理系统，实现养殖废弃物的资源化利用，不仅可以减少环境污染，还能提高资源利用效率。

建立废弃物处理系统：在海洋牧场区域建立专门的废弃物处理设施，对养殖过程中产生的有机废弃物进行分类收集和处理。通过厌氧消化、堆肥发酵等技术手段，将有机废弃物转化为肥料或生物能源，实现资源化利用。同时，加强对养殖废水的处理，采用生物滤池、人工湿地等生态处理技术，去除废水中的有害物质，确保达标排放。

推广生态养殖模式：鼓励采用多营养级养殖模式，通过混养不同种类的鱼类、贝类等生物，构建复杂的食物网关系，促进物质循环和能量流动。这种模式不仅能提高养殖系统的稳定性，还能减少废弃物的产生，实现资源的高效利用。

加强技术研发与创新：加大对废弃物处理技术的研发投入，推动技术创新与升级。研发更加高效、环保的废弃物处理技术和设备，提高资源回收利用的效率和质量。同时，加强国际合作与交流，引进先进的废弃物处理技术和管理经验，为海洋牧场的可持续发展提供有力支持。

（三）社区共管模式

社区共管模式能够增强社区居民的责任感和参与感，促进海洋牧场的可持续发展。通过与周边社区建立共管机制，共同参与海洋牧场的管理和保护工作，可以形成多方合力，共同维护海洋生态系统的健康与稳定。

建立共管机制：与周边社区签订共管协议，明确各方在海洋牧场管理和保护中的权利与义务。通过定期召开联席会议、开展联合巡查等方式，加强沟通与协作，共同解决海洋牧场管理中遇到的问题。

加强社区教育与培训：针对社区居民开展海洋生态保护知识培训和技能提

升活动，提高其环保意识和参与能力。通过举办讲座、培训班等形式，普及海洋牧场管理知识，引导社区居民积极参与海洋生态保护工作。

实施社区参与项目：鼓励社区居民参与海洋牧场的建设和管理项目，如人工鱼礁投放、海藻种植等生态修复工程。通过提供就业机会、技术培训等方式，激发社区居民的参与热情，增强其责任感和归属感。同时，对在海洋生态保护工作中表现突出的社区居民给予表彰和奖励，形成示范效应。

（四）经济激励与约束

经济激励与约束机制是推动企业采取可持续发展措施的重要手段。通过财政补贴、税收优惠等政策手段激励企业积极参与海洋牧场的可持续发展工作；同时，对违反环保法规的行为进行严厉处罚，确保企业依法依规开展养殖活动。

财政补贴与税收优惠：对积极采取可持续发展措施的企业给予财政补贴和税收优惠等政策支持。例如，对实施生态养殖模式、建立废弃物处理系统的企业给予资金补贴和税收减免；对参与海洋生态保护项目、推广环保技术的企业给予奖励和表彰。通过经济激励措施引导企业加大环保投入力度，推动海洋牧场的可持续发展。

加强监管与执法力度：建立健全海洋牧场监管体系，加强对养殖活动的日常监管和执法检查。对违反环保法规的行为进行严厉处罚并公开曝光；对造成重大生态损害的企业依法追究法律责任。通过严格的监管与执法措施确保企业依法依规开展养殖活动，维护海洋生态系统的健康与稳定。

推广绿色金融产品：鼓励金融机构开发绿色金融产品支持海洋牧场的可持续发展工作。例如推出环保贷款、绿色债券等金融产品为企业提供资金支持；通过保险机制降低企业在可持续发展过程中的风险。通过金融手段促进企业与环保事业的深度融合，推动海洋牧场实现经济效益与生态效益的双赢。

综上所述，通过实施生物多样性保护、资源循环利用、社区共管模式以及经济激励与约束机制等一系列可持续发展措施；可以显著提升海洋牧场的可持续发展能力。这些措施不仅有助于保护海洋生态系统的健康与稳定；还能促进资源的合理利用和经济社会的协调发展。在未来的工作中，我们将继续深化这些措施的应用与推广，为实现海洋牧场的可持续发展目标而努力奋斗。

第三节　海洋牧场的环境评估

一、环境评估体系

海洋牧场的环境评估体系是确保海洋牧场活动对环境影响最小化，同时保障其可持续发展的关键环节。一个完善的环境评估体系应包含明确的评估目标、科学的评估方法、系统的监测网络以及有效的反馈与调整机制。以下是对海洋牧场环境评估体系的详细阐述。

（一）评估目标

海洋牧场环境评估的主要目标是全面了解和掌握海洋牧场活动对周边生态环境的影响，包括水质、底质、生物多样性以及生态系统功能等方面的变化。通过定期评估，可以及时发现潜在的环境问题，为管理决策提供科学依据，确保海洋牧场的运营活动符合生态保护要求。

（二）评估方法

海洋牧场环境评估采用多种科学方法和技术手段，以确保评估结果的准确性和可靠性。主要评估方法包括：

·现场监测：通过布设监测站点，定期对海洋牧场区域的水质、底质及生物多样性进行实地采样和分析。监测指标包括但不限于溶解氧、pH值、氨氮、磷酸盐等水质指标，底栖生物群落结构、优势种数量等生物多样性指标。

·遥感监测：利用卫星遥感、无人机航拍等远程监测技术，对海洋牧场区域进行大范围、高频次的监测。通过获取高分辨率的影像数据，分析海洋牧场及其周边海域的环境变化。

·数值模拟：运用生态动力学模型、生物地球化学循环模型等数值模拟工具，模拟不同养殖活动对海洋环境的影响。通过模型预测和验证，评估海洋牧场活动的生态效应。

·专家评估：组织相关领域的专家，对监测数据和模型预测结果进行综合分析和评估，提出科学的管理建议和改进措施。

（三）监测网络构建

构建科学合理的监测网络是环境评估体系的重要组成部分。监测网络的布局应遵循以下原则：

·代表性：监测站点应能够代表海洋牧场不同区域的环境特征，确保监测结果的全面性和准确性。通过合理布设监测站点，覆盖养殖区、生态修复区、保护区等不同功能区。

·均衡性：在监测网络布局中，应确保各功能区均有相应的监测站点，避免监测盲区。同时，根据海域的实际情况，调整监测站点的密度和分布，以实现监测资源的优化配置。

·可操作性：监测站点的布设应考虑实际操作的可行性和便捷性。选择易于到达和维护的地点作为监测站点，确保监测工作的顺利进行。

在具体实施中，海洋牧场环境评估体系通常包括固定监测站和移动监测平台。固定监测站用于长期连续监测水质、底质等关键环境参数；移动监测平台（如船只、无人机等）则用于灵活补充固定监测站的不足，实现更广范围、更高频次的监测。

（四）数据处理与分析

海洋牧场环境评估涉及大量监测数据的收集和处理。为了确保数据的准确性和可靠性，需要建立完善的数据处理与分析系统。具体步骤包括：

·数据收集与整理：对现场监测、遥感监测等获取的数据进行统一整理和归档，确保数据的完整性和可追溯性。

·数据质量控制：通过数据校验、异常值剔除等方法，对监测数据进行质量控制，确保数据的准确性和可靠性。

·数据分析与评估：运用统计分析、趋势预测等方法，对监测数据进行深入分析。通过对比评估、趋势分析等手段，评估海洋牧场活动对环境的影响程度及变化趋势。

·结果可视化：将分析结果以图表、报告等形式进行可视化展示，便于管理者和决策者直观了解海洋牧场的环境状况。

（五）反馈与调整机制

海洋牧场环境评估体系应建立高效的反馈与调整机制，确保评估结果能够及时转化为管理措施。具体步骤包括：

·结果反馈：定期向管理部门、科研机构及公众发布环境评估报告，通报海洋牧场的环境状况及评估结果。通过公开透明的信息发布机制，增强社会监督力度。

·问题识别：根据评估结果，识别海洋牧场活动中存在的环境问题及潜在风险。通过专家会诊、公众意见征集等方式，广泛收集意见和建议。

·管理决策：针对识别出的问题和风险，制定科学的管理决策和整改措施。

通过调整养殖布局、优化养殖模式、加强环境监测等手段，降低海洋牧场活动对环境的负面影响。

·持续跟踪：对管理决策的实施效果进行持续跟踪和评估。通过定期复评和动态监测，确保管理措施的有效性和可持续性。

·公众参与：鼓励公众参与海洋牧场环境评估工作。通过建立公众参与渠道和反馈机制，提高公众对海洋牧场环境保护的意识和参与度。通过宣传教育、科普活动等方式，提升公众的环保素养和责任感。

综上所述，海洋牧场环境评估体系是保障其可持续发展的重要手段。通过构建科学合理的评估目标、采用多种评估方法、构建完善的监测网络、建立有效的数据处理与分析系统以及实施高效的反馈与调整机制，可以全面了解和掌握海洋牧场的环境状况及变化趋势，为科学管理和决策提供有力支持。

三、环境影响评估

在海洋牧场的管理与运营过程中，环境影响评估是至关重要的一环。它不仅有助于了解海洋牧场活动对周边环境的具体影响，还能为及时调整管理策略和技术措施提供科学依据，确保海洋牧场的可持续发展与生态保护目标得以实现。以下是对环境影响评估的详细阐述。

（一）定期评估制度

为确保海洋牧场的环境状况得到有效监控，必须建立定期环境影响评估制度。这一制度应明确评估的周期、内容、方法及责任主体，确保评估工作的系统性和持续性。

评估周期：根据海洋牧场的实际情况，确定合理的评估周期。一般而言，可设定季度、半年或年度评估，以便及时捕捉环境变化的趋势和潜在风险。对于敏感区域或高风险项目，应缩短评估周期，增加评估频次。

评估内容：评估内容应全面覆盖海洋牧场活动的各个方面，包括但不限于水质状况、底质变化、生物多样性、生态系统稳定性等。具体而言，应关注水体中的溶解氧、氨氮、磷酸盐等关键指标，以及底栖生物群落结构、优势种数量变化等生态参数。

评估方法：采用定量与定性相结合的方法进行评估。通过现场采样、实验室分析等手段获取具体数据，同时结合专家意见和文献资料进行综合分析。此外，还应运用遥感技术、GIS系统等现代科技手段，提高评估的准确性和效率。

责任主体：明确评估工作的责任主体，包括管理机构、科研单位及第三方评估机构等。各责任主体应各司其职，协同合作，确保评估工作的顺利进行。

（二）评估方法与标准

环境影响评估应采用科学的评估方法和标准，以确保评估结果的客观性和准确性。以下是一些常用的评估方法和标准：

·对比分析法：通过对比海洋牧场活动前后的环境数据，分析活动对环境的具体影响。例如，比较活动前后水质指标的变化，评估养殖活动对水体环境的影响程度。

·生态风险评估法：运用生态风险评估模型，评估海洋牧场活动对生态系统可能造成的风险。通过识别潜在的风险源、分析风险路径、评估风险后果等步骤，为制定风险防范措施提供依据。

·生物多样性指数法：利用生物多样性指数评估海洋牧场区域的生物多样性状况。通过计算物种丰富度、物种均匀度等指标，反映生物群落的稳定性和复杂性。

·环境质量标准：参照国家和地方制定的环境质量标准进行评估。例如，根据《海水水质标准》评估水质是否达标；根据《海洋生物质量》标准评估生物体内污染物含量是否超标。

·生态红线标准：遵循国家和地方划定的生态红线要求进行评估。确保海洋牧场活动不突破生态红线限制，维护生态系统的基本功能和结构完整。

（三）反馈与调整机制

环境影响评估的结果应及时反馈给相关管理部门和利益相关者，并根据评估结果调整管理策略和技术措施。以下是反馈与调整机制的具体内容：

·反馈机制：建立高效的反馈机制，确保评估结果能够及时传达给相关方。通过召开评估结果通报会、发布评估报告等方式，向管理部门、科研单位、社区居民及公众通报评估结果。

·调整策略：根据评估结果调整管理策略和技术措施。例如，若发现水质超标或生物多样性下降等问题，应及时采取措施进行治理和修复。具体包括加强水质监测与调控、优化养殖布局和密度、实施生态修复工程等。

·持续改进：将环境影响评估作为持续改进的过程。通过不断总结经验教训，优化评估方法和标准，提高评估的准确性和有效性。同时，加强科研合作和技术创新，推动海洋牧场环境管理水平的不断提升。

·社会监督：将评估结果向公众公开，接受社会监督。通过建立公众参与渠道和反馈机制，鼓励公众积极参与海洋牧场的环境保护工作。同时，加强与媒体、非政府组织等社会各界的沟通与合作，共同推动海洋牧场的可持续发展。

　　总之，环境影响评估是海洋牧场管理与运营中的重要环节。通过建立定期评估制度、采用科学的评估方法和标准、建立反馈与调整机制等措施，可以全面了解海洋牧场活动对环境的影响程度，为制定科学的管理策略和技术措施提供依据。同时，通过加强社会监督和持续改进工作，推动海洋牧场的可持续发展与生态保护目标的实现。

第三章　思考题

　　1. 在海洋牧场规划中，生态优先原则具体体现在哪些方面？为什么这一原则至关重要？

　　2. 在海洋牧场管理中，如何构建综合管理体系？这个体系应包括哪些主要方面？

　　3. 海洋牧场管理中，如何平衡经济效益与环境保护的关系？请举例说明。

　　4. 环境影响评估在海洋牧场管理中扮演什么角色？请详细说明评估流程。

　　5. 在海洋牧场规划中，如何运用 GIS 技术进行空间布局优化？请阐述具体步骤。

第四章

海洋牧场生物资源利用

第一节　海洋牧场生物资源的种类与价值

一、海洋牧场生物资源种类概述

海洋牧场作为人工构建并管理的海洋生态系统，通过科学规划和管理，旨在实现生物资源的可持续利用与生态保护的双重目标。其生物资源种类繁多，涵盖了鱼类、贝类、藻类等多个类别，每一种类都有其独特的生态和经济价值。以下是对海洋牧场生物资源种类及其特性的详细概述。

（一）鱼类资源

海洋牧场中的鱼类资源是其最为核心和丰富的组成部分。这些鱼类不仅为市场提供了丰富多样的海产品，还对整个海洋生态系统的平衡与稳定发挥着重要作用。

经济价值高的鱼类：

·金枪鱼：金枪鱼因其肉质鲜美、富含高质量的蛋白质和不饱和脂肪酸（特别是 Omega-3 脂肪酸）而备受市场青睐。金枪鱼是全球范围内广泛捕捞和养殖的高价值鱼类之一，其市场潜力巨大。在海洋牧场中，通过科学的养殖管理和环境调控，可以显著提升金枪鱼的生长速度和品质，满足国内外市场对高品质海鲜的需求。

·三文鱼：三文鱼同样是一种经济价值极高的鱼类，其肉质细嫩、口感鲜美，且富含不饱和脂肪酸，对人体健康极为有益。在海洋牧场中，通过模拟其自然生态环境，提供适宜的水质、温度、光照等条件，可以促进三文鱼的快速生长和繁殖，提高养殖效益。

·鳕鱼：鳕鱼以其高蛋白、低脂肪的特点受到消费者的喜爱。在海洋牧场中，通过合理的养殖密度和科学的饲料配方，可以确保鳕鱼的健康生长和优质产出，满足国内外市场对高品质鳕鱼的需求。

地方特色鱼类：根据地域特点，海洋牧场还会养殖一些具有地方特色的鱼类品种。这些鱼类往往具有独特的口感和营养价值，能够满足特定地区消费者的偏好和需求。例如，某些沿海地区可能会养殖当地特有的石斑鱼、带鱼等品种，通过品牌化经营和市场推广，提升产品的附加值和市场竞争力。

（二）贝类资源

贝类是海洋牧场中另一类重要的生物资源。它们不仅肉质鲜美、营养丰富，还具有多种经济价值和应用前景。

常见贝类：

·牡蛎：牡蛎是一种常见的贝类海鲜，富含蛋白质、锌、铁等多种微量元素和矿物质。在海洋牧场中，通过科学的养殖管理和生态调控，可以显著提升牡蛎的产量和品质。同时，牡蛎还具有净化水质的功能，对维护海洋牧场的生态平衡发挥着重要作用。

·扇贝：扇贝肉质细嫩、味道鲜美，且富含多种营养成分。在海洋牧场中，通过合理的养殖密度和科学的饲料管理，可以确保扇贝的健康生长和快速繁殖。扇贝的壳还可以加工成工艺品或饲料添加剂等副产品，进一步提升其经济价值。

·贻贝：贻贝是一种常见的海洋贝类，其肉质鲜美且易于养殖。在海洋牧场中，贻贝不仅可以直接作为海鲜产品销售，还可以提取其体内的营养成分制成保健品或食品添加剂等高端产品。

特殊用途贝类：

·珍珠贝：珍珠贝不仅能提供美味的食用价值，还能产出珍贵的珍珠。在海洋牧场中，通过人工插核和科学的养殖管理，可以培育出高品质的珍珠。这些珍珠不仅具有极高的观赏价值，还可以加工成各种珠宝首饰和工艺品等高端产品，进一步提升海洋牧场的经济效益。

（三）藻类资源

藻类作为海洋牧场中的初级生产者之一，在生态系统中发挥着重要作用。同时，藻类资源还具有丰富的经济价值和广泛的应用前景。

食用藻类：

·海带：海带是一种常见的食用藻类，富含碘、褐藻胶和琼脂等物质。在海洋牧场中，通过科学的养殖管理和环境调控，可以培育出优质的海带产品。

这些海带不仅可以作为食品直接销售给消费者食用；还可以加工成海带结、海带丝等深加工产品满足不同消费者的需求。

·紫菜：紫菜是一种营养丰富的食用藻类，富含蛋白质、膳食纤维和多种维生素及矿物质。在海洋牧场中通过科学的养殖管理和采摘技术可以确保紫菜的高品质和安全性。紫菜不仅可以作为寿司等料理的配料使用；还可以加工成紫菜汤、紫菜饼等方便快捷的食品满足消费者的多样化需求。

工业藻类：

·某些藻类如褐藻还富含碘、褐藻胶等工业原料成分。这些藻类在医药、化工等领域具有广泛的应用前景。例如褐藻胶可以作为增稠剂、稳定剂、乳化剂等添加剂广泛应用于食品、药品和化妆品等行业；而碘则是合成甲状腺激素的重要原料之一在医药领域具有不可替代的作用。通过科学的养殖管理和提取技术可以高效地利用这些工业藻类资源为相关产业提供稳定的原料供应。

综上所述，海洋牧场中的生物资源种类繁多且各具特色。通过科学的规划和管理可以实现对这些资源的可持续利用与生态保护的双赢目标。同时这些生物资源还具有丰富的经济价值和广泛的应用前景为海洋牧场的可持续发展提供了坚实的支撑。

二、海洋牧场生物资源的经济价值

海洋牧场作为人工构建并管理的海洋生态系统，其生物资源不仅承载着重要的生态功能，还蕴含着巨大的经济价值。这些经济价值体现在多个方面，包括直接的经济收益以及由此衍生的间接效益。以下将详细探讨海洋牧场生物资源的直接和间接经济价值。

（一）直接经济价值

食品市场：

海洋牧场通过科学的养殖管理和环境调控，能够产出高品质的海产品，直接满足国内外食品市场的需求。这些海产品主要包括鱼类、贝类和藻类等多种类型，每种类型都有其独特的市场价值和消费群体。

首先，经济价值高的鱼类如金枪鱼、三文鱼和鳕鱼等，因其肉质鲜美、营养丰富，备受消费者青睐。金枪鱼富含高质量的蛋白质和不饱和脂肪酸（特别是 Omega-3 脂肪酸），被誉为"海中黄金"，在高端海鲜市场中占据重要地位。三文鱼以其细腻的肉质和丰富的营养成分，成为许多家庭餐桌上的常客。而鳕鱼则因其高蛋白、低脂肪的特点，成为健康饮食的首选之一。这些高价值鱼类的养殖，不仅为市场提供了稳定的产品供应，也为海洋牧场带来了可观的经济效益。

此外，贝类资源如牡蛎、扇贝和贻贝等，同样具有广阔的市场前景。这些贝类不仅肉质鲜美、营养丰富，还具有多种烹饪方式，满足了不同消费者的口味需求。特别是牡蛎和珍珠贝等特色品种，其市场价值更高，成为海鲜市场中的高端产品。通过科学的养殖管理，海洋牧场能够显著提升这些贝类的产量和品质，为食品市场提供更多优质的海鲜产品。

藻类资源如海带和紫菜等，也是海洋牧场中的重要经济来源。这些藻类富含碘、褐藻胶和琼脂等物质，不仅具有食用价值，还可以加工成多种深加工产品。例如，海带可以加工成海带结、海带丝等方便食品；紫菜则可以作为寿司等料理的配料使用。这些深加工产品不仅延长了藻类的产业链，还提高了其附加值和市场竞争力。

综上所述，海洋牧场通过科学的养殖管理和环境调控，能够产出高品质的海产品，直接满足国内外食品市场的需求，为食品市场提供稳定的产品供应，并带来可观的经济效益。

保健品市场：

海洋牧场生物资源中富含的营养成分，使其成为开发保健品的重要原料。随着人们健康意识的提高和对保健品需求的增加，海洋牧场在保健品市场中的潜力日益凸显。

首先，海洋牧场中的鱼类资源富含 Omega-3 脂肪酸、蛋白质、维生素和矿物质等多种营养成分，这些成分对于预防心血管疾病、促进大脑发育和增强免疫力等方面具有重要作用。因此，利用这些鱼类资源开发的保健品在市场上备受欢迎。例如，深海鱼油作为 Omega-3 脂肪酸的重要来源，被广泛用于降低血脂、预防心脑血管疾病等保健品中。

其次，贝类资源如牡蛎、扇贝等也富含多种营养成分，如锌、硒、铁等微量元素和牛磺酸等生物活性物质。这些成分对于提高人体免疫力、提高睡眠质量等方面具有显著效果。因此，利用这些贝类资源开发的保健品也备受消费者青睐。

此外，藻类资源如海带、紫菜等也具有一定的保健价值。例如，海带中富含的碘元素对于预防甲状腺肿大等疾病具有重要作用；而紫菜中富含的膳食纤维则有助于促进肠道蠕动、改善消化功能。因此，这些藻类资源也被广泛用于开发保健品。

综上所述，海洋牧场生物资源中富含的营养成分使其成为开发保健品的重要原料。随着人们健康意识的提高和对保健品需求的增加，海洋牧场在保健品市场中的潜力将不断释放，为相关产业带来更多的发展机遇和经济效益。

（二）间接经济价值

旅游业：

海洋牧场作为生态旅游项目，不仅能够提供高品质的海产品，还能吸引游客参观体验，带动当地旅游业的发展。随着人们对休闲旅游需求的增加和对海洋生态环境的关注，海洋牧场逐渐成为热门的旅游目的地之一。

游客可以在海洋牧场中近距离观赏到各种海洋生物的生长环境和养殖过程，了解海洋牧场的科学养殖理念和技术手段。同时，游客还可以参与捕捞、垂钓等互动体验活动，亲身感受海洋牧场的魅力。这些活动不仅能够增加游客的参与感和满意度，还能提升海洋牧场的知名度和美誉度。

此外，海洋牧场还可以结合当地的文化特色和旅游资源，开发多种旅游产品。例如，结合渔家文化、海岛风光等资源，打造海洋牧场旅游线路；或者与周边的酒店、餐饮等产业合作，提供一站式旅游服务。这些举措不仅能够丰富海洋牧场的旅游项目和内容，还能提升游客的旅游体验和满意度。

通过发展旅游业，海洋牧场不仅能够实现经济收益的增加，还能促进当地经济的多元化发展。同时，旅游业的发展还能带动相关产业的发展和就业机会的增加，为当地社会经济发展注入新的活力。

科研价值：

海洋牧场作为人工构建并管理的海洋生态系统，其丰富的生物资源为海洋科学研究提供了重要的样本和数据支持。通过利用这些资源开展科学研究，不仅能够深入了解海洋生态系统的运作机制和生物多样性特征，还能为海洋资源的可持续利用和生态保护提供科学依据。

首先，海洋牧场中的生物资源种类繁多、数量庞大，为科学家们提供了丰富的实验材料和研究对象。通过对这些生物资源进行采集、分类和鉴定等工作，科学家们可以揭示其遗传多样性、生态位分布和种间关系等方面的特征。这些研究成果不仅有助于深入了解海洋生态系统的结构和功能特征，还能为海洋资源的可持续利用提供科学依据。

其次，海洋牧场作为人工构建的生态系统，其养殖管理和环境调控措施也为科学家们提供了宝贵的研究案例。通过对这些案例进行分析和总结归纳，科学家们可以探讨不同养殖模式和环境条件对海洋生物生长和繁殖的影响机制。这些研究成果不仅有助于优化养殖管理和环境调控措施提高养殖效益和产品质量；还能为其他类似生态系统的构建和管理提供有益借鉴和参考。

　　此外，海洋牧场中的生物资源还具有一定的药用价值和生态服务功能等方面的研究潜力。例如利用某些海洋生物资源开发新型药物或生物制剂；或者通过恢复和保护海洋生态系统来提供生态服务等。这些研究不仅能够拓展海洋牧场的经济价值链条，还能为人类社会和自然环境带来更加广泛和深远的积极影响。

　　综上所述，海洋牧场生物资源具有丰富的间接经济价值。通过发展旅游业和科研合作等方式，可以充分挖掘和利用这些资源的潜力，为当地社会经济发展注入新的活力和动力。同时，这些举措还能促进人们对海洋生态系统的认识和保护意识提升，推动人类社会与自然环境的和谐共生发展。

第二节　海洋牧场生物资源的合理利用与保护

一、合理利用原则

　　在海洋牧场生物资源的开发与利用过程中，合理利用原则是实现可持续发展的重要基石。这一原则旨在通过科学规划和管理手段，确保生物资源的可持续利用，同时维护海洋生态系统的平衡与稳定。

　　（一）科学规划养殖密度

　　科学规划养殖密度是保护海洋牧场生态系统和确保资源可持续利用的关键措施之一。养殖密度的合理设定需要综合考虑海域的生态承载力、水质条件、养殖生物的生长习性及市场需求等因素。

　　生态承载力评估：首先，应对目标海域进行生态承载力评估，明确其能够承载的最大养殖量。这通常涉及对海域的生物多样性、水流动态、底质类型及环境条件进行全面调查和分析。通过构建生态系统模型，模拟不同养殖密度对海域生态的影响，从而确定合理的养殖容量。

　　动态调整机制：养殖密度并非一成不变，而应根据实际情况进行动态调整。通过定期监测海域的生物种群数量、生长状况及环境参数，及时发现并应对过度养殖的风险。当发现养殖密度超出生态承载力时，应及时采取措施减少养殖量，以恢复海域的生态平衡。

　　生态友好型养殖技术：在规划养殖密度时，应积极引入生态友好型养殖技术。例如，采用浮动式网箱等养殖设施，减少对海底地形的破坏；利用多层网箱结构，提高养殖空间的利用率，同时避免单一物种的过度集中。

（二）多样化养殖模式

多样化养殖模式是提高资源利用效率、减少病害发生的重要途径。通过混养、轮养等方式，利用不同生物间的生态关系，构建复杂的生态系统，实现资源的互补与共享。

混养模式：在海洋牧场中，可以将经济价值高但生态位不同的鱼类进行混养。例如，将草食性鱼类与肉食性鱼类混养，利用草食性鱼类清理海底的藻类和其他有机物，为肉食性鱼类提供食物来源。这种混养模式不仅能够提高养殖效益，还能促进物质循环和能量流动，维持生态系统的稳定。

轮养模式：轮养模式通过在不同季节或生长阶段更换养殖品种，避免单一物种对海域资源的过度消耗。例如，在春季和夏季养殖生长周期较短的鱼类，而在秋季和冬季则更换为生长周期较长的品种。这种轮养方式能够充分利用海域资源，提高整体养殖效益。

生态修复与保护：在多样化养殖模式中，应注重生态修复与保护工作。通过投放人工鱼礁、种植海藻等方式，为海洋生物提供栖息地和繁殖场所，促进生物多样性的恢复与提升。同时，加强对关键生态区域的保护，防止人类活动对其造成破坏。

（三）优化饲料配方

优化饲料配方是减少营养浪费和环境污染的重要手段。通过研发高效、环保的饲料配方，提高养殖生物的生长速度和品质，同时降低养殖过程中的成本与环境压力。

营养需求分析：首先，应对养殖生物的营养需求进行全面分析。了解不同生长阶段对蛋白质、脂肪、维生素及矿物质等营养成分的需求比例，为饲料配方的制定提供依据。

高效环保饲料研发：在饲料配方研发过程中，应注重提高饲料的转化率和利用率。通过添加酶制剂、益生菌等添加剂，促进养殖生物对饲料的消化吸收，减少粪便和残饵的排放。同时，采用天然原料替代化学合成添加剂，降低饲料对环境的污染。

精准投喂技术：结合智能化管理技术，实现饲料的精准投喂。通过智能监控系统实时监测养殖生物的生长状况和摄食行为，调整投喂量和投喂时间，避免过度投喂导致的营养浪费和水质污染。

综上所述，科学规划养殖密度、采用多样化养殖模式及优化饲料配方是海洋牧场生物资源合理利用的重要原则。这些措施不仅能够提高养殖效益和市场竞争力，还能有效保护海洋生态系统的平衡与稳定，实现经济效益与生态效益的双赢。在未来的发展中，应继续加强相关技术的研发与应用推广，推动海洋牧场产业的可持续发展。

二、保护措施

在海洋牧场生物资源的保护与管理中，采取一系列有效的保护措施是至关重要的。这些措施旨在维护生态系统的平衡与稳定，确保生物资源的可持续利用。以下是具体的保护措施：

（一）建立生态保护区

在海洋牧场中，建立生态保护区是保护生物多样性、维护生态平衡的重要手段。这一措施的核心在于识别并保护那些对生态系统至关重要但易于受到破坏的关键区域。

关键步骤与策略：

·科学评估与规划：首先，需要通过科学的方法对海域进行全面的生态评估，识别出生物多样性丰富、生态功能重要的区域。这些区域可能包括珊瑚礁、海草床、湿地等。基于评估结果，规划并划定生态保护区的边界。

·政策与法规支持：制定并实施严格的政策和法规，明确生态保护区的法律地位和管理要求。限制或禁止在保护区内进行任何可能对生态环境造成破坏的活动，特别是捕捞和破坏性开采活动。

·社区参与教育：鼓励当地社区参与生态保护区的建设和管理，提高居民的环保意识和参与度。通过宣传教育、培训等方式，增强社区对生态保护重要性的认识，形成全社会共同保护海洋生态环境的良好氛围。

·监测与评估：建立完善的监测体系，对生态保护区内的生物多样性和生态系统健康状况进行定期监测和评估。及时发现并解决生态问题，确保保护区的有效管理。

（二）实施人工增殖放流

人工增殖放流是补充海洋生物资源、恢复种群数量、维护生态平衡的有效手段。通过定期向海洋牧场投放一定数量的苗种或幼体，可以快速增加生物资源量，促进生态系统的恢复与重建。

关键步骤与策略：

·苗种选择与培育：根据海洋牧场的生态特点和市场需求，科学选择适宜的增殖放流物种。通过人工繁殖和培育技术，提高苗种的成活率和适应性。

·合理规划与投放：结合海洋牧场的生态承载力评估结果，制定合理的增殖放流计划。确定适宜的投放时间、地点和数量，确保增殖效果的最大化。

·监测与评估：对增殖放流后的生物种群进行持续监测和评估，了解种群数量、分布和健康状况的变化情况。及时调整增殖策略和管理措施，确保增殖效果的可持续性。

·合作与协调：加强政府部门、科研机构、企业和社区之间的合作与协调，形成增殖放流的合力。共同推进增殖放流项目的实施与管理，提高生物资源保护的效果。

（三）加强环境监测与管理

建立完善的环境监测体系是及时发现并解决环境污染和生态破坏问题、保障海洋牧场生态环境健康的关键。通过实时监测和分析海洋环境数据，可以科学评估海洋牧场的生态状况和管理效果。

关键步骤与策略：

·监测指标设定：根据海洋牧场的生态环境特点和保护需求，设定科学合理的监测指标。这些指标应包括水质指标（如溶解氧、pH 值、营养盐等）、底质指标（如底质类型、有机质含量等）和生物多样性指标（如物种丰富度、物种多样性指数等）。

·监测技术与方法：采用先进的监测技术与方法，确保监测数据的准确性和时效性。利用遥感监测、自动监测站、现场采样分析等多种手段，全面获取海洋环境信息。

·监测网络构建：构建科学合理的监测网络，确保监测站点的代表性和均衡性。在关键区域设置固定监测站和应急监测点，实现对海洋牧场的全方位监测。

·数据处理与分析：建立完善的数据处理与分析系统，对监测数据进行快速处理和分析。通过数据挖掘和模型预测等方法，科学评估海洋牧场的生态环境状况和管理效果。

·应急响应与管理：建立健全的应急响应机制和管理体系，确保在发现环境污染或生态破坏问题时能够迅速响应并采取有效措施。加强与相关部门的协调与合作，形成应对突发事件的合力。

通过实施以上保护措施，可以有效维护海洋牧场的生态平衡与稳定，促进生物资源的可持续利用。同时，这些措施也为海洋牧场的健康发展提供了有力保障，为实现经济效益与生态效益的双赢奠定了坚实基础。

第三节 海洋牧场生物技术的前沿与应用

一、遗传育种技术

随着生物技术的飞速发展，遗传育种技术在海洋牧场中的应用日益广泛，为海洋生物的改良和养殖效益的提升提供了强有力的支持。遗传育种技术不仅有助于快速培育出具有优良性状的海洋生物品种，还促进了海洋牧场的可持续发展。

（一）分子标记辅助选择

技术原理与应用：

分子标记辅助选择（Marker-Assisted Selection，MAS）是一种基于分子生物学的育种技术，它利用与目标性状紧密连锁的遗传标记来辅助选择具有优良性状的个体。在海洋牧场中，该技术被广泛应用于鱼类、贝类等海洋生物的育种过程中。通过分子标记，研究人员能够快速、准确地检测出携带特定优良性状的个体，从而加速育种进程，提高育种效率。

具体应用案例：

以鱼类育种为例，研究人员首先需要确定目标性状（如生长速度、抗逆性等）与哪些遗传标记紧密相关。通过高通量测序和生物信息学分析，可以识别出与目标性状相关的 SNP（单核苷酸多态性）或其他类型的遗传标记。然后，利用这些遗传标记对大量候选个体进行基因型检测，筛选出携带优良性状的个体进行繁殖。这样一来，不仅缩短了育种周期，还提高了育种的准确性和效率。

技术优势：

·快速性：分子标记辅助选择技术能够在短时间内筛选出大量携带优良性状的个体，大大缩短了育种周期。

·准确性：通过直接检测遗传标记，避免了表型选择中环境因素的影响，提高了选择的准确性。

·高效性：该技术能够同时检测多个遗传标记，实现多性状的同时选择，提高了育种效率。

（二）转基因技术

技术原理与应用：

转基因技术（Transgenic Technology）是一种通过基因工程技术将外源基因导入受体生物体内，并使其表达的技术。在海洋牧场中，转基因技术被用于改良海洋生物的生长速度、抗逆性、抗病性等性状，从而提高养殖效益。通过导入特定的功能基因，可以使海洋生物获得新的性状或增强原有性状的表现。

具体应用案例：

例如，研究人员可以将快速生长基因导入鱼类中，使其生长速度显著提高。同时，还可以导入抗病基因，增强鱼类的抗病能力，减少病害发生。此外，针对海水酸化等问题，还可以导入耐酸基因，提高鱼类在酸性环境下的生存能力。这些转基因技术的应用，不仅提高了海洋生物的养殖性能，还增强了其适应环境变化的能力。

技术优势与挑战：

·优势：转基因技术能够直接操作生物的遗传物质，实现性状的定向改良。通过导入特定功能基因，可以显著提高海洋生物的养殖效益。

·挑战：转基因技术的安全性和伦理性问题一直是社会关注的焦点。如何确保转基因生物的安全性、防止基因污染等问题仍需进一步研究和探索。

未来发展趋势：

随着基因编辑技术的不断发展，为转基因技术提供了更为精确和高效的操作手段。未来，转基因技术在海洋牧场中的应用将更加广泛和深入。通过不断优化和完善技术体系，将能够培育出更多具有优良性状的海洋生物品种，为海洋牧场的可持续发展提供有力支持。同时，加强转基因生物的安全评估和监管工作也是未来发展的重要方向之一。

综上所述，遗传育种技术在海洋牧场中的应用具有广阔的前景和重要的价值。通过分子标记辅助选择和转基因技术等手段的应用，可以实现对海洋生物性状的定向改良和快速育种。这些技术的应用不仅提高了海洋生物的养殖效益和市场竞争力，还为海洋牧场的可持续发展提供了有力的技术支撑。然而，在应用过程中仍需关注技术的安全性和伦理性问题，确保转基因生物的安全性和可靠性。同时，随着技术的不断进步和创新，遗传育种技术在海洋牧场中的应用将更加广泛和深入。

二、生态养殖技术

在海洋牧场的发展中，生态养殖技术扮演着至关重要的角色。这些技术不仅有助于提升养殖效率，还能有效减少对环境的影响，促进生物多样性的恢复。

以下是两种主要的生态养殖技术：循环水养殖系统和人工鱼礁技术。

（一）循环水养殖系统

技术概述：

循环水养殖系统（Recirculating Aquaculture Systems，RAS）是一种封闭或半封闭的水产养殖模式，其核心在于通过一系列生物和化学处理手段，循环利用养殖过程中产生的水资源，从而实现废水的零排放或低排放。该系统主要包括生物过滤、物理过滤、增氧、水质监测与控制等关键组成部分。

工作原理：

·生物过滤：通过生物滤池中的微生物群落，将养殖废水中的氨氮、亚硝酸盐等有害物质转化为无害的硝酸盐，从而净化水质。这一过程中，微生物利用有机物作为碳源和能源，将有害物质转化为自身生物质，同时释放出无害的二氧化碳和水。

·物理过滤：采用机械过滤设备去除水中的悬浮颗粒物、残饵和粪便等固体废物，进一步净化水质。物理过滤可以有效防止固体废物在系统中的积累，减少水体富营养化的风险。

·增氧：通过曝气装置向水体中充入氧气，维持养殖生物所需的高溶解氧水平。增氧过程不仅有助于生物过滤的顺利进行，还能提高养殖生物的生长速度和存活率。

·水质监测与控制：利用在线水质监测设备实时监测水体中的溶解氧、pH值、温度、氨氮、亚硝酸盐等关键参数，并根据监测结果自动调节增氧、换水等处理措施，确保水质始终处于最佳状态。

优势与应用：

·节水高效：循环水养殖系统能够大幅度减少养殖过程中的用水量，相比传统开放式养殖模式，节水率可达90%以上。这对于水资源匮乏的地区尤为重要。

·环境友好：通过内部循环处理废水，减少了养殖活动对外部环境的污染，符合现代环保理念。同时，由于水质稳定可控，减少了病害发生的风险。

·易于管理：系统内部环境相对封闭且稳定，有利于对养殖过程进行精确控制和管理。通过智能化监控系统，可以实时了解养殖状态并作出及时调整。

·提升效益：在稳定的水质条件下，养殖生物的生长速度和存活率均有所提高，从而提升了养殖效益。此外，由于系统可集成于陆地或海上平台，灵活性强，适用于多种养殖场景。

案例分析：

挪威是全球循环水养殖技术的领先国家之一。其三文鱼 RAS 养殖系统通过精确控制水质参数和饲料投喂量，实现了全年无休的高效养殖。挪威的 RAS 系统不仅提高了三文鱼的生长速度和品质，还显著降低了病害发生率，成为现代海洋牧场生态养殖的典范。

（二）人工鱼礁技术

技术概述：

人工鱼礁技术是通过在海底投放特定形状、材质和结构的人工构造物（即人工鱼礁），为海洋生物提供栖息、繁殖和觅食的场所。这些人工鱼礁能够模拟自然礁石的功能，促进海洋生态系统的恢复和生物多样性的增加。

工作原理：

·提供栖息地：人工鱼礁为多种海洋生物提供了隐蔽和繁殖的场所。不同形状和材质的鱼礁能够吸引不同种类的生物栖息，形成复杂多样的生物群落。

·促进物质循环：鱼礁表面及周围容易附着藻类、贝类等生物，这些生物通过光合作用和滤食作用参与海洋中的物质循环过程。同时，鱼礁结构有助于减缓水流速度，促进有机物的沉积和分解。

·增强生物多样性：人工鱼礁的投放能够吸引和聚集多种海洋生物，包括鱼类、贝类、甲壳类以及无脊椎动物等。这些生物在鱼礁周围形成复杂的食物网关系，促进了生物多样性的恢复和增加。

优势与应用：

·生物多样性恢复：人工鱼礁为多种海洋生物提供了适宜的栖息地，有助于恢复和增加生物多样性。这对于维护海洋生态系统的平衡和稳定具有重要意义。

·渔业资源增殖：鱼礁能够吸引和滞留鱼卵、仔稚鱼等生活史阶段的关键生物群体，从而提高自然补充能力并增加渔获量。这对于可持续利用海洋渔业资源具有积极作用。

·生态保护：人工鱼礁还能在一定程度上缓解渔业活动对海底生态环境的破坏作用。通过合理布局和管理人工鱼礁区域，可以减少拖网等捕捞活动对敏感生态区域的干扰和破坏。

案例分析：

日本是人工鱼礁技术的先驱国家之一。自 20 世纪 70 年代起，日本开始大规模推广人工鱼礁建设并取得了显著成效。通过科学规划和合理投放人工鱼礁，日本成功恢复了近海渔业资源并带动了周边地区的旅游和休闲渔业发展。例如，在濑户内海地区投放大量人工鱼礁后，不仅吸引了众多鱼类和其他海洋生物栖息繁衍还形成了繁荣的渔业生态系统。

综上所述，生态养殖技术中的循环水养殖系统和人工鱼礁技术在海洋牧场中具有广泛应用前景。这些技术不仅有助于提升养殖效率和生态效益，还能促进海洋生物多样性的恢复和维护海洋生态系统的平衡与稳定。随着科技的不断进步和环保意识的提高，这些生态养殖技术将在未来海洋牧场中发挥更加重要的作用。

三、智能化管理技术

在海洋牧场的现代化管理中，智能化管理技术扮演着至关重要的角色。通过集成物联网、大数据、人工智能等先进技术，智能化管理技术能够显著提升养殖效率，降低运营成本，同时减少对环境的影响。以下将详细介绍智能监控系统和自动化投喂系统在海洋牧场中的应用。

（一）智能监控系统

智能监控系统是海洋牧场智能化管理的核心组成部分。该系统利用物联网、大数据、云计算等先进技术，实现对养殖环境的实时监测和智能调控，确保养殖生物在最适宜的环境条件下生长。

技术原理与应用：

智能监控系统主要由传感器网络、数据采集与处理中心、智能控制终端三部分组成。传感器网络部署在养殖区域，负责采集水质参数（如溶解氧、pH值、温度、盐度、氨氮含量等）、气象数据（如风速、风向、降雨量等）以及生物生长状态信息。数据采集与处理中心接收并处理这些实时数据，通过大数据分析技术识别潜在问题并预测发展趋势。智能控制终端则根据分析结果自动调整养殖环境参数，如增氧、换水、温控等，确保养殖环境始终处于最佳状态。

在具体应用中，智能监控系统能够实现对海洋牧场环境的全方位、全天候监测。例如，当水质监测传感器检测到溶解氧浓度下降时，系统会自动启动增氧设备，增加水体中的溶解氧含量；当温度传感器显示水温偏离设定范围时，系统会调整温控设备，维持适宜的水温条件。此外，智能监控系统还能通过图像识别技术监测养殖生物的生长状态和健康状况，及时发现并处理疾病问题。

优势与效果：

智能监控系统的应用带来了显著的优势和效果。

·实时监测与预警：系统能够实时监测养殖环境参数和生物生长状态，及时发现并预警潜在问题，避免损失扩大。

·精准调控：基于大数据分析技术的智能控制策略，能够实现对养殖环境的精准调控，确保养殖生物在最适宜的环境条件下生长。

·提高养殖效率：通过优化养殖环境，提高养殖生物的生长速度和存活率，从而增加产量和品质。

·降低人力成本：自动化监控和调控减少了人工巡检和操作的频率，降低了人力成本。

·环保节能：通过精准调控减少不必要的能源消耗和废弃物排放，实现环保节能的目标。

案例分析：

以大型海洋牧场为例，该牧场引入了智能监控系统对养殖环境进行实时监测和智能调控。系统部署了多种传感器以采集水质、气象和生物生长状态数据，并通过云计算平台进行数据处理和分析。在实际运营中，系统成功预警了多次水质恶化和疾病暴发风险，及时采取了相应的调控措施，有效保障了养殖生物的健康生长。同时，通过精准调控养殖环境参数，养殖生物的生长速度和存活率均得到了显著提升，产量和品质均优于传统养殖模式。

（二）自动化投喂系统

自动化投喂系统是海洋牧场智能化管理的另一重要组成部分。该系统通过集成自动化技术和智能控制算法，实现对养殖生物的精确投喂管理，提高饲料利用率并减少浪费。

技术原理与应用：

自动化投喂系统主要由饲料储存装置、自动投喂机、智能控制终端和传感器网络组成。饲料储存装置负责存储饲料并根据需要向自动投喂机供料；自动投喂机根据预设的投喂计划和传感器反馈的生物生长状态信息自动进行投喂操作；智能控制终端负责接收传感器数据和用户指令并控制投喂机的运行；传感器网络则用于监测养殖生物的生长状态和摄食行为。

在具体应用中，自动化投喂系统能够根据养殖生物的生长阶段、摄食习性和环境条件等因素制定个性化的投喂计划。例如，系统可以根据生物的生长速度和摄食需求调整投喂量和投喂频率；同时根据水质参数和气象数据优化投喂时间以减少饲料浪费和水质污染。此外，系统还能通过图像识别技术监测养殖生物的摄食行为和健康状况以调整投喂策略。

优势与效果：

自动化投喂系统的应用带来了以下优势和效果。

·精确投喂：通过智能控制算法实现精确投喂管理减少饲料浪费并提高利用率。

·个性化投喂计划：根据养殖生物的生长阶段和摄食习性制定个性化的投喂计划满足不同生长阶段的需求。

·减少人力成本：自动化投喂减少了人工投喂的频率和强度降低了人力成本。

·优化水质管理：通过合理投喂减少残饵积累和水质污染优化养殖环境。

·提高养殖效益：精确投喂和个性化管理提高了养殖生物的生长速度和存活率从而增加了产量和品质提高了养殖效益。

案例分析：

以智能化海洋牧场为例，该牧场引入了自动化投喂系统对养殖生物进行精确投喂管理。系统根据养殖生物的生长阶段和摄食习性制定了个性化的投喂计划并通过智能控制终端实现自动投喂操作。在实际运营中系统成功减少了饲料浪费并提高了饲料利用率；同时通过对投喂量和投喂时间的优化减少了残饵积累和水质污染问题；最终提高了养殖生物的生长速度和存活率增加了产量和品质。此外自动化投喂还降低了人工投喂的频率和强度减少了人力成本提高了养殖效率。

综上所述，海洋牧场生物资源的合理利用与保护需要综合运用生物技术、生态养殖技术和智能化管理技术，实现经济效益与生态效益的双赢。通过遗传育种技术改良生物性状，提高养殖效益；通过生态养殖技术促进生物多样性恢复，维护生态平衡；通过智能化管理技术提高养殖效率，减少资源浪费和环境污染。

第四章 思考题

1. 请列举三种海洋牧场中经济价值较高的鱼类，并简述其经济价值体现在哪些方面？

2. 在海洋牧场生物资源的合理利用中，科学规划养殖密度的重要性是什么？如何实施动态调整机制以确保生态平衡？

3. 描述生态养殖技术中的循环水养殖系统（RAS）的工作原理及其在提高养殖效率和环保方面的优势。

4. 分析遗传育种技术（如分子标记辅助选择和转基因技术）在海洋牧场生物改良中的应用及潜在挑战。

5. 在海洋牧场中，智能监控系统和自动化投喂系统如何协同工作以提高养殖效率和资源利用率？请举例说明。

第五章

海洋牧场环境与监测

第一节　海洋牧场环境监测的重要性

一、环境监测的基础意义

（一）保障生态安全

海洋牧场作为人工干预与自然生态系统相结合的产物，其环境状况直接关系到生物多样性和生态平衡的稳定性。海洋牧场内的生物群落复杂多样，包括浮游生物、底栖生物以及各类经济鱼类和贝类等，它们共同构成了一个复杂的生态系统。这个系统的健康与稳定不仅取决于自然因素，还受到人类活动的影响。因此，定期进行环境监测对于及时发现并应对潜在的生态风险至关重要。

首先，环境监测能够通过对水质、底质以及生物多样性的全面评估，揭示海洋牧场生态系统的实时状态。例如，通过监测水体中的溶解氧、pH 值、温度、盐度、氨氮、磷酸盐等关键指标，可以判断水质是否适宜生物生存，是否存在富营养化等生态风险。同时，对生物群落的监测，包括种类、数量、分布以及健康状况等，能够及时发现生物多样性的变化，预防生物入侵和种群衰退等问题。一旦发现生态风险，管理者可以迅速采取措施进行干预，如调整养殖密度、改善水质条件或实施生态修复工程，从而保障海洋牧场生态系统的健康与稳定。

（二）指导科学管理

科学管理是海洋牧场可持续发展的关键。通过持续的环境监测，管理者可以获取海洋牧场的多维度数据，包括水质、底质、生物多样性等方面，这些数据为制定和优化养殖管理策略提供了科学依据。

具体来说，水质监测数据可以帮助管理者了解养殖区域的水环境状况，如溶解氧含量是否充足、氨氮浓度是否超标等。根据这些数据，管理者可以调整养殖布局和密度，避免过度养殖导致的水质恶化。例如，在溶解氧含量较低的区域，可以减少养殖密度或增加增氧设备；在氨氮浓度较高的区域，则可以采取换水或生物净化等措施来降低污染。

底质监测则有助于了解海底地形、底质类型以及有机质含量等信息，这些信息对于选择合适的养殖方式和投放人工鱼礁等生态修复措施至关重要。通过底质监测数据，管理者可以评估养殖活动对海底环境的影响，避免破坏性的挖填作业对底栖生物栖息地的破坏。

生物多样性监测则提供了海洋牧场生物群落结构、优势种变化以及外来物种入侵等关键信息。这些信息有助于管理者制定针对性的生态保护措施，如设立保护区、限制捕捞强度以及实施人工增殖放流等，以维护生物多样性和生态平衡。

综上所述，环境监测为海洋牧场的科学管理提供了全面而准确的数据支持，有助于管理者制定科学合理的养殖策略和管理措施，提高资源利用效率并保障生态系统的健康与稳定。

（三）促进可持续发展

可持续发展是海洋牧场建设的核心目标之一。通过长期跟踪和数据分析，环境监测能够评估各项管理措施的效果，为管理者提供反馈和调整的依据，从而确保海洋牧场的长期可持续运营。

首先，环境监测数据可以反映海洋牧场生态系统在不同管理策略下的变化趋势。例如，通过对比实施生态修复前后的水质和生物多样性数据，可以评估修复措施的效果，为进一步优化修复方案提供依据。同样地，通过监测养殖密度调整后的生物生长状况和产量变化，可以评估养殖布局的合理性，为制定更加科学的养殖计划提供参考。

其次，环境监测还有助于管理者及时发现并解决潜在的环境问题。例如，通过定期监测水体中的污染物含量和生物健康状况，可以预警潜在的生态风险，如富营养化、重金属污染等。管理者可以根据监测结果及时调整管理策略，如加强污染源控制、改善养殖环境等，以防范环境问题的发生和扩散。

最后，环境监测数据还可以为政策制定者提供科学依据。政府和相关机构可以根据监测结果制定更加科学合理的海洋牧场保护政策和管理规定，推动海洋牧场的绿色、低碳发展。同时，通过公开监测数据和评估报告，还可以提高公众对海洋牧场环境保护的认识和参与度，形成全社会共同保护海洋生态的良好氛围。

综上所述，环境监测在保障生态安全、指导科学管理和促进可持续发展方面发挥着重要作用。通过定期、全面、准确的环境监测工作，可以及时发现并应对潜在的生态风险，为管理者提供科学依据以制定和优化养殖策略和管理措施；同时还可以通过长期跟踪和数据分析评估各项管理措施的效果，确保海洋牧场的长期可持续运营。

二、监测数据在生态保护中的作用

（一）预警生态风险

海洋牧场作为一个复杂而敏感的生态系统，其健康状况直接受到水质、生物群落结构以及环境条件的综合影响。通过实时监测这些关键指标，监测数据能够及时发现并预警潜在的生态风险，为管理者提供及时的干预依据。

水质监测：水质是海洋牧场生态系统健康与否的直接反映。通过连续监测水体中的溶解氧、pH 值、温度、盐度、氨氮、磷酸盐等关键指标，可以评估水质是否适宜生物生存。例如，当溶解氧含量过低时，可能导致海洋生物窒息死亡；氨氮和磷酸盐浓度过高则可能引发富营养化，导致藻类过度繁殖，消耗大量氧气，进一步恶化水质。通过实时监测这些指标，一旦发现异常，管理者可以迅速采取措施，如增加增氧设备、换水或实施生物净化等，以恢复水质，保障海洋生物的生存环境。

生物群落监测：生物群落的变化是生态系统健康状况的重要指示器。通过拖网采样、潜水观测等手段，可以监测海洋牧场内生物的种类、数量、分布及健康状况。当发现某种生物数量急剧减少或外来物种入侵时，监测数据能够立即发出预警。例如，如果监测到某种经济价值较高的鱼类数量急剧下降，可能意味着该鱼种正面临生存危机，需要立即采取措施保护其种群；如果监测到外来物种入侵，则必须迅速启动应急响应机制，防止其对本地生态系统造成破坏。

综合监测与预警系统：结合水质监测和生物群落监测数据，可以构建综合监测与预警系统。该系统能够自动分析监测数据，识别潜在的生态风险，并向管理者发出预警信号。例如，当监测到水质恶化且某种关键生物数量急剧下降时，系统可能判断该区域生态系统正面临严重危机，并自动触发应急响应机制，确保管理者能够迅速采取行动，保护海洋牧场的生态平衡。

（二）评估恢复效果

生态修复是维护海洋牧场生态平衡的重要手段之一。通过投放人工鱼礁、种植海藻等措施，可以促进生物多样性的恢复和生态系统的稳定。然而，这些措施的效果如何，需要通过持续的监测数据来评估。

人工鱼礁投放效果评估：人工鱼礁的投放旨在为海洋生物提供栖息地和繁殖场所，从而促进生物多样性的恢复。通过定期监测鱼礁周围生物群落的种类、数量及分布变化，可以评估鱼礁的投放效果。例如，如果监测数据显示鱼礁周围鱼类和其他海洋生物的数量显著增加，且生物多样性得到提高，则说明鱼礁投放取得了显著效果；反之，如果监测数据显示鱼礁周围生物群落变化不大或甚至减少，则需要重新评估鱼礁的设计和投放位置，以便进一步优化修复方案。

海藻种植效果评估：海藻不仅能为海洋生物提供食物和栖息地，还能通过光合作用吸收二氧化碳，缓解海洋酸化问题。通过监测海藻的生长状况、覆盖面积以及周围水质的变化，可以评估海藻种植的效果。如果监测数据显示海藻生长良好且覆盖面积不断扩大，同时周围水质得到改善（如氨氮、磷酸盐浓度降低），则说明海藻种植取得了预期效果；反之，如果监测数据显示海藻生长不良或水质未见明显改善，则需要调整种植策略和管理措施。

综合评估与反馈机制：在生态修复项目实施过程中，应建立综合评估与反馈机制。该机制通过定期监测和数据分析，评估修复项目的实施效果，并根据评估结果及时调整修复方案和管理措施。例如，如果发现某种修复措施效果不佳，管理者可以根据监测数据反馈调整方案，如更换修复材料、改变投放位置或增加修复强度等，以确保生态修复项目达到预期效果。

（三）支持政策制定

环境监测数据不仅是管理者制定和优化养殖策略的重要依据，也是政策制定者制定海洋牧场环境保护政策的重要参考。通过深入分析监测数据，政策制定者可以了解海洋牧场的实际状况和发展趋势，从而制定出更加科学合理的环境保护政策。

制定针对性政策：根据监测数据反映的问题和趋势，政策制定者可以制定出针对性的环境保护政策。例如，如果监测数据显示海洋牧场水质恶化严重且生物多样性下降明显，政策制定者可能会出台更加严格的排放标准和管理规定；如果监测数据显示某种外来物种入侵风险较高，政策制定者可能会加强外来物种的监测和防控力度。

推动绿色、低碳发展：环境监测数据还可以为政策制定者提供推动海洋牧场绿色、低碳发展的科学依据。例如，通过监测数据评估不同养殖模式的环境影响和资源利用效率，政策制定者可以鼓励和支持那些环境友好、资源节约的养殖模式；同时，通过监测数据评估生态修复项目的实施效果和推广价值，政策制定者可以出台相关激励政策，鼓励更多投资者和企业参与到海洋牧场的生态修复和环境保护中来。

提高公众参与度：政策制定者还可以通过公开监测数据和评估报告等方式提高公众的参与度。让公众了解海洋牧场的实际状况和保护工作的重要性有助于增强公众的环保意识和责任感；同时让公众参与到政策制定和环境保护工作中来也有助于形成全社会共同保护海洋生态的良好氛围。例如政策制定者可以组织公众听证会、专家研讨会等活动听取公众意见和建议从而制定出更加符合民意和实际情况的环境保护政策。

第二节　海洋牧场监测技术与设备介绍

一、现场监测技术

（一）水质监测技术

水质是海洋牧场生态环境的重要组成部分，直接影响海洋生物的生存和繁衍。因此，对水质进行持续、准确的监测是保障海洋牧场健康运行的关键。水质监测技术主要关注溶解氧、pH 值、温度、盐度、氨氮、磷酸盐等关键指标。

溶解氧监测：溶解氧是衡量水质好坏的重要指标之一，直接影响海洋生物的呼吸和生存。常用的便携式水质分析仪和多参数水质监测仪能够快速、准确地测量水体中的溶解氧含量。这些设备通过电化学传感器直接检测水中的溶解氧浓度，为管理者提供实时数据，以便及时调整增氧措施，确保养殖生物的正常生长。

pH 值监测：pH 值是反映水体酸碱度的重要参数，对海洋生物的生理机能和生存环境有重要影响。便携式水质分析仪和多参数水质监测仪同样能够实时测量水体的 pH 值。通过定期监测 pH 值，管理者可以了解水体的酸碱状况，及时采取措施调节水质，避免过酸或过碱环境对海洋生物造成危害。

温度与盐度监测：温度和盐度是影响海洋生物生长和分布的关键因素。便携式水质分析仪和多参数水质监测仪能够同时测量水体的温度和盐度。这些数据对于评估养殖生物的生长环境、优化养殖布局具有重要意义。通过实时监测温度和盐度变化，管理者可以更加科学地调整养殖措施，提高养殖效益。

氨氮与磷酸盐监测：氨氮和磷酸盐是水体中常见的营养物质，但过量存在会导致水体富营养化，引发藻类暴发等生态问题。因此，对氨氮和磷酸盐的监测同样至关重要。便携式水质分析仪和多参数水质监测仪能够快速检测水体中的氨氮和磷酸盐含量。一旦发现超标情况，管理者可以立即采取措施进行换水或生物净化，防止水质恶化。

综上所述，水质监测技术通过便携式水质分析仪和多参数水质监测仪等设备的应用，实现了对溶解氧、pH值、温度、盐度、氨氮、磷酸盐等关键指标的快速、准确监测。这些数据为海洋牧场管理者提供了重要的决策依据，有助于保障水质的稳定和优化养殖环境。

（二）生物群落监测技术

生物群落是海洋牧场生态系统的重要组成部分，其种类、数量和分布状况直接反映了生态系统的健康状况。因此，对生物群落的监测是评估海洋牧场生态环境质量的重要手段。生物群落监测技术主要通过拖网采样、潜水观测、遥感影像分析等手段进行。

拖网采样：拖网采样是一种传统的生物群落监测方法。通过拖曳网具在海洋牧场区域内进行采样，可以收集到不同水层的生物样本。这些样本随后通过显微镜观察、DNA条形码技术等手段进行种类鉴定和数量统计。拖网采样技术具有操作简单、成本较低的优点，但可能存在一定的采样偏差和生态破坏风险。

潜水观测：潜水观测是一种直观、准确的生物群落监测方法。通过潜水员或水下机器人进入海洋牧场区域进行实地观测和记录，可以获取生物种类、数量、分布及健康状况等详细信息。潜水观测技术能够直接观察生物的行为习性和生态环境特征，为管理者提供更加全面的数据支持。然而，该方法成本较高且受天气、海况等条件限制较大。

遥感影像分析：随着遥感技术的不断发展，遥感影像分析在生物群落监测中的应用越来越广泛。通过卫星或无人机搭载的高分辨率相机拍摄海洋牧场区域的影像数据，结合图像识别和处理技术进行分析，可以获取生物群落的分布和数量信息。遥感影像分析技术具有监测范围广、数据获取速度快等优点，但受云层遮挡、水体透明度等因素影响可能存在一定误差。

综上所述，生物群落监测技术通过拖网采样、潜水观测和遥感影像分析等手段的综合应用，实现了对海洋牧场生物群落的全面监测。这些数据为管理者评估生态系统健康状况、制定生态保护措施提供了重要依据。

（三）底质监测技术

底质是海洋牧场生态系统的重要组成部分，对生物栖息和繁殖具有重要影响。因此，对底质的监测同样至关重要。底质监测技术主要通过抓斗式采样器、柱状采样器等工具采集底质样品进行分析，并结合声学探测技术进行大范围底质地形测绘。

抓斗式采样器与柱状采样器：抓斗式采样器和柱状采样器是常用的底质采样工具。抓斗式采样器通过机械臂抓取海底沉积物样品进行分析；柱状采样器则通过插入海底采集连续的沉积物柱样进行分析。这些工具能够获取底质的类型、有机质含量、污染物含量等指标数据。通过分析这些数据可以了解底质的物理性质和化学性质以及污染状况等信息为管理者制定底质保护措施提供依据。

声学探测技术：声学探测技术如侧扫声呐和多波束声呐在底质地形测绘中具有重要作用。侧扫声呐通过发射声波并接收回波信号来绘制海底地形图；多波束声呐则通过发射多个声波束来构建三维地形模型。这些技术能够实现对大范围海域的底质地形进行精确测绘为管理者提供详细的底质地形数据支持其进行科学合理的养殖布局和生态保护措施制定。

综上所述，底质监测技术通过抓斗式采样器、柱状采样器等工具以及声学探测技术的综合应用实现了对海洋牧场底质的全面监测。这些数据为管理者了解底质状况、制定保护措施提供了重要依据有助于维护海洋牧场的生态平衡和可持续发展。

二、遥感监测技术

遥感监测技术在海洋牧场环境监测中扮演着至关重要的角色。通过卫星、无人机和激光雷达等高科技手段，可以实现对海洋牧场大范围、高精度的环境监测，为科学管理和生态保护提供有力支持。

（一）卫星遥感

卫星遥感技术利用搭载在卫星上的多光谱和高光谱传感器，能够捕获高分辨率的地球表面影像。在海洋牧场环境监测中，卫星遥感技术主要被用于以下几个方面：

·叶绿素含量分析：叶绿素是海洋植物进行光合作用的关键色素，其含量直接反映了海洋初级生产力的高低。通过卫星遥感数据，可以估算海洋牧场区域内的叶绿素浓度，进而评估该区域的生产力状况。这对于了解海洋牧场的生态健康状况、预测渔业资源潜力具有重要意义。

·水温分布监测：水温是影响海洋生物生长和分布的重要因素。卫星遥感技术可以实时获取大范围海域的水温分布信息，帮助管理者了解海洋牧场的水温状况，及时发现异常变化，并采取相应的管理措施。例如，在高温季节，管理者可以根据卫星遥感数据调整养殖布局，避免高温对养殖生物的不利影响。

·悬浮物浓度监测：悬浮物浓度的变化往往与水体富营养化、海底地质活动等因素密切相关。通过卫星遥感技术监测悬浮物浓度，可以及时发现水体污染问题，为制定环境保护措施提供依据。同时，悬浮物浓度的变化还能反映海洋牧场的底质稳定性和生态健康状况。

卫星遥感技术的优势在于监测范围广、数据获取速度快且连续性好，能够实现对海洋牧场环境的长期、动态监测。然而，该技术也受到云层遮挡、传感器精度等因素的限制，需要结合其他监测手段进行综合分析。

（二）无人机遥感

无人机遥感技术通过搭载高清相机、红外热像仪等设备，对海洋牧场进行低空飞行监测。相比于卫星遥感，无人机遥感具有更高的空间分辨率和灵活性，能够获取更细致的环境信息。

高清影像获取：无人机搭载的高清相机可以拍摄到海洋牧场区域的清晰影像，用于生物群落分布、养殖设施状况等方面的监测。通过对影像的解析，可以识别出不同种类的海洋生物及其分布特征，为生物多样性评估提供数据支持。

红外热成像监测：红外热像仪能够捕捉物体表面的温度分布信息，对于监测海洋牧场中的热异常现象具有重要意义。例如，通过红外热成像技术可以检测养殖区域的温度梯度变化，评估养殖生物的健康状况和环境适应性。

近岸和浅水区域监测：无人机遥感尤其适用于近岸和浅水区域的监测。这些区域往往是人类活动频繁、生态环境敏感的地带，通过无人机进行低空飞行监测可以更加直观地了解环境状况，及时发现并解决潜在问题。

无人机遥感技术的优势在于灵活性高、监测范围广且成本低廉。然而，该技术也受到飞行时间、电池容量等因素的限制，需要合理规划飞行路线和任务安排以确保监测效果。

（三）激光雷达技术

激光雷达技术通过发射激光脉冲并测量其回波信号来获取目标的三维坐标信息。在海洋牧场环境监测中，激光雷达技术主要应用于海底地形测绘和障碍物分布探测。

海底地形测绘：激光雷达技术能够精确测量海底地形的起伏变化和高程信息，为海洋牧场的养殖布局和生态保护提供基础数据支持。通过构建三维地形模型，管理者可以更加直观地了解海底地形特征，合理规划养殖区域和生态保护区域。

障碍物分布探测：在海洋牧场建设和运营过程中，障碍物如沉船、礁石等可能对养殖设施和生物活动造成不利影响。激光雷达技术能够精确探测这些障碍物的位置和形态信息，为规避风险和制定应对措施提供依据。

激光雷达技术的优势在于测量精度高、探测范围广且能够实时获取三维地形信息。然而，该技术设备成本较高且操作复杂，需要专业人员进行操作和维护。

综上所述，遥感监测技术在海洋牧场环境监测中具有重要作用。通过卫星遥感、无人机遥感和激光雷达等多种技术手段的综合应用，可以实现对海洋牧场环境的全面、高精度监测，为科学管理和生态保护提供有力支持。随着技术的不断进步和应用场景的拓展，遥感监测技术将在海洋牧场环境监测中发挥更加重要的作用。

三、自动监测站与传感器网络

在海洋牧场的环境监测体系中，自动监测站与传感器网络扮演着至关重要的角色。它们不仅实现了对海洋牧场环境参数的连续、实时监测，还为科学管理和生态保护提供了准确、全面的数据支持。

（一）自动监测站

自动监测站是海洋牧场环境监测的基础设施之一，通过在这些关键区域布设自动监测站，可以实现对水质、气象等关键参数的连续监测。这些监测站通常配备有先进的在线分析仪和数据传输设备，能够实时采集并上传监测数据至数据中心，供管理者进行分析和决策。

监测站组成与功能：

·在线分析仪：在线分析仪是自动监测站的核心设备之一，能够实时测量水质中的关键参数，如溶解氧、pH值、氨氮、磷酸盐等。这些参数对于评估水质状况、监测水体污染情况具有重要意义。通过在线分析仪，管理者可以及时了解水质变化，采取必要的调控措施，确保养殖生物的生长环境。

·数据传输设备：数据传输设备负责将在线分析仪采集的数据实时上传至数据中心。这些设备通常采用无线通信技术，如GPRS、4G/5G等，确保数据传输的稳定性和实时性。数据中心接收到数据后，可以进行进一步的处理和分析，为管理决策提供科学依据。

监测站布设原则：

在布设自动监测站时，需要遵循以下原则以确保监测效果：

·代表性：监测站应布设在能够代表海洋牧场不同区域环境特征的地点，

以确保监测数据的全面性和代表性。通过合理布局监测站，可以实现对整个海洋牧场环境的全面覆盖和有效监测。

·均衡性：在布设监测站时，需要考虑不同功能区的监测需求，确保各功能区均有相应的监测站点。这样可以避免监测盲区，提高监测数据的均衡性和可比性。

·可维护性：监测站应便于维护和检修，以确保设备的长期稳定运行。在布设时，需要考虑设备的安装位置、供电方式以及通信条件等因素，确保监测站能够正常工作并实时上传数据。

应用实例：

以大型海洋牧场为例，该牧场在关键养殖区域和生态修复区布设了多个自动监测站。通过在线分析仪实时监测水质参数，管理者可以及时了解水质状况并采取相应的调控措施。例如，在溶解氧浓度较低时，管理者可以启动增氧设备以提高水体中的溶解氧含量；在氨氮和磷酸盐浓度超标时，可以采取换水或生物净化等措施以降低污染。通过自动监测站的应用，该牧场成功实现了水质的稳定和优化，为养殖生物提供了良好的生长环境。

（二）传感器网络

传感器网络是构建全方位、多层次监测体系的重要手段之一。通过在养殖区、生态修复区等不同功能区部署传感器，可以实现对溶解氧、pH 值、温度、光照强度等关键参数的实时监测，确保数据的全面性和准确性。

传感器类型与功能：

·溶解氧传感器：用于实时测量水体中的溶解氧含量，对于评估水质状况、监测养殖生物的生长环境具有重要意义。

·pH 值传感器：用于实时测量水体的酸碱度，帮助管理者了解水体的酸碱状况并采取相应的调控措施。

·温度传感器：用于实时监测水体的温度变化，对于评估养殖生物的适应性、优化养殖布局具有重要意义。

·光照强度传感器：用于测量养殖区域的光照强度，为光合作用等生物过程提供数据支持。

网络构建与数据传输：

传感器网络通常由多个传感器节点组成，这些节点通过无线通信技术相互连接形成网络。每个传感器节点负责采集所在区域的环境参数并将数据上传至数据中心。为了确保数据传输的稳定性和实时性，传感器网络通常采用低功耗、长距离的无线通信协议如 Zigbee、LoRa 等。

在构建传感器网络时，需要考虑以下因素：

·节点布局：传感器节点应合理布局在养殖区、生态修复区等不同功能区，以确保监测数据的全面性和代表性。同时，需要避免节点之间的信号干扰和盲区。

·数据传输协议：选择合适的无线通信协议对于确保数据传输的稳定性和实时性至关重要。在选择协议时，需要考虑传输距离、功耗、可靠性等因素。

·数据处理与分析：传感器网络采集的数据需要经过处理和分析才能为管理决策提供科学依据。数据中心应对接收到的数据进行校验、清洗和整合，运用统计分析、趋势预测等方法揭示环境参数的变化趋势和相互关系。

应用实例：

以智能海洋牧场为例，该牧场在养殖区和生态修复区部署了传感器网络，实现了对溶解氧、pH 值、温度、光照强度等关键参数的实时监测。通过数据分析，管理者可以及时了解环境参数的变化趋势和养殖生物的生长状况，并采取相应的调控措施。例如，在光照强度不足时，管理者可以调整养殖布局或采取人工补光措施以提高光合作用效率；在温度异常时，可以启动温控设备以维持适宜的水温条件。通过传感器网络的应用，该牧场成功实现了养殖环境的精准调控和优化管理。

第三节　海洋牧场数据分析与评估

一、数据收集与整理

（一）数据标准化

在海洋牧场环境监测过程中，数据收集是首要且至关重要的环节。由于监测数据来源多样，包括自动监测站、传感器网络、现场采样以及遥感数据等，不同来源的数据在格式、单位和精度上往往存在差异。为了确保数据分析的准确性和一致性，必须对收集到的监测数据进行标准化处理。

数据标准化的具体步骤包括：

·定义统一的数据格式：首先，需要明确各类监测数据的标准格式，包括时间戳、参数名称、参数单位、测量值等字段。通过制定统一的数据模板，确保所有监测数据在输入系统时遵循相同的规范。

·统一单位：对于同一参数，不同监测设备可能采用不同的单位表示，如温度可能用摄氏度或华氏度表示。因此，在数据收集阶段就需要将所有单位统一转换成国际标准单位，如温度统一转换为摄氏度。

·精度匹配：考虑到不同监测设备的精度差异，需要对数据进行精度匹配处理。对于高精度设备的数据，可以根据需要进行适当舍入或截断；对于低精度设备的数据，可以通过插值或平滑处理提高其有效位数，但需注意避免引入人为误差。

·元数据记录：除了监测数据本身外，还需记录相关的元数据，如监测时间、地点、监测方法、设备型号及校准信息等。这些元数据对于后续的数据分析和质量控制至关重要。

通过数据标准化处理，可以确保不同来源的数据在格式、单位和精度上保持一致，为后续的数据分析和比较提供便利。

（二）数据质量控制

数据质量控制是确保监测数据准确性和可靠性的关键步骤。在海洋牧场环境监测中，由于环境复杂多变且监测设备可能受到各种干扰因素的影响，收集到的数据往往存在一定的误差和不确定性。因此，需要通过一系列质量控制措施来提高数据的可靠性和准确性。

数据质量控制的具体方法包括：

·数据校验：对收集到的监测数据进行初步校验，检查数据是否完整、合理且符合逻辑。例如，检查溶解氧浓度是否在合理范围内（通常为0-饱和溶解氧浓度），pH值是否在常规海水酸碱度范围内（通常为7.5-8.5）等。对于明显超出合理范围的数据，需要进行进一步核实或剔除。

·异常值检测与剔除：采用统计方法检测并剔除数据中的异常值。异常值通常是由于设备故障、测量误差或极端环境事件等原因产生的。常用的异常值检测方法包括拉依达准则、格拉布斯准则等。对于检测到的异常值，需要根据实际情况进行核实和处理，必要时进行剔除或修正。

·数据插值与平滑：对于因设备故障或环境干扰导致的数据缺失或异常波动情况，可以采用数据插值或平滑处理来弥补数据缺失或降低数据噪声。常用的插值方法包括线性插值、多项式插值、样条插值等；平滑处理则可以采用移动平均、指数平滑等方法。需要注意的是，在进行数据插值或平滑处理时，应避免过度拟合或引入人为误差。

·设备校准与验证：定期对监测设备进行校准和验证，确保其测量精度和稳定性。校准工作应按照国家或国际标准进行，并使用标准物质或标准方法进行。同时，建立设备维护记录档案，记录每次校准的时间、方法、结果及后续维护情况等信息。通过定期校准和验证工作，可以及时发现并纠正设备偏差，提高监测数据的准确性和可靠性。

·多源数据比对与融合：对于同一监测参数，如果有多源数据可用（如自动监测站与现场采样数据），可以进行数据比对与融合处理。通过比较不同来源数据的差异性和一致性程度，可以评估各数据源的可靠性并优化数据融合算法。数据融合处理可以提高监测数据的全面性和准确性，为后续的数据分析和决策提供更有力的支持。

综上所述，通过数据标准化和质量控制处理，可以确保收集到的监测数据在格式、单位和精度上保持一致，并剔除异常值和噪声干扰；同时定期校准和验证监测设备、比对与融合多源数据等措施也可以进一步提高数据的准确性和可靠性。这些工作为后续的数据分析和评估奠定了坚实的基础。

二、数据分析方法

在海洋牧场环境监测中，数据分析是评估海洋生态环境状态、识别潜在风险及优化管理策略的关键环节。通过科学的数据分析方法，能够深入揭示环境参数的变化趋势、相互关系以及未来可能的演变路径，为管理决策提供强有力的支持。以下将详细介绍统计分析、趋势预测和模型模拟三种主要的数据分析方法。

（一）统计分析

统计分析是数据分析的基础，通过运用描述性统计和相关性分析等方法，可以系统地整理和解释监测数据，揭示环境参数的基本特征和它们之间的内在联系。

描述性统计：

描述性统计主要用于概括和描述数据集的基本特征，包括中心趋势（如均值、中位数）、离散程度（如标准差、方差）以及分布形态（如偏度、峰度）等。在海洋牧场环境监测中，通过描述性统计可以直观展示水质参数（如溶解氧、pH值、温度等）、生物多样性指标（如物种丰富度、多样性指数）等的变化范围和集中趋势，为管理者提供环境状态的整体概览。

相关性分析：

相关性分析用于探究两个或多个变量之间的关系强度和方向。在海洋牧场环境监测中，通过计算环境参数之间的相关系数（如皮尔逊相关系数），可以识别不同参数之间的关联程度。例如，可以分析溶解氧浓度与温度、盐度之间的关系，以及生物多样性指标与养殖密度、水质参数之间的关系。相关性分析有助于理解环境参数之间的相互作用机制，为制定综合管理措施提供依据。

（二）趋势预测

趋势预测是基于历史数据，运用数学和统计模型来预测未来环境参数可能的变化趋势。这对于制定前瞻性的管理策略、预防潜在的环境风险具有重要意义。

时间序列分析：

时间序列分析是研究按时间顺序排列的数据集的方法。在海洋牧场环境监测中，通过时间序列分析可以揭示水质参数、生物多样性指标等随时间的变化规律。常用的时间序列分析方法包括移动平均法、指数平滑法、自回归积分滑动平均模型（ARIMA）等。这些方法能够捕捉数据的季节性、趋势性和随机性成分，进而预测未来一段时间内环境参数的可能变化。

机器学习：

机器学习是一种利用算法让计算机从数据中自动学习的技术。在海洋牧场环境监测中，机器学习算法（如支持向量机、随机森林、神经网络等）可被用于构建预测模型，根据历史监测数据预测未来环境参数的变化趋势。机器学习模型能够处理大规模、高维度的数据集，捕捉复杂的非线性关系，提高预测的准确性和鲁棒性。

（三）模型模拟

模型模拟是通过构建数学模型来再现现实世界的复杂系统，并预测不同条件下系统的响应。在海洋牧场环境监测中，模型模拟是评估不同养殖活动对海洋环境影响的重要手段。

生态动力学模型：

生态动力学模型用于描述生态系统中生物种群与环境因素之间的相互作用关系。在海洋牧场中，可以构建包含生物生长、繁殖、死亡等过程的生态动力学模型，模拟不同养殖密度、饵料投喂量等条件下生物种群的变化趋势。通过调整模型参数和边界条件，可以预测养殖活动对生物多样性和生态系统稳定性的影响。

生物地球化学循环模型：

生物地球化学循环模型用于模拟海洋环境中碳、氮、磷等关键元素的循环过程。在海洋牧场中，可以构建包含光合作用、呼吸作用、营养盐循环等过程的生物地球化学循环模型，分析养殖活动对水质参数（如溶解氧、氨氮、磷酸盐等）的影响。通过模型模拟，可以评估不同养殖策略下水质参数的动态变化，为优化水质管理提供科学依据。

综上所述，统计分析、趋势预测和模型模拟是海洋牧场环境监测中常用的数据分析方法。这些方法各有侧重，相互补充，共同构成了完整的数据分析体系。通过综合运用这些方法，可以深入揭示海洋牧场环境参数的变化趋势、相互关系以及潜在风险，为制定科学、合理的管理策略提供有力支持。在实际应用中，应根据监测数据的特性和管理需求选择合适的数据分析方法，确保分析结果的准确性和可靠性。

三、评估报告与反馈机制

（一）编制评估报告

在海洋牧场环境监测与管理过程中，定期编制海洋牧场环境评估报告是至关重要的环节。这一报告不仅是对监测数据的系统性总结，更是指导后续管理决策的重要依据。以下是编制评估报告的具体步骤和内容要点：

步骤一：数据收集与整理

首先，全面收集自动监测站、传感器网络、现场采样以及遥感监测等多种来源的监测数据。这些数据涵盖了水质参数（如溶解氧、pH 值、温度、盐度、氨氮、磷酸盐等）、生物群落结构、底质状况以及气象条件等多个方面。在收集过程中，需确保数据的完整性和准确性，并按照统一的数据格式和标准进行整理。

步骤二：数据分析

对收集到的监测数据进行深入分析，运用统计分析、趋势预测和模型模拟等多种方法，揭示环境参数的变化趋势、相互关系以及潜在风险。具体分析内容包括但不限于：

·水质分析：评估水质是否满足海洋生物的生长需求，识别是否存在富营养化、重金属污染等生态风险。

·生物群落分析：分析生物种类的多样性、数量变化及空间分布，评估生物入侵和种群衰退的风险。

·底质分析：考察海底地形的稳定性、底质类型及污染状况，评估养殖活动对底栖生物栖息地的影响。

·趋势预测：基于历史监测数据，运用时间序列分析和机器学习等方法，预测未来环境参数的变化趋势。

步骤三：撰写评估报告

在数据分析的基础上，撰写详细的评估报告。报告应包含以下几个部分：

·摘要：简要概述评估的目的、方法、主要发现和结论。

·监测数据汇总：详细列出各类监测数据及其统计结果。

·环境状况分析：系统分析海洋牧场的环境质量、生物多样性及生态系统稳定性。

·风险评估：识别潜在的环境风险和生态问题，评估其严重性和紧迫性。

·管理建议：针对评估中发现的问题，提出具体的管理建议和改进措施。

步骤四：审核与发布

评估报告完成后，需经过专家审核，确保其科学性和准确性。审核通过后，将评估报告正式发布给管理部门、利益相关者及公众，为后续的管理决策提供科学依据。

（二）反馈与调整

评估结果的及时反馈与有效调整是确保海洋牧场可持续运营的关键。以下是反馈与调整机制的具体实施步骤：

步骤一：反馈机制建立

建立高效的反馈机制，确保评估结果能够迅速传达给相关部门和人员。具体措施包括：

·定期汇报：定期向管理部门汇报评估结果，使其及时了解海洋牧场的环境状况和管理效果。

·多方沟通：组织跨部门、跨领域的沟通会议，就评估结果进行充分讨论和协商，形成共识。

·公开透明：通过官方网站、社交媒体等渠道公开评估报告，接受公众监督和反馈。

步骤二：评估结果分析

对评估结果进行深入分析，识别主要问题和潜在风险。同时，结合实际情况和管理目标，制定针对性的调整方案。

步骤三：管理措施调整

根据评估结果和管理建议，对现有的管理措施进行调整和优化。具体措施可能包括：

·养殖布局调整：根据生态承载力评估结果，合理调整养殖密度和布局，避免过度开发和生态破坏。

·水质管理：加强水质监测和调控，采取增氧、换水、生物净化等措施，确保水质满足养殖需求。

·生态保护：建立生态保护区，实施人工增殖放流和生态修复工程，促进生物多样性的恢复和保护。

·技术升级：引进先进的养殖技术和设备，提高养殖效率和资源利用率，减少环境污染。

步骤四：持续跟踪与评估

建立持续跟踪机制，对调整后的管理措施进行定期评估和监测。通过对比分析调整前后的环境参数和管理效果，评估调整措施的有效性和可持续性。同时，根据新的监测数据和管理需求，不断优化和完善管理措施。

（三）公众参与与教育

公众参与是提升海洋牧场环境保护意识和参与度的重要途径。通过公开评估报告、举办科普活动等方式，可以有效提高公众对海洋牧场环境保护的认识和参与度。

步骤一：公开评估报告

将评估报告及时公开在官方网站、社交媒体等平台上，供公众查阅和了解。同时，通过新闻发布会、专家访谈等形式，对评估结果进行解读和宣传，增强公众的环保意识和责任感。

步骤二：举办科普活动

定期举办海洋牧场科普活动，如讲座、展览、互动体验等。通过生动有趣的形式，向公众普及海洋牧场的基本知识、生态价值及保护意义。同时，邀请专家学者和环保人士参与活动，与公众进行面对面交流和互动。

步骤三：建立反馈渠道

设立专门的反馈渠道，如热线电话、电子邮箱、在线平台等，鼓励公众积极反馈意见和建议。对公众反馈的问题和建议进行认真梳理和分析，及时回应和处理公众关切。

步骤四：加强教育合作

与教育机构、科研单位等建立合作关系，共同开展海洋牧场环境保护教育。通过编写教材、开设课程、组织实习实训等方式，培养青少年的环保意识和科学素养。同时，加强与国际环保组织和机构的交流与合作，借鉴国际先进经验和技术成果，推动我国海洋牧场环境保护事业的不断发展。

第五章　思考题

1. 海洋牧场环境监测在保障生态安全方面有哪些具体作用？请举例说明。

2. 在海洋牧场监测技术中，遥感监测技术相比现场监测技术有哪些优势？请详细阐述。

3. 请解释数据标准化在海洋牧场环境监测中的重要性，并说明数据标准化的主要步骤。

4. 趋势预测在海洋牧场环境监测中扮演什么角色？请列举一种常用的趋势预测方法，并说明其原理。

5. 在海洋牧场环境评估报告中，应包含哪些主要内容？如何确保评估报告的准确性和科学性？

第六章

海洋法律法规与政策

第一节　国际与国内海洋法律法规概述

一、国际海洋法律法规

（一）联合国海洋法公约

《联合国海洋法公约》（United Nations Convention on the Law of the Sea，UN-CLOS）作为国际海洋法的基础框架，自1994年生效以来，为全球海洋事务提供了全面的法律指导。该公约不仅定义了海洋区域的法律地位，还明确了各国在海洋活动中的权利和义务，对于促进国际海洋合作、维护海洋秩序具有重要意义。

领海与毗连区：根据 UNCLOS，沿海国对其领海（从基线量起不超过12海里）享有完全主权，包括资源的勘探、开发、养护和管理权。毗连区则是领海以外邻接领海的一个区域，宽度从领海基线量起不超过24海里，沿海国在此区域内对于海关、财政、移民和卫生等特定事项享有管辖权，但不影响其他国家在毗连区内的航行、飞越自由。

专属经济区：沿海国从测算领海宽度的基线量起，不应超过二百海里（370.4公里）的海域，称为其专属经济区。在专属经济区内，沿海国对生物资源和非生物资源（如渔业资源、矿产资源等）享有主权权利，并有权勘探、开发、养护和管理这些资源。同时，其他国家在沿海国的专属经济区内享有航行和飞越的自由，以及与这些自由有关的符合国际法的其他用途，如铺设海底电缆和管道的自由，但所有活动都应尊重沿海国的权利，并遵守沿海国按照本公约制定的法律和规章。

大陆架：沿海国的大陆架包括其领海以外依其陆地领土的全部自然延伸，扩展到大陆边外缘的海底区域的海床和底土，如果从测算领海宽度的基线量起到大陆边的外缘的距离不到二百海里，则扩展到二百海里的距离。沿海国对大陆架的自然资源享有主权权利，包括勘探和开发大陆架的海床和底土的矿藏，以及建造和使用人工岛屿和设施的权利。

在环境保护方面，UNCLOS 强调各国应采取一切必要措施，防止、减少和控制任何来源的海洋环境污染，保护和维护海洋环境。此外，公约还规定了各国在海洋科学研究中的权利和义务，鼓励国际合作，促进海洋科技的和平利用。

（二）国际海事组织（IMO）法规

国际海事组织（IMO）作为联合国负责海上航行安全和防止船舶造成海洋污染的专门机构，在促进全球海上交通安全、提高船舶航行效率、防止和控制船舶对海洋环境的污染方面发挥着核心作用。

国际海上人命安全公约（SOLAS）：SOLAS 公约是国际海事安全领域最重要的公约之一，其主要目的是通过统一的安全规则和标准，保障海上人命安全。该公约要求船舶必须符合特定的设计和建造标准，确保船舶结构、设备、系统和装置的安全性能，以减少海上事故的风险。此外，SOLAS 还规定了船舶的定期检验和发证制度，确保船舶持续符合安全要求。

国际防止船舶造成污染公约（MARPOL）：MARPOL 公约旨在防止和控制船舶对海洋环境的污染。该公约规定了油类、有毒液体物质、有害物质、生活污水、垃圾以及大气排放等方面的具体控制措施。例如，MARPOL 附则 I 对油类物质的排放进行了严格限制，要求船舶安装油水分离器、油份浓度计等设备，确保排放的含油污水符合特定标准。同时，公约还鼓励采用更环保的燃料和船舶设计，以减少船舶运营对环境的影响。

IMO 还制定了一系列其他公约和规则，如《国际船舶载重线公约》、《国际海上避碰规则》等，以全面规范海上交通安全和防止海洋污染。这些公约和规则不仅为各国提供了统一的法律标准，还促进了国际海事合作与交流，共同应对海上交通安全和环境保护的挑战。

（三）其他国际协议与规范

除了 UNCLOS 和 IMO 的相关法规外，还有其他多项国际协议和规范对海洋生态保护、资源管理等方面具有重要影响。

《生物多样性公约》：该公约旨在保护生物多样性、持久使用其组成部分以及公平合理分享由利用遗传资源而产生的惠益。在海洋领域，该公约强调了保护海洋生态系统及其生物多样性的重要性，鼓励各国采取措施减少人类活动对海洋环境的影响。同时，公约还促进了国际合作与交流，共同应对生物多样性丧失的威胁。

《濒危物种国际贸易公约》（CITES）：CITES 旨在通过控制濒危物种及其制品的国际贸易来防止这些物种因过度开发利用而灭绝。该公约将濒危物种分为三个附录进行管理，根据物种的濒危程度和贸易状况采取不同的保护措施。在海洋领域，CITES 关注多种濒危海洋生物的保护问题，如鲸类、海龟、珊瑚等。通过限制这些物种及其制品的国际贸易，CITES 有助于维护海洋生物多样性和生态平衡。

这些国际协议与规范为海洋牧场活动提供了重要的法律指导和支持。在海洋牧场规划、建设和运营过程中，各国应充分考虑这些国际法律义务和承诺，确保活动符合国际标准和最佳实践。同时，各国还应加强国际合作与交流，共同应对海洋生态保护和资源管理的挑战，推动全球海洋治理体系的不断完善和发展。

二、国内海洋法律法规

（一）海洋环境保护法

我国《海洋环境保护法》是保护海洋环境、防止污染、维护生态平衡的重要法律依据。该法主要内容包括海洋污染防治、生态保护与修复、海洋环境监测等多个方面，对海洋牧场的建设与运营产生了直接影响。

海洋污染防治：

《海洋环境保护法》对海洋污染防治作出了详细规定，明确了污染源的监管、污染物的排放标准以及污染事故应急处理等措施。对于海洋牧场而言，这意味着在养殖过程中必须严格遵守环保法规，采取有效措施防止养殖废水、残饵、药物残留等对海洋环境造成污染。例如，要求建设污水处理设施，确保养殖废水在排放前达到国家或地方规定的排放标准；合理使用渔药，防止药物残留对海洋生态造成长期影响。

生态保护与修复：

法律还强调了生态保护与修复的重要性，要求各级政府及企事业单位在开发利用海洋资源的同时，注重生态环境的保护。对于海洋牧场，这主要体现在合理规划养殖区域、保护生物多样性、实施生态修复工程等方面。海洋牧场建设者需根据海洋功能区划和生态保护红线要求，科学规划养殖布局，避免对敏感生态区域造成破坏。同时，应积极开展人工鱼礁投放、海藻床恢复等生态修复工作，促进海洋生物多样性的恢复和提升。

海洋环境监测：

此外，《海洋环境保护法》还规定了海洋环境监测的相关制度，要求建立海洋环境监测网络，对海洋环境质量进行定期监测和评估。对于海洋牧场而言，这意味着需建立完善的环境监测体系，对水质、底质、生物多样性等关键环境指标进行实时监测和数据分析。通过监测数据的反馈，及时调整养殖管理措施，确保海洋牧场生态环境的稳定和健康。

（二）渔业法

《中华人民共和国渔业法》是我国渔业管理的基本法律，对渔业资源的保护、捕捞许可、养殖管理等方面作出了明确规定，对海洋牧场的渔业活动具有重要的规范作用。

渔业资源保护：

渔业法强调了对渔业资源的保护和合理利用，规定了禁渔区、禁渔期等制度，以防止渔业资源的过度捕捞和枯竭。对于海洋牧场而言，这意味着在养殖过程中需严格遵守渔业资源保护的相关规定，合理确定养殖规模和密度，避免对野生渔业资源造成过度竞争和破坏。同时，应积极参与渔业资源增殖放流等活动，促进渔业资源的恢复和可持续利用。

捕捞许可：

法律还规定了捕捞许可制度，要求从事捕捞作业的单位和个人必须依法取得捕捞许可证。对于海洋牧场而言，虽然其主要活动为养殖而非捕捞，但养殖过程中可能涉及部分捕捞作业（如捕捞苗种、清理敌害生物等）。因此，海洋牧场建设者需根据渔业法规定，依法申请并取得相应的捕捞许可证，确保养殖活动的合法性和规范性。

养殖管理：

渔业法还对养殖管理作出了相关规定，要求养殖活动必须符合海洋功能区划和生态保护要求，不得损害海洋生态环境。对于海洋牧场而言，这意味着在规划、建设和运营过程中需充分考虑海洋生态环境的承载能力和保护需求，合理确定养殖区域、养殖品种和养殖方式。同时，应建立健全养殖管理制度和技术规范体系，提高养殖活动的科学性和可持续性。

（三）海域使用管理法

《海域使用管理法》是我国海域使用管理的基本法律，对海域使用权的取得、流转、监督等方面作出了明确规定。这些规定对海洋牧场的规划、审批与监管产生了重要影响。

海域使用权取得：

海域使用管理法规定了海域使用权的申请、审批和登记程序。对于海洋牧场而言，这意味着在规划建设前需依法向海洋行政主管部门提出海域使用申请，并提交相关材料证明项目的合法性、合理性和可行性。经海洋行政主管部门审查批准后，方可取得海域使用权并开展后续的建设和运营活动。

海域使用权流转：

法律还规定了海域使用权的流转制度，允许海域使用权人在符合法律规定的条件下依法转让海域使用权。这为海洋牧场的资本运作和资源整合提供了法律依据。海洋牧场建设者可根据项目需要和市场需求依法转让海域使用权或通过其他方式实现海域资源的优化配置和高效利用。

海域使用监督：

此外，《海域使用管理法》还强调了海域使用的监督管理机制。要求各级海洋行政主管部门加强对海域使用活动的监督检查和管理力度；对违法使用海域的行为依法进行查处并追究相关责任人的法律责任。对于海洋牧场而言，这意味着在建设和运营过程中需严格遵守海域使用管理规定和相关法律法规要求；积极配合海洋行政主管部门的监督检查工作并及时整改存在的问题和隐患；确保海域使用活动的合法性和规范性以及海洋生态环境的健康和稳定。

三、专项扶持政策

（一）财政补贴与税收优惠

国家对海洋牧场建设的财政补贴与税收优惠政策是促进该领域投资与发展的重要驱动力。这些政策旨在通过直接的资金支持和税收减免，降低海洋牧场项目的运营成本和风险，从而吸引更多社会资本投入该领域。

财政补贴政策主要包括以下几个方面：

·基础设施建设补贴：政府为支持海洋牧场的基础设施建设，如网箱、人工鱼礁、水质监测站等，提供一定比例的财政补贴。这种补贴有助于减轻项目初期的资金压力，确保基础设施的顺利建设。

·种苗补贴：为了鼓励优质种苗的引进和培育，政府对海洋牧场使用的特定种苗提供补贴。这不仅有助于提升海洋牧场的生物多样性和生产效益，还能促进种苗产业的健康发展。

·运营补贴：对于符合一定条件的海洋牧场项目，政府在运营阶段也会提供一定的补贴支持。这些补贴可以用于日常运营维护、环境监测、生态保护等方面，确保项目的可持续运营。

税收优惠政策则主要体现在以下几个方面：

·所得税减免：对于从事海洋牧场建设和运营的企业，政府在一定期限内给予所得税减免的优惠政策。这有助于降低企业的税负，提高其盈利能力。

·增值税优惠：在海洋牧场项目的相关设备和物资采购上，政府给予增值税的减免或退还政策。这有助于降低企业的采购成本，提高其市场竞争力。

·关税优惠：对于从国外引进的先进设备和技术，政府给予一定的关税减免或退税政策。这有助于企业引进国外先进技术，提升海洋牧场的科技含量和生产效率。

这些财政补贴与税收优惠政策共同作用，为海洋牧场的建设和运营提供了有力的资金支持，降低了企业的运营成本和风险，促进了海洋牧场领域的投资与发展。同时，这些政策还有助于引导社会资本向海洋牧场领域倾斜，推动该领域的快速发展。

（二）科技支撑政策

海洋牧场的可持续发展离不开科技创新的支撑。国家通过一系列科技支撑政策，鼓励和支持海洋牧场领域的科技创新、技术研发与应用推广。

科研项目资助：政府设立专项科研项目，对海洋牧场领域的关键技术难题进行攻关。这些项目涵盖了种苗培育、病害防控、环境监测、生态修复等多个方面。通过科研项目资助，政府鼓励科研机构和企业加大研发投入，推动海洋牧场技术的不断创新和突破。

科技成果转化：为了促进科技成果的转化和应用，政府建立科技成果转化平台，为科研机构和企业提供技术转移、成果评估、知识产权保护等全方位服务。同时，政府还通过财政补贴、税收优惠等政策措施，降低科技成果转化的成本和风险，提高科技成果的转化率和应用效果。

人才培养与引进：政府重视海洋牧场领域的人才培养与引进工作。通过设立专项基金、提供奖学金和科研经费等方式，支持高校和科研机构培养海洋牧场领域的专业人才。同时，政府还通过人才引进计划，吸引国内外优秀人才投身海洋牧场事业。这些人才将成为推动海洋牧场科技创新和发展的重要力量。

国际合作与交流：政府鼓励和支持国内科研机构和企业与国际同行开展合作与交流。通过参与国际科研项目、举办国际学术会议等方式，促进海洋牧场领域的技术创新和国际合作。同时，政府还通过签订双边或多边合作协议，推动海洋牧场技术的跨国转移和应用。

这些科技支撑政策共同构成了推动海洋牧场科技创新和发展的强大动力。通过科研项目资助、科技成果转化、人才培养与引进以及国际合作与交流等多方面的支持，政府为海洋牧场领域的科技创新提供了全方位、多层次的保障。

（三）市场准入与监管政策

为了确保海洋牧场活动的合法合规进行，国家制定了一系列市场准入与监管政策。这些政策旨在规范海洋牧场项目的建设和运营行为，保障海洋生态环境的安全和可持续发展。

市场准入条件：政府设定了明确的海洋牧场项目市场准入条件。这些条件包括项目选址、规划布局、环境保护措施、安全生产要求等多个方面。只有符合这些条件的项目才能获得审批并开工建设。通过设定市场准入条件，政府能够有效控制海洋牧场项目的数量和质量，避免无序竞争和生态破坏。

监管机制：政府建立了完善的海洋牧场监管机制。通过设立专门的监管机构、配备专业的监管人员、制定详细的监管规则等方式，政府对海洋牧场项目的建设、运营和生态环境影响进行全程监管。同时，政府还鼓励公众参与监管工作，通过设立举报奖励制度等方式，激发公众参与监管的积极性和主动性。

违规处罚措施：对于违反市场准入条件和监管规定的海洋牧场项目，政府将依法给予严厉处罚。这些处罚措施包括罚款、吊销许可证、责令停产整顿等。通过严格的违规处罚措施，政府能够有效遏制违法违规行为的发生，维护海洋牧场领域的良好秩序和生态环境安全。

这些市场准入与监管政策共同构成了保障海洋牧场活动合法合规进行的重要屏障。通过设定明确的市场准入条件、建立完善的监管机制和实施严格的违规处罚措施，政府能够有效规范海洋牧场项目的建设和运营行为，保障海洋生态环境的安全和可持续发展。

四、地方性法规与实践

（一）沿海省市海洋牧场规划

沿海各省市根据自身独特的海洋资源和环境条件，制定了各具特色的海洋牧场发展规划，旨在促进海洋资源的可持续利用与生态环境的保护。这些规划不仅明确了海洋牧场的建设目标、区域布局、发展重点，还配套了相应的法规和政策措施，以确保规划的顺利实施。

广东省：广东省以其得天独厚的海洋资源，正积极推进海洋牧场建设。规划注重生态与经济效益的平衡，通过投放人工鱼礁、保护珊瑚礁等措施，维护海洋生物多样性。同时，引入先进养殖技术，提升养殖效率，促进渔业产业升级。这些努力不仅保护了海洋生态环境，也为当地渔民带来了增收机会，推动了区域经济的可持续发展。广东海洋牧场正逐步成为集生态、经济、社会效益于一体的综合发展典范。

浙江省：浙江省依托其丰富的近海渔业资源，制定了海洋牧场发展规划，重点推进以贝类、藻类为主的生态型海洋牧场建设。规划明确了海洋牧场的建设标准、养殖容量、环境保护要求等内容，并配套了财政补贴、税收减免等优惠政策，鼓励企业和渔民参与海洋牧场建设。同时，浙江省还加强了对海洋牧场的监测与评估，确保海洋牧场活动的生态友好性和可持续性。

福建省：福建省利用其优越的海洋生态环境，积极推进以鱼类、贝类为主的综合型海洋牧场建设。规划注重海洋生态系统的保护与修复，提出了人工鱼礁投放、海藻床恢复等生态修复措施，以提升海洋生物多样性。同时，福建省还加强了对海洋牧场周边海域的环境监测，建立了完善的海洋牧场管理体系，确保海洋牧场活动的科学性和规范性。

山东省：山东省依托其丰富的渔业资源和优越的地理位置，制定了以深远海养殖为特色的海洋牧场发展规划。规划明确了深远海养殖的技术路线、设备要求、安全保障等内容，并配套了科技创新、人才培养等支持政策，推动深远海养殖技术的研发与应用。同时，山东省还加强了对深远海养殖活动的监管与服务，确保深远海养殖活动的安全、高效、可持续。

这些沿海省市的海洋牧场规划不仅促进了当地海洋资源的合理利用与生态环境的保护，还为全国其他地区提供了宝贵的经验和借鉴。

（二）典型案例分析

虽然题目要求避免具体案例分析，但为了符合提纲要求并丰富内容，以下将以一种假设性的、非具体案例的形式，分析沿海省市在海洋牧场建设中的法律法规遵循、政策扶持及实施效果。

假设案例分析：某沿海省市海洋牧场建设实践

法律法规遵循：该沿海省市在海洋牧场建设过程中，严格遵循了国家及地方关于海洋牧场建设的法律法规，包括《海洋环境保护法》《渔业法》《海域使用管理法》等。通过制定地方性实施细则，明确了海洋牧场的建设标准、环境保护要求、养殖容量限制等内容，确保了海洋牧场活动的合法性和规范性。同时，该省市还加强了对海洋牧场活动的监管与执法力度，对违法违规行为进行了严厉查处，维护了海洋牧场的良好秩序。

政策扶持：为了推动海洋牧场建设，该沿海省市出台了一系列扶持政策。

一方面，通过财政补贴、税收减免等方式，降低了海洋牧场项目的建设和运营成本；另一方面，通过科技创新、人才培养等支持政策，提升了海洋牧场的技术水平和管理能力。

实施效果：经过几年的努力，该沿海省市的海洋牧场建设取得了显著成效。一方面，海洋牧场的生态环境得到了有效保护，生物多样性得到了显著提升；另一方面，海洋牧场的经济效益和社会效益也逐步显现，为当地渔民提供了稳定的收入来源，促进了渔业的转型升级。同时，海洋牧场的建设还带动了相关产业的发展，如渔业加工、休闲渔业等，为当地经济注入了新的活力。

综上所述，沿海省市在海洋牧场建设过程中，通过严格遵循法律法规、出台扶持政策、加强监管与服务等措施，确保了海洋牧场活动的合法性、规范性和可持续性。这些实践不仅为当地海洋资源的合理利用与生态环境保护提供了有力保障，还为全国其他地区提供了宝贵的经验和借鉴。

第二节　海洋权益与争端解决机制

一、海洋权益概述

（一）主权权利与管辖权

主权权利与管辖权是国家在海洋领域行使权力的基础，对于海洋牧场建设及运营具有重要意义。明确这些权利的范围和行使方式，有助于保障海洋牧场的合法性和可持续性。

1. 领海主权权利与管辖权。

根据《联合国海洋法公约》（UNCLOS），沿海国对其领海（从基线量起不超过 12 海里）享有完全主权，包括资源的勘探、开发、养护和管理权。在海洋牧场建设中，沿海国可以充分利用其领海内的自然资源，进行科学的规划和布局，以确保海洋牧场的可持续发展。同时，沿海国还有权对领海内的违法活动进行管辖，维护海洋牧场的秩序和安全。

2. 专属经济区主权权利与管辖权。

专属经济区（EEZ）是沿海国从测算领海宽度的基线量起，向外延伸不超过 200 海里的海域。在这一区域内，沿海国对生物资源和非生物资源（如渔业资源、矿产资源等）享有主权权利，并有权进行勘探、开发、养护和管理。海洋牧场作为人工构建的渔业生态系统，其建设和运营活动主要集中在专属经济区内。因此，沿海国在专属经济区内建设海洋牧场时，可以充分行使其主权权利，进行资源的合理开发和利用，同时制定相应的管理措施，保护海洋生态环境，促进渔业的可持续发展。

3. 大陆架主权权利。

沿海国的大陆架是其领海以外依其陆地领土的全部自然延伸，扩展到大陆边外缘的海底区域的海床和底土。沿海国对大陆架的自然资源享有主权权利，包括勘探和开发大陆架的海床和底土的矿藏。在海洋牧场建设中，沿海国可以利用大陆架的自然条件，如地质构造、水深等，进行科学的选址和布局。同时，沿海国还有权对大陆架上的活动进行监管，确保海洋牧场的生态环境不受破坏。

在海洋牧场建设中，沿海国应充分利用其主权权利和管辖权，制定科学合理的规划和管理措施，确保海洋牧场的可持续发展。同时，沿海国还应积极参与国际合作，共同维护海洋秩序和保护海洋环境。

(二) 海洋资源权益

海洋资源是国家经济和社会发展的重要基础，对于海洋牧场的建设和运营具有重要意义。明确国家对海洋渔业资源、矿产资源等自然资源的权益主张，有助于保障国家在海洋牧场运营中的利益。

1. 海洋渔业资源权益。

海洋渔业资源是国家重要的自然资源之一，对于沿海国的经济和社会发展具有重要意义。在海洋牧场运营中，沿海国可以充分利用其专属经济区内的渔业资源，进行科学规划和合理捕捞。沿海国享有对其专属经济区内渔业资源的勘探、开发、养护和管理权，可以制定相关的渔业政策和管理措施，确保渔业资源的可持续利用。同时，沿海国还应加强与国际社会的合作，共同打击非法、无管制和未报告的捕捞活动（IUU 捕捞），保护海洋渔业资源的健康和稳定。

2. 海洋矿产资源权益。

海洋矿产资源是国家重要的战略资源之一，对于国家的经济发展和安全具有重要意义。在海洋牧场建设和运营中，沿海国可以充分利用其大陆架和专属经济区内的矿产资源，进行科学勘探和合理开发。沿海国享有对其大陆架和专属经济区内矿产资源的勘探、开发权，并有权制定相关的矿产资源政策和管理措施，确保矿产资源的可持续利用。同时，沿海国还应加强与国际社会的合作，共同推动海洋矿产资源的勘探和开发技术的进步和应用。

在海洋牧场运营中，沿海国应充分利用其海洋资源权益，加强资源管理和保护，确保海洋牧场的可持续发展。同时，沿海国还应积极参与国际合作与交流，共同推动海洋资源的合理利用和保护。通过制定科学合理的政策和管理措施，加强监管和执法力度，打击非法活动，维护海洋资源的健康和稳定。同时，沿海国还应加强科技创新和人才培养工作，提高海洋牧场建设和运营的技术水平和管理能力，推动海洋牧场的可持续发展。

二、海洋争端解决机制

（一）国际海洋法法庭

国际海洋法法庭作为解决海洋争端的重要机构，其设立旨在通过和平手段解决各国在海洋事务中的争议，维护国际海洋秩序。法庭依据《联合国海洋法公约》（UNCLOS）设立，具有广泛的管辖权和独特的法律地位。

1. 职能与程序。

国际海洋法法庭的主要职能包括审理因解释或适用《联合国海洋法公约》所引起的争端，以及提供法律咨询。法庭的诉讼程序遵循严格的法律规则，确保公正、公平地解决争端。具体程序包括：

·起诉与应诉：争端方可以向法庭提交书面诉状，详细阐述争端事实、法律依据及请求事项。被诉方则需在规定时间内提交答辩状。

·证据交换与听证：法庭将组织证据交换，允许双方提交证据并相互质证。在必要时，法庭还会举行听证会，听取双方当事人的陈述和辩论。

·临时措施：在争端解决过程中，法庭可根据一方当事人的申请，裁定采取临时措施，以防止争端进一步恶化或保护当事人权益。

·判决与执行：经过审理后，法庭将作出具有法律约束力的判决。当事国有义务遵守并执行法庭判决。

2. 裁决案例的启示。

国际海洋法法庭的裁决案例为海洋牧场争端的解决提供了宝贵的经验和启示。这些案例表明，通过和平、法律途径解决海洋争端是维护国际海洋秩序、保障各国合法权益的有效途径。对于海洋牧场争端而言，各国应尊重国际法和国际海洋法法庭的权威，通过提交争端至法庭寻求公正解决，避免采取单边行动或武力威胁等不当手段。

此外，国际海洋法法庭的裁决还强调了海洋环境保护和资源可持续利用的重要性。在海洋牧场建设和运营过程中，各国应充分考虑环境保护和资源管理的需要，遵守相关国际法和国内法规定，确保海洋牧场的可持续发展。

（二）双边与多边协商

通过双边谈判和多边合作解决海洋牧场相关争端是维护国际和平与稳定的

重要手段。这种方式强调通过对话、协商和妥协来寻求共识和解决方案。

双边谈判：

双边谈判是指争端当事国之间直接进行对话和协商，以达成相互接受的解决方案。在海洋牧场争端中，双边谈判可以针对具体问题展开深入讨论，灵活调整立场和方案，以达成双赢或多赢的结果。例如，当事国可以就海洋牧场的规划、建设、运营、环境保护等方面进行详细讨论，寻求在保护生态环境和合理利用资源之间的平衡点。

多边合作：

多边合作则是指多个国家或国际组织共同参与解决海洋牧场争端的过程。这种方式可以汇聚更多智慧和资源，形成更广泛的共识和合作网络。多边合作可以通过建立区域海洋合作机制、参与国际海洋组织等方式实现。例如，相关国家可以共同制定海洋牧场建设和运营的标准和规范，加强信息共享和技术交流，共同应对海洋环境保护和资源管理的挑战。

和平解决争端的重要性：

强调和平解决争端的重要性在于维护国际和平与稳定、促进国际合作与发展。通过和平手段解决海洋牧场争端可以避免冲突升级和人员伤亡等严重后果，同时也有助于维护相关国家的声誉和形象。此外，和平解决争端还可以为相关国家创造更多的合作机会和发展空间，推动区域海洋经济的繁荣和发展。

（三）国内法律救济途径

在国内层面，海洋牧场活动参与者可以通过行政复议、行政诉讼等法律救济途径来维护自身合法权益。

行政复议：

行政复议是指行政相对人认为行政机关的具体行政行为侵犯其合法权益时，依法向行政复议机关提出复查该具体行政行为的申请。在海洋牧场领域，如果相关行政机关的行政行为（如海域使用许可、环保审批等）侵犯了当事人的合法权益，当事人可以向有权管辖的行政复议机关提出申请。行政复议机关将依法对行政行为进行审查并作出复议决定。如果复议决定支持当事人的请求，则原行政行为将被撤销或变更；如果不支持当事人的请求，则当事人可以选择进一步提起行政诉讼。

行政诉讼：

行政诉讼是指公民、法人或其他组织认为行政机关和行政机关工作人员的行政行为侵犯其合法权益时，依法向人民法院提起诉讼的活动。在海洋牧场领域，如果当事人对行政复议决定不服或认为行政机关的具体行政行为直接侵犯了其合法权益且未经过行政复议程序时，可以向人民法院提起行政诉讼。人民法院将依法对行政行为进行审查并作出判决。如果判决支持当事人的诉讼请求，则行政机关需要履行相应义务或改正错误行为；如果判决不支持当事人的诉讼请求，则当事人需要承担败诉后果。

法律救济途径的保障作用：

国内法律救济途径为海洋牧场活动参与者提供了重要的法律保障。通过行政复议和行政诉讼等程序，当事人可以依法维护自身合法权益免受侵害。同时，这些程序也有助于监督行政机关依法行使职权、保障海洋牧场领域的法制秩序。因此，在海洋牧场建设和运营过程中，相关当事人应充分了解并合理运用这些法律救济途径来维护自身权益。

第六章　思考题

1. 《联合国海洋法公约》对沿海国在专属经济区内的权利有哪些具体规定？这些规定如何影响海洋牧场的建设和运营？

2. 请简述《海洋环境保护法》中关于海洋牧场建设的主要环保要求，并讨论这些要求在实际操作中的挑战和解决方案。

3. 我国《渔业法》对海洋牧场中的渔业活动有哪些具体规定？这些规定如何保障渔业资源的可持续利用？

4. 解释海洋牧场建设中财政补贴与税收优惠政策的主要内容和目的，并讨论这些政策对促进海洋牧场发展的实际效果。

5. 在海洋牧场建设中，如何平衡国家主权权利与国际合作的关系？请结合具体案例进行分析。

6. 面对海洋牧场相关的争端，国际海洋法法庭的裁决程序及其在国际法中的地位如何？其裁决结果对解决类似争端有何启示？

第七章

海洋牧场经济学与市场营销

第一节　海洋经济的现状与趋势

一、海洋经济概述

（一）定义与范畴

海洋经济，作为一个综合性概念，涵盖了围绕海洋资源开发与利用而形成的一系列经济活动。它不仅包括传统的海洋渔业、海洋运输、海盐及海洋化工业，还广泛涉及海洋油气资源开发、海洋生物医药、海洋工程装备制造、海洋旅游服务以及海洋信息服务等新兴领域。具体而言，海洋经济由以下几个核心部分组成：

·海洋产业：直接依赖于海洋资源进行生产和服务的行业，如渔业捕捞、水产养殖、海洋矿产开发等。

·海洋资源开发利用：涉及对海洋自然资源的勘探、开采、加工及转化利用的一系列活动，如海洋油气勘探、海水淡化、海洋能开发等。

·相关服务活动：围绕海洋资源开发与利用提供支持的各类服务业，如海洋科研、海洋环境保护、海洋教育培训、海洋金融保险等。

这些组成部分相互关联、相互促进，共同构成了海洋经济的复杂体系，推动了全球经济的多元化和可持续发展。

（二）全球海洋经济现状

当前，全球海洋经济正处于快速发展阶段，展现出强劲的增长势头和广阔的发展前景。随着全球人口增长、资源需求增加以及科技进步的推动，海洋经济已成为世界经济的重要组成部分。据国际权威机构统计，近年来全球海洋经济的年增长率持续保持在较高水平，总体规模不断扩大。

全球海洋经济的主要驱动因素包括：

·科技进步：高新技术在海洋探测、资源开发、环境保护等领域的应用，提高了海洋资源的开发利用效率，降低了开发成本，促进了海洋经济的快速增长。

·市场需求增长：随着全球经济一体化进程的加速，各国对海洋资源的需求不断增加，尤其是对能源、矿产、食品等关键资源的需求，为海洋经济发展提供了强大动力。

·政策支持：各国政府高度重视海洋经济的发展，纷纷出台一系列政策措施，加大对海洋产业的扶持力度，推动海洋经济转型升级。

（三）中国海洋经济地位

中国作为世界上拥有最长海岸线和最丰富海洋资源的国家之一，海洋经济在中国国民经济发展中占据举足轻重的地位。近年来，中国政府高度重视海洋经济的发展，将其视为推动经济转型升级、拓展发展空间的重要战略选择。

中国海洋经济的地位主要体现在以下几个方面：

·规模领先：中国海洋经济总量持续增长，已成为全球最大的海洋经济体之一。海洋渔业、海洋交通运输、海洋工程装备制造等传统产业保持稳定发展，同时海洋生物医药、海洋新能源等新兴产业迅速崛起。

·结构优化：随着科技进步和产业结构调整，中国海洋经济逐步向高技术、高附加值方向转型。海洋服务业比重不断提升，海洋科技创新能力和国际竞争力显著增强。

·政策引导：中国政府通过制定和实施一系列海洋经济发展规划和政策措施，为海洋经济提供了有力的制度保障和支持。同时，加强与国际社会的合作与交流，推动海洋经济的全球化发展。

未来，随着中国海洋经济的持续发展和国际合作的不断深入，中国在全球海洋经济中的地位将更加重要。中国将继续秉持开放合作、互利共赢的原则，与世界各国共同推动全球海洋经济的繁荣与发展。

二、海洋经济发展趋势

（一）新兴领域崛起

随着全球对海洋资源认识的不断深入和科技的飞速发展，海洋经济正迎来一系列新兴领域的崛起，为经济的多元化和可持续发展注入了新的活力。以下是几个主要新兴领域的发展趋势：

·海洋生物技术：海洋生物技术作为海洋经济的重要分支，正逐步成为推动海洋产业升级的关键力量。这一领域的研究不仅涉及海洋生物资源的开发与利用，还涵盖了海洋生物活性物质的提取与应用、海洋生物育种与遗传改良等多个方面。随着基因编辑、合成生物学等技术的突破，海洋生物技术有望在医药、食品、化妆品等多个行业中展现出巨大的应用潜力。例如，通过基因工程技术培育出具有更高营养价值或抗逆性的海洋生物品种，将极大提升海洋养殖业的效益；而海洋生物活性物质的提取与利用，则有望为医药和保健品行业带来革命性的变化。

·海洋可再生能源：面对全球能源需求的持续增长和环境保护的迫切要求，海洋可再生能源的开发与利用正逐渐成为国际社会的共识。潮汐能、波浪能、温差能等海洋可再生能源具有储量大、分布广、清洁无污染等优点，是未来能源结构转型的重要方向。随着技术的不断进步和成本的逐步降低，海洋可再生能源有望在全球范围内实现规模化应用，为能源安全和可持续发展提供有力支撑。

·深海矿产开发：深海区域蕴藏着丰富的矿产资源，包括多金属结核、富钴结壳和热液硫化物等。这些资源对于满足全球对矿产资源的需求具有重要意义。然而，深海矿产开发技术难度大、成本高，需要跨学科、跨领域的协同创新与合作。随着深海勘探技术的不断突破和装备能力的提升，深海矿产开发正逐步从理论走向实践，未来有望成为海洋经济新的增长点。

（二）科技驱动创新

科技进步是推动海洋经济向高端化、智能化方向发展的核心动力。随着大数据、云计算、人工智能等新兴技术的广泛应用，海洋经济的各个环节都在经历深刻的变革。

·智能化管理：通过集成物联网、遥感监测、智能控制等先进技术，海洋牧场、海洋工程等领域实现了对海洋环境的实时监测与精准管理。这种智能化管理模式不仅提高了资源利用效率，还降低了运营成本和环境风险。例如，智能监控系统能够实时监测水质、气象等关键参数，为管理者提供及时准确的数据支持；而自动化投喂系统则能够根据生物的生长状态和摄食需求进行精确投喂，提高了养殖效益。

·高端装备制造：海洋经济的发展离不开高端装备的支持。随着材料科学、机械设计、自动控制等技术的不断进步，海洋工程装备正朝着大型化、智能化、绿色化的方向发展。这些高端装备不仅提升了海洋资源开发的效率和质量，还促进了相关产业链的延伸和拓展。例如，深海勘探装备、海洋工程作业平台等高端装备的研发与应用，为深海矿产开发、海底管线铺设等提供了有力保障。

·绿色技术创新：面对环境保护的严峻挑战，绿色技术创新成为海洋经济可持续发展的重要途径。通过研发环保材料、推广清洁生产技术、实施生态修复工程等措施，海洋经济在保护生态环境的同时实现了自身的发展。例如，循环水养殖系统通过循环利用水资源和减少废弃物排放，实现了养殖业的绿色转型；而海洋生态修复技术的应用则促进了受损生态系统的恢复与重建。

（三）可持续发展路径

在推动海洋经济发展的过程中，保护生态环境、促进资源可持续利用成为各国政府和国际社会共同关注的焦点。以下是海洋经济在可持续发展方面的趋势和策略：

·实施海洋生态保护与修复：针对海洋生态系统面临的退化与破坏问题，各国政府和国际组织纷纷采取措施加强海洋生态保护与修复工作。通过建立海洋保护区、实施人工鱼礁投放、开展海洋生态监测与评估等措施，有效维护了海洋生态系统的稳定性和多样性。同时，加强国际合作与交流也是推动海洋生态保护与修复的重要途径之一。

·推广绿色生产与消费模式：在海洋经济领域推广绿色生产与消费模式是实现可持续发展的关键。通过鼓励企业采用环保材料、优化生产工艺、减少废弃物排放等措施降低环境负担；同时引导消费者树立绿色消费观念、选择环保产品以促进绿色市场的形成与发展。这种绿色生产与消费模式的推广将有助于实现海洋经济的良性循环与可持续发展。

·完善法律法规与政策体系：完善的法律法规与政策体系是保障海洋经济可持续发展的基础。各国政府应根据自身国情和国际义务制定科学合理的海洋经济政策与法规体系；同时加强执法力度和监管措施确保政策的有效实施。此外还应加强国际合作与交流共同应对全球性海洋环境问题推动全球海洋治理体系的不断完善与发展。

综上所述，随着新兴领域的崛起、科技驱动的创新以及可持续发展路径的探索与实践海洋经济正迎来前所未有的发展机遇与挑战。未来我们应继续加大科技研发投入推动产业转型升级；加强生态环境保护与修复工作促进资源可持续利用；完善法律法规与政策体系为海洋经济可持续发展提供有力保障。

三、海洋牧场在海洋经济中的角色

（一）经济贡献分析

海洋牧场作为海洋经济的重要组成部分，对海洋经济具有显著的直接和间接经济贡献。这些贡献不仅体现在海洋牧场自身的产值增加上，还通过带动相关产业链的发展，进一步促进了区域经济的繁荣。

直接经济贡献：

海洋牧场通过科学的规划和管理，实现了海洋生物资源的可持续利用，为海洋经济带来了直接的产值增长。具体而言，海洋牧场通过养殖高价值的鱼类、贝类和藻类等产品，直接增加了海洋渔业的产出。这些产品不仅满足了国内外市场的需求，还通过出口贸易为国家创汇。此外，海洋牧场的建设和运营过程中，还带动了基础设施建设、设备采购、种苗培育等相关产业的发展，进一步扩大了直接经济贡献。

间接经济贡献：

海洋牧场对海洋经济的间接经济贡献同样不可忽视。首先，海洋牧场的建设和运营促进了就业增长。从养殖工人、技术人员到管理人员，海洋牧场为当地居民提供了大量的就业机会，提高了居民收入水平，促进了地方经济的稳定和发展。

其次，海洋牧场的发展带动了相关产业链的延伸和拓展。例如，海洋牧场产品的加工、包装、运输等环节，需要物流、包装材料、食品加工等多个行业的支持。这些行业的发展不仅增加了海洋经济的总产值，还提高了产业链的附加值和竞争力。

此外，海洋牧场还促进了旅游业的发展。作为生态旅游项目，海洋牧场吸引了大量游客前来参观和体验。游客在海洋牧场中的消费不仅直接增加了旅游收入，还带动了周边餐饮、住宿等服务业的发展，进一步扩大了海洋牧场对区域经济的间接贡献。

（二）产业发展机遇

海洋牧场作为新兴海洋产业，为区域经济发展带来了前所未有的机遇。这些机遇不仅体现在海洋牧场自身的发展上，还通过产业链的延伸和拓展，为相关产业提供了广阔的发展空间。

产业升级与转型：

海洋牧场的建设和运营促进了传统海洋渔业的转型升级。通过引入先进的养殖技术和管理模式，海洋牧场提高了养殖效率和产品质量，降低了生产成本和环境风险。这种转型升级不仅提升了海洋渔业的竞争力，还为渔民提供了更多的就业机会和收入来源。同时，海洋牧场的发展还带动了水产品加工、冷链物流等相关产业的发展，进一步促进了产业链的完善和升级。

新兴产业培育：

海洋牧场作为新兴海洋产业的重要组成部分，为区域经济发展培育了新的增长点。随着海洋牧场技术的不断进步和市场的不断扩大，越来越多的企业和投资者开始关注并投资于海洋牧场领域。这种投资热潮不仅促进了海洋牧场自身的快速发展，还带动了相关技术研发、设备制造、信息服务等新兴产业的形成和发展。这些新兴产业不仅为区域经济注入了新的活力，还为当地居民提供了更多的就业机会和创业机会。

区域协同发展：

海洋牧场的发展还促进了区域经济的协同发展。通过加强区域间的合作与交流，海洋牧场实现了资源共享和优势互补。例如，不同地区可以根据自身资源和条件发展各具特色的海洋牧场项目，并通过区域合作实现产品互补和市场共享。这种协同发展不仅提高了区域经济的整体竞争力，还为当地居民提供了更多的选择和便利。同时，区域协同发展还有助于推动海洋经济的国际化进程，促进国际贸易和合作的发展。

绿色经济与可持续发展：

海洋牧场作为绿色经济的代表之一，为区域经济的可持续发展提供了有力支持。通过推广绿色养殖技术和循环经济发展模式，海洋牧场实现了资源的高效利用和环境保护的双重目标。这种发展模式不仅符合全球绿色发展的趋势和要求，还为区域经济的可持续发展奠定了坚实基础。同时，海洋牧场的绿色发展模式还吸引了越来越多的环保企业和投资者的关注和支持，为区域经济的绿色发展注入了新的动力。

综上所述，海洋牧场在海洋经济中扮演着举足轻重的角色。通过直接的产值增长和间接的产业链延伸与拓展，海洋牧场为区域经济发展带来了显著的经济贡献。同时，作为新兴海洋产业的代表之一，海洋牧场还为区域经济的产业升级与转型、新兴产业培育、区域协同发展以及绿色经济与可持续发展提供了广阔的空间和机遇。未来，随着海洋牧场技术的不断进步和市场的不断扩大，其在海洋经济中的作用和贡献将更加突出和显著。

第二节　海洋牧场产品的市场营销策略

一、目标市场定位

（一）消费者需求分析

海洋牧场产品的目标消费群体广泛且多元化，主要包括以下几类消费者及其需求特点：

·高端食品消费者：这部分消费者追求高品质、高营养价值的海产品，注重食材的新鲜度和健康益处。他们通常具有较高的消费能力，愿意为优质海洋牧场产品支付溢价。对于这类消费者，海洋牧场产品应强调其天然、无污染、营养丰富的特性，同时提供便捷的购买渠道和专业的售后服务。

·健康意识群体：随着健康饮食观念的普及，越来越多的消费者开始关注食品的健康属性。这部分消费者倾向于选择富含 Omega-3 脂肪酸、低脂肪、高蛋白的海洋牧场产品，如三文鱼、金枪鱼等。他们希望通过日常饮食来维护身体健康，预防慢性疾病。因此，针对这类消费者，海洋牧场产品应突出其健康益处，如改善心血管健康、增强免疫力等。

·环保倡导者：随着环保意识的增强，一部分消费者开始关注食品生产过程中的环境影响。他们倾向于选择那些采用可持续生产方式、对生态环境友好的海洋牧场产品。对于这部分消费者，海洋牧场应强调其绿色、环保的生产理念，如循环水养殖、人工鱼礁投放等生态修复措施，以及通过国际环保认证的产品。

·旅游体验者：海洋牧场作为生态旅游项目，吸引了大量游客前来参观体验。这部分消费者不仅关注产品的品质，还注重购买过程中的体验感和纪念意义。因此，海洋牧场产品应结合旅游元素，设计具有地方特色的包装和营销方案，满足游客的购物需求。

（二）市场细分策略

根据消费者需求、地域、购买习惯等因素，可以将海洋牧场产品的市场细分为以下几个子市场：

1. 按消费者需求细分：

·健康食品市场：针对注重健康饮食的消费者，提供高蛋白、低脂肪、富含 Omega-3 脂肪酸的鱼类产品。

·高端礼品市场：针对追求品质与礼尚往来的消费者，推出精美包装的海洋牧场礼盒，适合节日赠送或商务馈赠。

·旅游纪念品市场：结合海洋牧场旅游资源，设计具有地方特色的纪念品，如定制版海洋牧场明信片、手工艺品等。

2. 按地域细分：

·沿海市场：利用地理优势，重点开发沿海地区的本地市场，满足当地居民对新鲜海产品的需求。

·内陆市场：针对内陆地区消费者，通过冷链物流将海洋牧场产品快速送达，同时加强品牌宣传和市场推广。

·国际市场：通过出口贸易，将优质海洋牧场产品销往全球各地，满足国际市场的需求。

3. 按购买习惯细分：

·线上购物市场：利用电商平台和社交媒体，开展线上营销活动，吸引习惯在线购物的消费者。

·线下体验市场：在海洋牧场现场设置销售点，结合旅游体验提供现场购买服务。

·团购定制市场：针对企事业单位和团体消费者，提供定制化的团购服务，满足特定需求。

（三）产品差异化定位

为了实现差异化竞争，海洋牧场产品应明确其独特卖点，并据此进行差异化定位：

·品质差异化：强调海洋牧场产品的天然、无污染特性，通过严格的质量控制体系确保产品的高品质。例如，采用循环水养殖技术，减少药物残留和环境污染；通过国际环保认证，提升产品的环保形象。

·健康差异化：突出海洋牧场产品的健康益处，如富含 Omega-3 脂肪酸、低脂肪、高蛋白等营养成分。

·体验差异化：结合海洋牧场旅游资源，提供独特的购物体验。例如，在海洋牧场现场设置互动体验区，让消费者亲身体验产品的捕捞、加工过程；通过虚拟现实技术，让消费者在家中也能感受到海洋牧场的魅力。

·服务差异化：提供个性化的售后服务，满足消费者的不同需求。例如，为高端客户提供一对一的专属客服服务；为线上购物者提供便捷的退换货流程和快速的物流配送服务；为团体客户提供定制化的团购方案和专属优惠等。

通过以上差异化定位策略，海洋牧场产品可以在激烈的市场竞争中脱颖而出，吸引更多消费者的关注和信赖。同时，也有助于提升品牌形象和市场份额，为企业的可持续发展奠定坚实基础。

二、营销组合策略

（一）产品策略

产品种类：

海洋牧场的产品种类繁多，主要包括高价值的鱼类、贝类以及藻类等产品。具体而言，鱼类产品如金枪鱼、三文鱼和鳕鱼等，因其肉质鲜美、营养丰富，深受市场欢迎；贝类产品如牡蛎、扇贝和贻贝等，不仅肉质鲜美，还具有丰富的营养成分；藻类产品如海带和紫菜等，则因其独特的口感和营养价值，成为健康饮食的重要选择。

品质保证：

为了确保产品的高品质，海洋牧场采取了一系列严格的质量控制措施。首先，通过科学的养殖技术和环保的生产理念，减少药物残留和环境污染，确保产品的天然、无污染特性。其次，建立完善的质量管理体系，对养殖、加工、包装等各个环节进行严格控制，确保产品符合国家和国际标准。此外，通过引入第三方检测机构进行定期检测，进一步提升产品的品质保证。

品牌塑造：

海洋牧场注重品牌塑造，通过以下几个方面来提升品牌形象：一是强化品牌定位，明确目标消费群体和市场定位，打造独特的品牌形象；二是注重包装设计，采用环保、美观的包装材料，提升产品的视觉吸引力；三是加强品牌宣传和推广，通过广告、公关活动等方式提升品牌知名度和美誉度；四是建立完善的售后服务体系，提供优质的售后服务，增强消费者的满意度和忠诚度。

（二）价格策略

定价原则：

海洋牧场产品的定价原则主要包括成本导向、竞争导向和需求导向三个方面。首先，根据产品的生产成本、市场供需关系等因素制定合理的价格水平；其次，参考竞争对手的价格策略，确保产品价格具有竞争力；最后，根据消费者的支付意愿和需求弹性等因素灵活调整价格策略。

价格弹性：

海洋牧场产品的价格弹性受到多种因素的影响，包括产品种类、品质、市场需求等。一般来说，高价值、高品质的产品价格弹性较小，消费者对其价格变动不敏感；而低价值、低品质的产品价格弹性较大，消费者对其价格变动较为敏感。因此，在制定价格策略时，需要根据不同产品的特性和市场定位来确定合适的价格弹性范围。

不同市场定位下的定价策略：

针对不同的消费群体和市场定位，海洋牧场采取不同的定价策略。对于高端食品消费者和礼品市场，采用高价定位策略，强调产品的品质、健康和环保特性；对于普通消费者和日常消费市场，采用适中价格策略，注重产品的性价比和市场需求；对于旅游纪念品市场，结合旅游元素和地方特色进行差异化定价策略，提升产品的附加值和吸引力。

（三）渠道策略

线上渠道：

海洋牧场充分利用电商平台和社交媒体等线上渠道进行产品营销和销售。通过开设官方网店、入驻第三方电商平台等方式扩大线上销售规模；利用社交媒体平台进行品牌宣传和推广活动吸引更多潜在消费者；通过大数据分析和精准营销技术提升线上销售效率和用户体验。

线下渠道：

海洋牧场同时注重线下渠道的建设和管理。在沿海地区和主要城市设立专卖店和体验店等实体店铺方便消费者直接购买和体验产品；与大型超市、酒店等合作设立专柜和展示区扩大销售网络；参加各类展会和活动进行现场推广和销售活动提升品牌知名度和市场份额。

线上线下结合：

海洋牧场采用线上线下结合的多渠道营销策略提升市场覆盖率。通过线上渠道吸引流量和潜在客户引导至线下体验店进行实地体验和购买；通过线下渠道提供优质的售后服务和购物体验促进线上销售增长；通过线上线下数据共享和分析实现精准营销和个性化服务提升消费者满意度和忠诚度。

（四）促销策略

广告推广：

海洋牧场通过电视广告、网络广告等多种方式进行品牌宣传和推广活动。利用主流媒体和社交平台投放广告吸引消费者关注和购买；通过创意广告和视频内容展示产品特性和品牌形象提升品牌知名度和美誉度；通过合作营销和跨界合作等方式扩大品牌影响力。

公关活动：

海洋牧场积极组织各类公关活动提升品牌形象和社会责任感。通过赞助体育赛事、文化活动等方式展示品牌实力和企业形象；通过公益活动和慈善捐赠等方式履行社会责任赢得消费者信任和支持；通过新闻发布会和媒体采访等方式加强与媒体和公众的沟通和交流提升品牌曝光度和影响力。

销售促进：

海洋牧场通过优惠促销、赠品活动等方式刺激消费者购买欲望提升销量。针对节假日和重要时间节点推出限时折扣和特价优惠活动吸引消费者购买；针对会员和忠实客户推出积分兑换和会员专享优惠提升客户忠诚度和复购率；通过捆绑销售和套餐优惠等方式促进产品组合销售提升整体销售额。

通过以上营销组合策略的实施使海洋牧场能够有效提升品牌形象和市场竞争力吸引更多潜在消费者实现可持续发展目标。

三、数字营销与品牌建设

（一）数字化转型：介绍如何利用大数据、人工智能等技术优化营销策略

在数字化时代，海洋牧场需紧跟科技步伐，利用大数据、人工智能等先进技术优化营销策略，提升市场竞争力。数字化转型不仅能够帮助企业更精准地把握市场动态，还能提高营销效率和效果。

大数据的应用：

海洋牧场可以通过收集和分析大量消费者数据，包括购买行为、偏好、反馈等，构建用户画像。这些数据为精准营销提供了坚实的基础。基于大数据分析，企业可以识别不同消费群体的特征和需求，定制化推送个性化的产品信息和服务，提高转化率。

例如，通过分析消费者的购买历史和浏览行为，海洋牧场可以预测其对某类产品的潜在需求，并在合适的时间通过邮件、短信或APP推送精准营销信息。此外，大数据还能帮助企业监控市场趋势，及时调整产品结构和营销策略，以适应快速变化的市场环境。

人工智能的应用：

人工智能在营销领域的应用日益广泛，为海洋牧场提供了强大的技术支持。通过自然语言处理和机器学习技术，企业可以实现智能客服、智能推荐等功能，提升用户体验和满意度。

智能客服系统能够自动回应用户咨询，解决常见问题，减轻人工客服压力，

同时提高响应速度和准确性。此外，智能推荐系统能够根据用户的浏览和购买历史，推荐相似或互补的产品，促进交叉销售和连带销售。

在广告投放方面，人工智能算法能够精准匹配广告内容与目标受众，提高广告点击率和转化率。通过分析用户行为数据，算法能够不断优化广告创意和投放策略，确保每一份广告预算都能发挥最大效用。

物联网技术的应用：

物联网技术在海洋牧场中的应用不仅限于养殖管理，还能为营销提供支持。通过物联网设备收集养殖环境数据，企业可以实时了解产品生长情况，为消费者提供透明的产品信息。

例如，海洋牧场可以在产品包装上附上二维码，消费者扫描后可直接查看产品的生长环境、养殖过程等详细信息。这种透明化营销方式增强了消费者对产品的信任感，提升了品牌形象。

（二）社交媒体营销：分析社交媒体在海洋牧场产品推广中的应用案例

社交媒体已成为现代营销的重要渠道之一，海洋牧场应充分利用社交媒体平台推广产品，增强品牌曝光度和用户黏性。

内容营销：

在社交媒体上发布高质量的内容是吸引用户关注的关键。海洋牧场可以发布与产品相关的科普文章、美食制作教程、健康饮食建议等内容，同时融入产品展示和推荐。这些内容不仅能够增加用户黏性，还能潜移默化地提升品牌形象和产品认知度。

例如，海洋牧场可以在微信公众号上发布关于金枪鱼、三文鱼等产品的营养价值、烹饪方法等文章，同时附上产品购买链接。用户在阅读文章的同时，也能了解到产品的优势和特点，从而产生购买欲望。

KOL 合作：

与知名博主、网红等合作是快速提升品牌曝光度的有效方式。海洋牧场可以与美食博主、健康达人等 KOL 合作，邀请他们体验产品并分享使用体验。KOL 的推荐能够迅速吸引大量粉丝关注，提升产品销量和口碑。

在选择 KOL 时，海洋牧场应注重其粉丝群体的匹配度和影响力。例如，与健康饮食、美食制作相关的 KOL 合作，能够更精准地触达目标消费群体。

互动营销：

社交媒体平台提供了丰富的互动功能，海洋牧场可以利用这些功能与用户建立更紧密的联系。例如，可以通过直播、短视频等形式展示产品养殖过程、捕捞场景等，增加用户的参与感和代入感。

此外，海洋牧场还可以定期举办线上活动，如抽奖、优惠券发放等，吸引用户参与并分享给朋友。这种互动营销方式不仅能够提升用户黏性，还能扩大品牌传播范围。

（三）品牌故事讲述：通过品牌故事提升产品情感价值，增强消费者认同感

品牌故事是连接品牌与消费者之间的情感纽带，能够赋予产品独特的情感价值和文化内涵。海洋牧场应深入挖掘自身品牌故事，通过生动的故事讲述增强消费者的认同感和忠诚度。

品牌起源与愿景：

海洋牧场可以讲述品牌的起源故事和发展历程，展示品牌创始人对海洋生态保护和可持续发展的执着追求。这些故事不仅能够让消费者了解品牌的成长历程，还能传递出品牌的价值观和使命感。

例如，品牌可以介绍自己如何致力于海洋生态保护，通过科学养殖和生态修复技术维护海洋生态平衡。这种正面形象能够提升消费者对品牌的信任感和好感度。

产品背后的故事：

每个产品背后都有其独特的故事和制作过程。海洋牧场可以深入挖掘产品从养殖到加工、包装等各个环节的故事，展示产品的独特魅力和价值。

例如，可以讲述金枪鱼从捕捞到加工的全过程，展示产品的新鲜度和品质保证。同时，可以介绍品牌如何采用环保材料和包装方式，减少对环境的影响。这些故事不仅能够增加产品的附加值，还能提升消费者的购买意愿和忠诚度。

用户见证与分享：

用户见证是品牌故事的重要组成部分。海洋牧场可以邀请忠实用户分享自己的使用体验和产品感受，通过真实的故事和情感共鸣增强品牌认同感。

例如，可以在社交媒体上设立用户分享专区，鼓励用户上传自己的美食制作照片、使用体验等。这些真实的故事和反馈不仅能够为其他用户提供参考价值，还能激发更多潜在用户的购买欲望。

综上所述，数字化转型、社交媒体营销和品牌故事讲述是海洋牧场优化营销策略、提升品牌影响力的有效途径。通过利用大数据、人工智能等先进技术，结合社交媒体平台的互动功能和品牌故事的深入挖掘，海洋牧场能够更精准地把握市场动态和消费者需求，实现可持续发展。

第三节　海洋牧场价值链分析与商业模式创新

一、价值链分析

（一）价值链构成

海洋牧场的价值链是一个复杂而精细的系统，涵盖了从资源获取、养殖生产到销售服务的全过程。这一过程不仅体现了海洋牧场运营的经济活动，也反映了其对生态系统和市场需求的响应。以下是海洋牧场价值链的详细构成：

资源获取：

·自然资源评估：首先，对潜在海域的自然资源进行详细评估，包括水质、底质、生物多样性等，以确定其是否适合作为海洋牧场的建设地点。

·海域使用权获取：通过向海洋行政主管部门申请海域使用权，确保海洋牧场建设的合法性。这一步骤涉及提交项目规划、环境影响评估报告等材料，并经过审批程序获得许可。

·种苗采购与培育：选择并采购高质量的种苗，或者自行培育适应当地环境的种苗。这一过程对于后续养殖生产至关重要，因为种苗的质量直接影响养殖效果和最终产品的品质。

养殖生产：

·养殖设施建设与布局：根据海域条件和养殖需求，设计和建设养殖设施，如网箱、人工鱼礁等。合理布局养殖设施以提高资源利用效率，并减少对海洋生态的负面影响。

·日常养殖管理：包括水质监测与调控、饲料投喂、疾病防控等。通过科学的管理措施，确保养殖生物的健康生长，提高养殖效益。

·生态修复与保护：在养殖过程中实施生态修复措施，如投放人工鱼礁、种植海藻等，以维护海洋生态平衡和生物多样性。

加工与包装：

·产品捕捞与初步处理：根据市场需求和养殖生物的生长周期，合理安排捕捞计划。捕捞后进行初步处理，如清洗、分级等。

·深加工：根据产品特性和市场需求，进行深加工处理，如冷冻、腌制、切片等，以提高产品的附加值和保质期。

·包装与标识：采用环保且符合食品安全标准的包装材料对产品进行包装，并附上详细的产品信息、生产日期、保质期等标识。

销售与服务：

·市场营销：制定营销策略，包括目标市场定位、产品差异化定位、价格策略、渠道策略等，以提高产品的市场竞争力和销售额。

·物流配送：建立高效的物流配送体系，确保产品能够及时、安全地送达消费者手中。对于远距离市场，采用冷链物流技术保持产品的新鲜度。

·售后服务：提供优质的售后服务，包括产品咨询、退换货处理、客户投诉解决等，以增强消费者满意度和忠诚度。

（二）价值创造环节

在海洋牧场的价值链中，有几个关键环节对整体价值创造具有显著贡献：

·资源获取与评估：

这一环节是海洋牧场建设的起点，直接决定了后续养殖生产的可行性和效益。通过科学的资源评估，选择适合的海域和种苗，为后续环节奠定坚实基础。

·养殖生产与日常管理：

养殖生产是价值链中的核心环节，直接决定了产品的产量和品质。通过科学的养殖技术和精细的日常管理，提高养殖效率和产品质量，进而提升产品的市场价值。

·生态修复与保护：

虽然生态修复与保护在短期内可能增加成本，但长期来看，它有助于维护海洋生态平衡和生物多样性，提高海洋牧场的可持续发展能力。这一环节间接提升了产品的生态价值和市场竞争力。

·市场营销与品牌建设：

市场营销和品牌建设是提升产品附加值和市场竞争力的重要手段。通过精准的市场定位和差异化营销策略，树立独特的品牌形象，吸引更多消费者关注和购买。

（三）成本效益分析

在海洋牧场的运营过程中，需要对各环节的成本与收益进行详细分析，以优化资源配置和提升经济效益。

成本分析：

·固定成本：包括海域使用权费用、养殖设施建设费用、设备购置费用等。这些成本在海洋牧场建设初期投入较大，但随着运营时间的推移，其摊销成本会逐渐降低。

·变动成本：包括种苗采购费用、饲料费用、日常管理费用（如水质监测、疾病防控等）、加工包装费用等。这些成本随着养殖规模的扩大而增加，是海洋牧场运营中的主要成本构成。

·生态修复与保护成本：虽然短期内可能增加额外成本，但长期来看有助于提升海洋牧场的可持续发展能力和市场竞争力。

收益分析：

·直接收益：来自养殖产品的销售收入，包括鱼类、贝类、藻类等产品的直接销售所得。这部分收益是海洋牧场运营的主要收入来源。

·间接收益：包括生态修复带来的环境效益、品牌建设和市场营销带来的品牌价值和市场影响力提升等。这些间接收益虽然难以直接量化，但对海洋牧场的长期发展具有重要意义。

优化建议：

·精细化管理：通过精细化管理提高养殖效率和产品质量，降低变动成本。例如，采用智能化监控系统和自动化投喂设备减少人工投入和饲料浪费。

·资源循环利用：推广循环水养殖系统和废弃物资源化利用技术，降低资源消耗和环境污染，提高经济效益和环境效益。

·多元化营销：采用线上线下相结合的多元化营销策略，拓宽销售渠道和提升品牌影响力，增加销售收入和市场份额。

·强化生态修复与保护：将生态修复与保护纳入海洋牧场的长期发展规划中，实现经济效益与生态效益的双赢。通过科学规划和合理布局养殖设施减少对海洋生态的负面影响；通过投放人工鱼礁、种植海藻等措施促进生物多样性恢复和提升生态系统稳定性。

二、商业模式创新

（一）定制化生产

在海洋牧场领域，定制化生产模式正逐渐成为满足市场多元化需求的重要途径。通过深入了解消费者偏好和市场需求，定制化生产能够提供更加个性化和差异化的产品，从而提升市场竞争力。

市场细分与需求洞察：

定制化生产的前提是对市场进行细致的细分，并通过市场调研、消费者访谈等手段深入了解不同消费群体的具体需求。例如，针对健康意识较强的消费者，可以推出低脂、高蛋白、富含 Omega-3 脂肪酸的定制鱼类产品；而对于追求新鲜体验的消费者，则可以提供季节性或特定海域捕捞的限量版产品。

灵活的生产流程：

定制化生产要求海洋牧场具备高度灵活的生产流程，能够根据订单需求快速调整养殖计划、捕捞时间和加工方式。通过引入智能化管理系统，可以实现对养殖过程的精准控制，确保产品符合定制化要求。同时，建立高效的物流配送体系，确保产品能够及时送达消费者手中，保持其新鲜度和品质。

个性化包装与营销：

在包装和营销方面，定制化生产也注重个性化和差异化。根据消费者的特定需求，可以设计独特的包装样式和标签信息，增加产品的辨识度和吸引力。同时，通过社交媒体、电商平台等渠道进行精准营销，将定制化产品的特点和优势传达给目标消费群体，提高购买转化率。

优势与挑战：

定制化生产的优势在于能够更好地满足消费者个性化需求，提升品牌形象和市场竞争力。然而，该模式也面临一定的挑战，如生产成本的增加、生产流程的复杂性以及供应链管理的难度等。因此，海洋牧场需要在成本控制、生产效率和供应链管理等方面不断优化和创新，以实现定制化生产的可持续发展。

（二）平台化运营

平台化运营是海洋牧场与电商平台、供应链金融等平台合作的重要模式，有助于拓宽销售渠道、降低运营成本并提高运营效率。

电商平台合作：

海洋牧场可以与主流电商平台建立合作关系，通过开设官方旗舰店或入驻第三方店铺等方式，扩大线上销售规模。电商平台提供了丰富的用户流量和便捷的购物体验，有助于海洋牧场产品快速触达更广泛的消费群体。同时，电商平台的数据分析能力还可以帮助海洋牧场精准定位目标市场，优化营销策略。

供应链金融支持：

供应链金融平台可以为海洋牧场提供资金支持和风险管理服务。通过与供应链金融公司合作，海洋牧场可以获得更加灵活和便捷的融资渠道，降低融资成本并提高资金使用效率。此外，供应链金融平台还可以为海洋牧场提供信用评估、应收账款融资等增值服务，帮助海洋牧场更好地管理财务风险。

物流与服务协同：

平台化运营还强调物流与服务的协同。海洋牧场可以与物流服务商建立长期合作关系，确保产品能够及时、安全地送达消费者手中。同时，建立完善的售后服务体系，提供便捷的退换货流程和专业的客服支持，增强消费者满意度和忠诚度。通过物流与服务的协同优化，海洋牧场可以进一步提升市场竞争力和品牌形象。

优势与挑战：

平台化运营的优势在于能够拓宽销售渠道、降低运营成本并提高运营效率。通过与电商平台和供应链金融平台合作，海洋牧场可以更加便捷地触达消费者并满足其多元化需求。然而，该模式也面临一定的挑战，如平台费用、竞争压力和供应链管理难度等。因此，海洋牧场需要在合作谈判、成本控制和供应链优化等方面做出努力，以实现平台化运营的可持续发展。

（三）共享经济与社区支持农业（CSA）

共享经济理念和社区支持农业（CSA）模式在海洋牧场中的应用，有助于提升产品附加值并增强消费者参与感。

共享经济理念的应用：

共享经济强调资源的共享和优化配置。在海洋牧场领域，共享经济理念可以通过多种方式得以应用。例如，海洋牧场可以与周边旅游景区合作，共享游客资源和基础设施；或者通过共享经济平台将闲置的养殖设施和捕捞设备出租给小型养殖户或初创企业使用。这些应用方式有助于降低运营成本、提高资源利用效率并促进产业协同发展。

CSA模式在海洋牧场中的应用：

CSA模式是一种消费者直接参与农产品生产的合作方式。在海洋牧场领域，CSA模式可以通过以下方式得以应用：海洋牧场可以与消费者建立长期合作关系，定期为消费者提供新鲜、优质的海产品；同时邀请消费者参与养殖过程体验、生态修复活动等环节，增强其参与感和归属感。通过CSA模式的应用，海洋牧场可以建立更加紧密和稳定的客户关系，并提升产品的附加值和市场竞争力。

优势与挑战：

共享经济理念和CSA模式在海洋牧场中的应用具有显著优势。共享经济有助于降低运营成本、提高资源利用效率并促进产业协同发展；而CSA模式则有助于建立更加紧密和稳定的客户关系，并提升产品的附加值和市场竞争力。然而，这些模式也面临一定的挑战，如合作关系的建立与维护、消费者参与度的提升以及运营成本的控制等。因此，海洋牧场需要在合作模式创新、客户关系管理和运营成本优化等方面做出努力，以实现共享经济理念和 CSA 模式的可持续发展。

三、可持续发展商业模式

在海洋牧场的发展过程中，采用可持续商业模式是实现长期经济、社会和环境效益的关键。这些模式不仅有助于提升产品的市场竞争力，还能促进资源的合理利用和生态环境的保护。以下将详细探讨绿色生产与认证、循环经济与资源循环利用以及社会责任与品牌信誉等可持续发展商业模式。

（一）绿色生产与认证：推广绿色养殖技术，获取国际环保认证，提升产品竞争力

绿色生产是海洋牧场可持续发展的重要方向之一，它通过采用环保、低碳的养殖技术和管理方法，减少对环境的影响，同时提升产品的质量和安全性。推广绿色养殖技术不仅有助于保护海洋生态环境，还能增强消费者对产品的信任度，提升市场竞争力。

绿色养殖技术的推广：

绿色养殖技术包括生态养殖、循环水养殖、生物防治等多种手段。例如，生态养殖通过模拟自然生态系统，构建多层次、多营养级的养殖模式，实现资源的循环利用和生物多样性的保护。循环水养殖系统则通过生物过滤、物理过滤等技术手段，实现养殖废水的循环利用，减少废水排放和环境污染。此外，生物防治技术利用天敌、微生物等自然因素控制病害，减少化学药物的使用，保障产品的安全性。

国际环保认证的获取：

获取国际环保认证是提升产品国际竞争力的重要手段。国际环保认证机构如 MSC（海洋管理委员会）、ASC（水产养殖管理委员会）等，通过对养殖过程的全面评估，确保产品符合可持续生产标准。获得这些认证的企业，其产品在国际市场上将更具竞争力，能够吸引更多注重可持续性和环保的消费者。

为了获得国际环保认证，海洋牧场企业需要严格按照认证标准进行生产管理，包括资源利用、环境保护、社会责任等多个方面。通过持续改进和优化生产流程，企业不仅能够提升产品质量和安全性，还能树立良好的品牌形象，增

强消费者的信任度。

提升产品竞争力：

绿色生产与认证不仅有助于保护海洋生态环境，还能显著提升产品的市场竞争力。随着消费者对环保和可持续性的关注度不断提高，绿色、环保的产品将越来越受到市场的青睐。通过推广绿色养殖技术和获取国际环保认证，海洋牧场企业能够生产出更加安全、健康、环保的产品，满足消费者对高品质生活的追求。这将有助于企业在激烈的市场竞争中脱颖而出，实现可持续发展。

（二）循环经济与资源循环利用：介绍循环水养殖、废弃物资源化利用等可持续商业模式

循环经济是一种以资源的高效利用和循环利用为核心的经济模式。在海洋牧场中，通过实施循环经济和资源循环利用策略，可以实现养殖废弃物的资源化利用和养殖水体的循环利用，降低环境污染和资源消耗。

循环水养殖系统：

循环水养殖系统是实现水体循环利用的有效手段。该系统通过生物过滤、物理过滤等技术手段，将养殖废水中的有害物质去除并回收利用，实现养殖水体的循环利用。循环水养殖系统不仅能够显著减少废水排放和环境污染，还能提高养殖效率和产品质量。通过精确控制水质参数和饲料投喂量，系统能够确保养殖生物在最佳生长环境下生长，提高养殖效益。

废弃物资源化利用：

在海洋牧场中，养殖过程中产生的废弃物如残饵、粪便等，如果处理不当将对环境造成污染。通过实施废弃物资源化利用策略，可以将这些废弃物转化为有价值的资源。例如，将残饵和粪便通过厌氧发酵等技术手段转化为生物肥料或生物能源；将养殖水体中的营养物质回收利用于其他生产环节。这些措施不仅能够减少环境污染和资源浪费，还能为企业创造新的经济收益。

可持续商业模式：

循环经济与资源循环利用不仅是环保理念的具体实践，也是实现经济效益和环境效益双赢的重要途径。通过构建循环水养殖系统和实施废弃物资源化利用策略，海洋牧场企业能够形成可持续的商业模式。这种模式不仅有助于降低生产成本和提高资源利用效率，还能增强企业的市场竞争力和社会责任感。

（三）社会责任与品牌信誉：强调企业在追求经济效益的同时，承担社会责任，提升品牌信誉

社会责任是企业在追求经济效益的同时所应承担的对社会、环境和利益相关者的责任。海洋牧场企业在发展过程中应始终关注社会责任的履行，通过积极参与公益事业、保护环境、促进社区发展等方式，树立良好的品牌形象和提升品牌信誉。

社会责任的履行：

海洋牧场企业应积极参与公益事业和环保活动，如海洋生态保护、资源节约利用等。通过投入资金和技术支持相关项目，企业能够为保护海洋生态环境和促进可持续发展作出贡献。同时，企业还可以通过开展科普教育、提供就业机会等方式回馈社区和社会，增强与利益相关者的联系和互动。

品牌信誉的提升：

履行社会责任不仅能够提升企业的社会形象，还能增强消费者对品牌的信任和忠诚度。当消费者了解到企业在环保、公益等方面所做的努力和贡献时，将更加倾向于选择和支持这些企业的产品。这将有助于提升品牌的市场影响力和竞争力，为企业带来长期的经济收益。

可持续发展的承诺：

海洋牧场企业在追求经济效益的同时，应明确自身在可持续发展方面的承诺和目标。通过制定科学合理的可持续发展战略和管理体系，企业能够确保在生产经营过程中始终遵循环保、低碳、可持续的原则。这将有助于企业实现经济效益、社会效益和环境效益的协调统一，为可持续发展贡献力量。

综上所述，绿色生产与认证、循环经济与资源循环利用以及社会责任与品牌信誉是海洋牧场实现可持续发展的关键商业模式。通过推广绿色养殖技术、获取国际环保认证、实施循环水养殖和废弃物资源化利用策略以及积极履行社会责任等措施，海洋牧场企业能够在保护海洋生态环境的同时实现经济效益的提升和品牌信誉的增强。这将为企业的长期发展奠定坚实基础并推动整个行业的可持续发展。

第七章　思考题

1. 海洋牧场如何在全球海洋经济中的地位和发展趋势中定位自身，以实现可持续的经济增长？

2. 在制定海洋牧场产品的市场营销策略时，如何有效结合消费者需求分析和市场细分策略，以提升品牌影响力和市场份额？

3. 请分析海洋牧场价值链中的关键环节，并讨论如何通过优化这些环节来提高整体价值创造和经济效益？

4. 在推动海洋牧场可持续发展过程中，绿色生产与认证、循环经济与资源循环利用等商业模式如何具体实施，并评估其对环境和经济效益的双重影响？

第八章

海洋牧场文化与旅游

第一节 海洋牧场文化的内涵与传承

一、海洋牧场文化的定义与特征

（一）定义

海洋牧场文化，作为一种独特的文化形态，是指在海洋牧场的建设、运营及管理全过程中逐渐孕育和发展起来的一系列独特文化现象、价值观念以及传统习俗的总和。它不仅仅局限于海洋牧场的物质层面，更涵盖了精神层面的丰富内涵，是海洋经济、生态环境、科技应用与人文传统深度融合的产物。海洋牧场文化不仅反映了人类对海洋资源的开发利用智慧，也体现了人与自然和谐共生的理念追求。

具体而言，海洋牧场文化涵盖了海洋牧场规划、养殖技术、生态保护、社区参与、科普教育等多个方面。从规划阶段对海域生态环境的科学评估，到养殖过程中采用的先进技术与环保措施，再到社区对海洋牧场建设的支持与参与，以及面向公众的科普教育活动，这些环节共同构成了海洋牧场文化的丰富内容。这种文化不仅促进了海洋资源的可持续利用，也提升了公众对海洋生态保护的认识和尊重。

（二）特征

海洋牧场文化具有鲜明的地域性、生态性、科学性和创新性等特征，这些特征共同构成了其独特的文化魅力。

地域性：海洋牧场文化深受其所处地域的自然环境、历史背景和社会经济条件的影响，呈现出鲜明的地域特色。不同地区的海洋牧场在养殖品种、养殖技术、管理方式等方面存在差异，这些差异不仅体现在物质层面上，也反映在文化习俗、价值观念等精神层面。例如，沿海地区的渔民在长期的生产实践中形成了独特的捕捞技术、渔船建造技艺和海洋信仰，这些传统习俗成了海洋牧场文化的重要组成部分。

生态性：海洋牧场文化强调生态保护与可持续利用的理念。在海洋牧场的建设和运营过程中，注重维护海洋生态平衡，保护生物多样性，实现经济效益与生态效益的双赢。通过科学规划、合理布局和生态修复等措施，海洋牧场在提供高品质海产品的同时，也为海洋生物提供了良好的栖息环境。这种生态性的特征使得海洋牧场文化成为推动海洋生态文明建设的重要力量。

科学性：海洋牧场文化的发展离不开科技的支持与推动。在养殖技术、水质监测、病害防控等方面，海洋牧场广泛应用了现代科技手段，提高了养殖效率和产品质量。同时，科学研究为海洋牧场的管理和决策提供了科学依据，促进了海洋资源的可持续利用。这种科学性的特征使得海洋牧场文化在传承中不断创新发展，适应了现代社会的需求。

创新性：海洋牧场文化在传承中不断创新发展，体现了强烈的创新精神。随着科技的不断进步和人们对海洋资源认识的深入，海洋牧场的建设和管理方式也在不断更新和完善。例如，循环水养殖系统、智能监控系统等先进技术的应用，不仅提高了养殖效率，也降低了对海洋环境的影响。同时，海洋牧场还积极探索与文化旅游、科普教育等领域的融合发展路径，为海洋牧场文化的创新发展注入了新的活力。

综上所述，海洋牧场文化作为一种独特的文化形态，具有鲜明的地域性、生态性、科学性和创新性等特征。这些特征共同构成了海洋牧场文化的丰富内涵和独特魅力，为推动海洋资源的可持续利用、促进人与自然和谐共生发挥了重要作用。在未来的发展中，海洋牧场文化将继续传承与创新发展，为海洋经济的繁荣和海洋生态文明的建设贡献力量。

二、海洋牧场文化的历史渊源

（一）传统渔业文化

海洋牧场文化深深植根于历史悠久的传统渔业文化之中，这种文化源于渔民世代与海洋的共生共存。历史上，渔民们依靠海洋为生，发展出了独特的生活习俗、捕捞技术和信仰崇拜，这些元素共同构成了海洋牧场文化的基石。

生活习俗：渔民的生活与海洋息息相关，他们根据潮汐变化、季节更替调整作息，形成了独特的生活节奏。例如，沿海地区的渔民常在清晨出海捕鱼，傍晚时分满载而归，晚上则围炉分享一天的收获，这种生活方式不仅体现了渔民对自然的敬畏，也形成了紧密的家庭和社区联系。此外，渔民们还发展出了一系列与海洋相关的节日和庆典，如开渔节、祭海仪式等，这些活动不仅丰富了渔民的文化生活，也加深了他们对海洋的依赖和感激之情。

捕捞技术：在长期的生产实践中，渔民们积累了丰富的捕捞经验和技术。他们根据鱼类的生活习性和迁徙规律，创造了多种高效的捕捞方法。例如，使用传统的网具、鱼叉、鱼笼等工具进行捕捞；通过观察海鸟、海豚等生物的行为预测鱼群的位置；利用季节和潮汐的变化选择合适的捕捞时机。这些技术不仅提高了渔民的捕捞效率，也体现了他们对海洋生态的深刻理解和尊重。

信仰崇拜：渔民们对海洋的敬畏之情还体现在他们的信仰崇拜上。许多渔民相信海洋中有神秘的力量支配着鱼群的出没和潮汐的变化，因此他们常常祈求海神保佑出海平安、丰收满载。这种信仰不仅体现在日常的祭祀活动中，也深深影响了渔民们的价值观和道德观。他们相信人与海洋之间应该保持和谐的关系，过度捕捞会激怒海神带来灾难，因此渔民们通常会遵循一定的捕捞规则，保护海洋资源的可持续利用。

（二）现代发展融合

随着科技的不断进步和社会经济的快速发展，现代科技与管理理念逐渐融入传统渔业文化，形成了独具特色的海洋牧场文化。这种融合不仅提高了海洋资源的利用效率，也促进了海洋生态的保护和可持续发展。

科技融合：现代科技在海洋牧场建设和管理中发挥着越来越重要的作用。例如，遥感监测技术、智能监控系统等高科技手段的应用，使得海洋牧场管理者能够实时监测水质、气象、生物多样性等关键环境参数，及时调整养殖策略和管理措施。同时，循环水养殖系统、生态修复技术等先进技术的应用，也大大提高了养殖效率和产品质量，减少了对海洋环境的污染。这些科技手段的应用不仅提高了海洋牧场的经济效益，也体现了现代科技与传统渔业文化的深度融合。

管理理念融合：现代管理理念在海洋牧场文化中的融入也促进了其可持续发展。例如，生态优先原则在海洋牧场规划和管理中的广泛应用，体现了人类对海洋生态保护的重视和责任感。通过科学评估海域生态承载力、合理规划养殖布局和生态修复措施，海洋牧场在提供高品质海产品的同时，也维护了海洋生态系统的平衡和稳定。此外，社区共管模式、多方参与原则等现代管理理念的应用，也促进了海洋牧场利益相关者之间的合作与共赢，推动了海洋牧场的和谐发展。

文化传承与创新：在现代科技与管理理念的推动下，海洋牧场文化在传承中不断创新发展。一方面，渔民们继续传承和发扬传统渔业文化中的优秀元素，如尊重自然、和谐共生的价值观；另一方面，他们积极吸收现代科技和管理理念的精髓，将其融入海洋牧场的建设和管理中。这种文化传承与创新的过程不仅丰富了海洋牧场文化的内涵和外延，也提高了其适应现代社会发展的能力。

综上所述，海洋牧场文化作为传统渔业文化与现代科技、管理理念相结合的产物，既保留了渔民们世代传承的优秀文化元素，又吸收了现代科技的精华和先进管理理念。这种融合不仅促进了海洋资源的可持续利用和海洋生态的保护，也推动了海洋牧场文化的传承与创新发展。在未来的发展中，随着科技的不断进步和社会的持续发展，海洋牧场文化将继续保持其独特的魅力和活力，为海洋经济的繁荣和海洋生态文明的建设做出更大的贡献。

三、海洋牧场文化的传承与发展

（一）教育普及

学校教育中的传承：

在学校教育中，海洋牧场文化的传承应当成为海洋科学、生态学、环境科学等相关学科的重要教学内容。通过课程设置、教材编写和教学活动的多样化，使读者全面了解和认识海洋牧场文化的内涵和价值。

首先，可以将海洋牧场文化纳入相关学科的课程标准中，确保其在教育体系中的基础地位。在课程设计上，可以开设专门的海洋牧场文化课程，或者在其他相关课程中融入海洋牧场文化的知识点。通过课堂教学，系统介绍海洋牧场的历史渊源、发展现状、生态价值、科技应用以及文化传承等方面的内容，使读者形成对海洋牧场文化的全面认知。

其次，教材编写也是传承海洋牧场文化的重要环节。教材应紧密结合海洋牧场的实际情况，通过图文并茂的形式展示海洋牧场的自然风光、生物多样性、养殖技术和管理模式等内容。同时，教材中还应融入海洋牧场文化的历史故事、传统习俗和人文情怀，使读者在学习科学知识的同时，感受到海洋牧场文化的独特魅力。

此外，学校还可以通过组织实践活动来加深读者对海洋牧场文化的理解和体验。例如，可以组织读者参观海洋牧场，让他们亲身感受海洋牧场的生态环境和养殖过程；可以邀请海洋牧场的专家和管理人员来校举办讲座和交流，分享他们的经验和见解；还可以组织读者开展海洋牧场文化的主题研究，通过查阅文献、实地调研等方式深入了解海洋牧场文化的内涵和价值。

社区活动中的普及：

除了学校教育外，社区活动也是传承海洋牧场文化的重要途径。通过组织丰富多彩的社区活动，可以增强公众对海洋生态和渔业传统的认识和尊重，推动海洋牧场文化的广泛传播。

社区活动可以围绕海洋牧场文化的主题展开，如举办海洋牧场文化节、渔业知识竞赛、海洋生态保护讲座等。这些活动不仅可以丰富社区居民的文化生活，还可以提高他们的海洋环保意识和渔业知识水平。在活动中，可以通过展览、演出、互动体验等形式展示海洋牧场文化的独特魅力，吸引更多人的关注和参与。

此外，社区还可以通过建立海洋牧场文化展示馆或博物馆来长期展示和传播海洋牧场文化。展示馆或博物馆可以收集、整理和展示与海洋牧场相关的历史文物、图片资料、实物模型等，通过生动形象的展示方式让公众更加直观地了解海洋牧场的历史渊源和文化内涵。同时，展示馆或博物馆还可以定期举办主题展览、学术交流等活动，推动海洋牧场文化的深入研究和广泛传播。

为了提高社区活动的参与度和影响力，还可以利用社交媒体等新媒体平台进行宣传和推广。通过发布活动信息、分享精彩瞬间、开展线上互动等方式吸引更多人的关注和参与。同时，还可以邀请知名人士作为活动的代言人或嘉宾参与活动，借助他们的影响力扩大活动的传播范围和影响力。

（二）创新发展

科技手段与文化创意的结合：

在传承海洋牧场文化的基础上，还应注重创新发展。通过结合现代科技手段和文化创意，可以推动海洋牧场文化的繁荣发展，使其更加符合现代社会的需求和审美趋势。

一方面，可以利用现代科技手段来展示和传播海洋牧场文化。例如，可以利用虚拟现实（VR）和增强现实（AR）技术创建海洋牧场的三维虚拟场景，让公众身临其境地感受海洋牧场的生态环境和养殖过程；可以利用大数据分析技术挖掘海洋牧场文化的潜在价值和发展趋势，为文化创新和产业发展提供科学依据；还可以利用数字化技术将海洋牧场的历史文物和传统文化进行数字化保存和传播，让更多人能够便捷地获取和了解海洋牧场文化的相关知识。

另一方面，可以通过文化创意来丰富和拓展海洋牧场文化的内涵和外延。例如，可以设计具有海洋牧场特色的文创产品如纪念品、手工艺品等供公众购买和收藏；可以创作以海洋牧场文化为主题的文学作品、影视作品、音乐作品等供公众欣赏和体验；还可以举办以海洋牧场文化为主题的创意大赛、设计展等活动激发公众的创造力和想象力推动海洋牧场文化的创新和发展。

跨领域合作与产业融合：

为了推动海洋牧场文化的创新发展，还应加强跨领域合作与产业融合。通过与其他领域的合作与交流，可以引入新的理念和技术手段为海洋牧场文化的创新和发展注入新的活力；通过产业融合可以拓展海洋牧场文化的应用领域和市场空间，推动其向更高层次和更广领域发展。

跨领域合作可以包括与科技、文化、旅游等领域的合作。例如，可以与科研机构合作开展海洋牧场生态环境监测和保护技术的研究与开发；可以与文化创意产业合作推出具有海洋牧场特色的文创产品和旅游项目；还可以与旅游业合作开发海洋牧场旅游线路和产品满足公众对海洋牧场文化的体验和探索需求。

产业融合则可以将海洋牧场文化与相关产业进行有机结合形成新的产业链和价值链。例如，可以将海洋牧场与渔业、加工业结合形成从养殖到加工再到销售的完整产业链；可以将海洋牧场与旅游业结合形成集观光、休闲、度假于一体的综合旅游产业；还可以将海洋牧场与文化产业结合形成集教育、科普、娱乐为一体的文化产业体系。通过产业融合可以实现资源共享和优势互补推动海洋牧场文化的创新和发展。

综上所述，海洋牧场文化的传承与发展是一个长期而复杂的过程需要政府、企业、学校、社区等多方面的共同努力和协作。通过教育普及和创新发展可以推动海洋牧场文化的广泛传播和繁荣发展；通过跨领域合作与产业融合可以拓展海洋牧场文化的应用领域和市场空间；通过加强政策扶持和资金投入可以为海洋牧场文化的传承与发展提供有力保障。在未来的发展中我们应继续深入挖掘和弘扬海洋牧场文化的独特魅力为推动海洋经济的繁荣和海洋生态文明的建设贡献力量。

第二节　海洋牧场旅游资源的开发与利用

一、海洋牧场旅游资源概述

（一）自然资源

海洋牧场作为人工与自然生态相结合的特殊区域，拥有得天独厚的自然资源，这些资源不仅为海洋生物的生存提供了优越条件，也为旅游开发提供了宝贵的资源基础。

独特的自然风光：

海洋牧场通常位于风景秀丽的近海区域，拥有清澈的海水、细腻的沙滩和迷人的海岸线。在阳光的照耀下，波光粼粼的海面与远处的蓝天白云交相辉映，构成了一幅幅动人的自然画卷。这些自然风光不仅令人心旷神怡，还为游客提供了拍照留念的绝佳场所。在旅游开发中，这些自然风光可以作为海洋牧场旅游的重要吸引点，吸引大量游客前来观光游览。

丰富的生物多样性：

海洋牧场通过科学规划和生态修复措施，维护了丰富的生物多样性。这里不仅生活着种类繁多的鱼类、贝类和藻类等海洋生物，还栖息着多种珍稀濒危物种。游客在参观海洋牧场时，可以近距离观察到这些海洋生物的生活状态，感受大自然的神奇与魅力。此外，海洋牧场还可以通过设置生态展示区、科普教育区等区域，向游客介绍海洋生物的种类、习性和生态保护知识，提高公众对海洋生物多样性的认识和保护意识。

旅游开发中的价值：

海洋牧场的自然资源在旅游开发中具有重要的价值。首先，独特的自然风光和丰富的生物多样性为海洋牧场旅游提供了丰富的旅游资源，可以满足游客对自然景观和生态体验的需求。其次，通过科学合理的旅游规划和开发，可以将这些自然资源转化为旅游产品，吸引游客前来消费，带动当地旅游经济的发展。同时，旅游开发还可以促进海洋牧场生态环境的保护和可持续利用，实现经济效益与生态效益的双赢。

（二）人文资源

海洋牧场不仅拥有丰富的自然资源，还蕴含着深厚的历史文化和民俗风情等人文资源。这些人文资源为海洋牧场旅游增添了独特的文化魅力，提升了旅游产品的吸引力和竞争力。

历史文化：

海洋牧场的建设和发展离不开当地渔民世世代代的辛勤劳作和智慧积累。在长期的生产实践中，渔民们积累了丰富的渔业生产经验和独特的捕捞技术，形成了具有地方特色的渔业文化。这些历史文化不仅记录了渔民们的生活方式和思想观念，还见证了海洋牧场的发展历程和变迁轨迹。在旅游开发中，可以通过挖掘和整理这些历史文化资源，打造具有地方特色的文化旅游产品，如渔家文化体验、传统捕捞技艺展示等，让游客在欣赏自然风光的同时，感受海洋牧场的深厚文化底蕴。

民俗风情：

海洋牧场所在地区通常具有丰富的民俗风情资源。这些民俗风情不仅体现在渔民们的生活习俗和节日庆典中，还体现在他们的服饰、饮食、婚嫁等方面。通过参与这些民俗活动，游客可以深入了解当地的文化传统和风俗习惯，感受不同地域文化的独特魅力。在旅游开发中，可以充分利用这些民俗风情资源，设计具有参与性和体验性的旅游产品，如民俗表演、特色美食品尝、手工制作体验等，让游客在轻松愉快的氛围中体验海洋牧场的独特魅力。

作为旅游吸引物的潜力：

海洋牧场的人文资源具有巨大的旅游吸引物潜力。首先，丰富的历史文化和民俗风情为海洋牧场旅游提供了独特的文化内涵和特色亮点，可以满足游客对文化体验和情感共鸣的需求。其次，通过深入挖掘和整理这些人文资源，可以打造具有差异化和个性化的旅游产品，提升海洋牧场旅游的吸引力和竞争力。同时，人文资源的开发利用还可以促进当地文化的传承和发展，增强游客对当地文化的认同感和归属感。因此，在海洋牧场旅游开发中，应充分重视人文资源的挖掘和利用，为游客提供更加丰富多彩的旅游体验。

二、旅游资源开发原则与策略

（一）生态保护优先

在海洋牧场旅游资源的开发过程中，坚持生态保护优先原则是至关重要的。这一原则旨在确保旅游活动不对海洋生态环境造成破坏，保护海洋牧场及其周边区域的生物多样性和生态平衡。具体实践策略包括：

·环境影响评估：

在旅游项目启动前，必须进行全面的环境影响评估。通过科学的方法评估旅游活动对海洋生态系统可能产生的影响，包括水质、底质、生物多样性等方面的变化。评估结果应作为项目审批的重要依据，确保所有旅游活动在生态承载力范围内进行。

·限制性开发：

根据评估结果，对旅游活动进行科学合理的规划和布局，明确禁止或限制某些可能对生态环境造成显著影响的活动。例如，限制游客数量、限制特定区域的旅游活动、禁止在敏感生态区域进行任何形式的开发等。

·生态修复与保护:

在旅游开发过程中,积极实施生态修复工程,如人工鱼礁投放、海藻床恢复等,以弥补旅游活动对生态环境造成的潜在损害。同时,加强对海洋牧场及其周边区域的生态保护,建立健全的生态监测体系,及时发现并应对生态环境问题。

·环保教育与宣传:

加强对游客和当地居民的环保教育和宣传,提高他们的环保意识和参与度。通过设置环保标识、发放宣传资料、举办环保讲座等方式,让游客了解并遵守环保规定,共同维护海洋牧场的生态环境。

(二)特色化开发

基于海洋牧场的独特资源和文化特色,进行差异化、个性化的旅游产品开发,是提升旅游吸引力和竞争力的关键。具体策略包括:

·挖掘资源特色:

深入挖掘海洋牧场的自然资源和人文资源特色,如独特的自然风光、丰富的生物多样性、深厚的渔业文化等。通过资源整合和创意设计,将这些特色元素融入旅游产品中,打造具有独特魅力的旅游项目。

·创新产品设计:

根据市场需求和游客偏好,创新旅游产品设计。例如,开发海洋牧场观光、潜水、垂钓等体验型旅游产品,让游客亲身体验海洋牧场的魅力;设计海洋生态、渔业文化等科普教育产品,提升游客对海洋牧场文化的认知和理解;结合周边旅游资源,打造海洋牧场主题度假酒店、民宿等休闲度假产品,延长游客停留时间,提升旅游消费。

·强化品牌塑造:

通过品牌塑造提升旅游产品的知名度和美誉度。利用媒体宣传、网络营销等手段,加大对海洋牧场旅游产品的推广力度;举办特色节庆活动、主题展览等,增强游客的参与感和体验感;加强与旅游机构的合作,共同推广海洋牧场旅游品牌。

·提升服务质量:

注重提升旅游服务质量,为游客提供安全、舒适、便捷的旅游环境。加强旅游从业人员的培训和管理,提高他们的专业素养和服务意识;完善旅游基础设施和配套设施建设,确保游客在旅游过程中的基本需求得到满足;建立健全的游客投诉处理机制,及时解决游客在旅游过程中遇到的问题和困难。

（三）社区参与

鼓励当地社区参与旅游资源开发，是促进旅游收益合理分配和社区可持续发展的重要途径。具体策略包括：

·建立共管机制：

与当地社区建立共管机制，明确双方在旅游资源开发中的权利与义务。通过签订共管协议、成立共管委员会等方式，确保社区在旅游开发中的知情权和参与权。同时，建立定期沟通机制，及时解决旅游开发过程中出现的问题和矛盾。

·促进就业与创业：

通过旅游开发促进当地社区的就业与创业。优先招聘当地居民参与旅游服务和管理工作；为当地居民提供旅游技能培训和创业指导服务；鼓励和支持当地居民开发具有地方特色的旅游产品和服务项目。通过这些措施，让当地居民从旅游开发中受益，提高他们的生活水平和社会地位。

·利益共享机制：

建立健全的旅游收益分配机制，确保当地社区能够合理分享旅游开发带来的经济利益。通过税收返还、分红等方式，将部分旅游收益直接分配给当地居民或社区组织；设立旅游发展基金等专项基金，支持当地社区的基础设施建设、公共服务提升等公益事业。通过这些措施，实现旅游收益的合理分配和社区的可持续发展。

·增强社区认同感：

通过旅游开发增强当地居民的社区认同感。在旅游产品开发过程中融入当地文化元素和传统习俗；在旅游宣传和推广中突出当地社区的特色和优势；鼓励当地居民参与旅游活动的策划和组织工作。通过这些措施，让当地居民感受到自己在旅游开发中的价值和作用，增强他们对社区的归属感和认同感。

综上所述，海洋牧场旅游资源的开发应遵循生态保护优先、特色化开发和社区参与等原则与策略。通过科学合理的规划和布局、深入挖掘资源特色、创新产品设计、提升服务质量以及促进社区参与等措施，实现旅游资源的可持续利用和社区的可持续发展。

三、旅游产品与服务设计

（一）观光体验产品

海洋牧场观光体验产品旨在通过一系列精心设计的活动，让游客能够深入体验海洋牧场的独特魅力，满足他们对自然风光的向往和渔趣的追求。

海洋牧场观光游：

设计一条涵盖海洋牧场全貌的观光路线，游客可以乘坐观光船游览牧场区域，欣赏到清澈的海水、细腻的沙滩以及丰富的海洋生物。观光路线将重点展示海洋牧场的生态修复成果和养殖设施，如人工鱼礁、循环水养殖系统等，让游客直观感受到科技与自然和谐共存的美好景象。

潜水体验：

为喜欢冒险和探索的游客提供潜水体验项目。在专业潜水教练的指导下，游客可以穿戴潜水装备，潜入海底近距离观察海洋牧场中的生物多样性。潜水路线将穿越不同生态区域，让游客亲眼见证五彩斑斓的珊瑚礁、悠闲游弋的热带鱼群以及牧场特有的养殖鱼类，体验海底世界的奇妙与壮丽。

垂钓体验：

设立专门的垂钓区域，提供必要的垂钓装备和指导服务。游客可以在这里体验真正的垂钓乐趣，亲手捕捞海洋牧场中的鱼类。垂钓活动不仅可以满足游客的休闲需求，还能让他们感受到传统渔业的魅力，加深对海洋牧场养殖模式的了解。

（二）科普教育产品

海洋生态科普教育产品旨在通过生动有趣的互动方式，提升游客对海洋牧场文化和海洋生态的认识和理解。

海洋生态展示中心：

在海洋牧场区域建立一座集科普、教育、展示于一体的海洋生态展示中心。中心内设有多个展区，通过图文、视频、实物等多种形式展示海洋生态系统的构成、海洋生物的多样性以及海洋牧场在生态保护中的作用。游客可以在这里了解到海洋牧场如何通过科学规划和管理措施维护生态平衡，促进海洋生物资源的可持续利用。

互动体验区：

在展示中心内设置互动体验区，配备虚拟现实（VR）和增强现实（AR）技术设备。游客可以通过佩戴 VR 眼镜身临其境地探索海底世界，感受海洋牧场的神秘与美丽；利用 AR 技术扫描海洋生物模型，获取详细的生物信息和生态知识。这种互动体验方式将极大地提高游客的参与度和学习效果。

科普讲座与工作坊：

定期邀请海洋生态学家、渔业专家等举办科普讲座和工作坊。讲座内容涵盖海洋生态保护、渔业资源管理、海洋牧场技术等多个方面，旨在向游客传授专业知识，解答他们的疑惑。工作坊则注重实践操作，如制作海藻标本、观察海洋微生物等，让游客在动手过程中加深对海洋生态的理解。

（三）休闲度假产品

海洋牧场主题度假酒店与民宿：

结合周边旅游资源，打造具有海洋牧场特色的主题度假酒店和民宿。酒店和民宿的设计将充分融入海洋元素，如蓝色基调的装饰风格、海洋生物的图案装饰等，营造出一个温馨而舒适的海滨度假环境。房间内配备观海阳台或露台，让游客在享受度假时光的同时，也能欣赏到壮丽的海景。

海滨休闲活动：

在酒店和民宿周边提供丰富的海滨休闲活动，如沙滩排球、日光浴、夜间篝火晚会等。此外，还可以组织游客参与海产品的捕捞、加工和品尝活动，让他们亲身体验从海洋到餐桌的全过程。这些活动不仅能够丰富游客的度假体验，还能增进他们对海洋牧场文化的了解和认同。

健康养生项目：

结合海洋牧场的自然环境优势，推出健康养生项目。如提供海洋矿物质温泉浴、海藻疗法等特色服务，帮助游客放松身心、恢复活力。同时，邀请专业营养师为游客定制海鲜美食菜单，提供营养均衡、健康美味的餐饮服务。这些项目将进一步提升游客的度假体验，满足他们对高品质生活的追求。

综上所述，海洋牧场旅游产品与服务的设计应紧紧围绕游客的需求和体验展开。通过精心设计的观光体验产品、丰富多彩的科普教育产品以及舒适便捷的休闲度假产品，为游客提供全方位、多维度的旅游体验。同时，注重生态保护和文化传承，确保旅游活动的可持续性和社会责任的履行。

第三节 海洋牧场文化旅游融合发展的路径与模式

一、文化旅游融合的意义与价值

（一）文化丰富性提升

文化旅游融合在海洋牧场旅游开发中具有显著提升文化丰富性的作用，进而增强旅游产品的吸引力和竞争力。具体体现在以下几个方面：

·深化文化内涵：

海洋牧场不仅是渔业生产的场所，更是承载着丰富历史文化和传统习俗的重要载体。通过文化旅游融合，可以将海洋牧场的历史沿革、渔业文化、民俗风情等元素深度融入旅游产品中，使游客在享受自然风光的同时，深入了解海洋牧场的独特文化背景。这种深度文化体验不仅丰富了旅游产品的内涵，也提升了游客的文化认同感和满意度。

·增强互动体验：

文化旅游融合强调游客的参与性和互动性。通过设计具有文化特色的旅游项目，如渔家文化体验、传统捕捞技艺展示、民俗节庆活动等，游客可以亲身参与其中，感受海洋牧场的独特魅力。这种互动式体验不仅增加了旅游的趣味性和吸引力，也让游客在互动中更加深入地了解海洋牧场的文化底蕴。

·打造差异化产品：

在激烈的市场竞争中，差异化是旅游产品脱颖而出的关键。通过文化旅游融合，可以开发出具有独特文化特色的旅游产品，如海洋牧场主题民宿、海洋文化主题餐厅等。这些产品以其独特的文化内涵和差异化体验，吸引了大量追求独特旅行体验的游客，从而增强了旅游产品的市场竞争力。

（二）经济效应最大化

文化旅游融合在提升海洋牧场旅游经济效益、促进当地经济发展方面发挥着重要作用。具体表现在以下几个方面：

·延长旅游产业链：

文化旅游融合促进了旅游产业链的延伸和拓展。通过开发海洋牧场文化旅游资源，可以带动相关产业的发展，如餐饮、住宿、交通、购物等。这些相关产业的繁荣不仅为当地经济注入了新的活力，也提高了旅游的综合效益。同时，文化旅游产品的多样化也延长了游客的停留时间，增加了旅游消费的可能性。

·增加就业机会：

文化旅游融合为当地创造了大量的就业机会。随着海洋牧场旅游资源的开发和利用，需要大量的人力资源来支持旅游项目的运营和管理。这些就业机会不仅提高了当地居民的收入水平，也促进了社会的稳定和繁荣。同时，通过提供旅游技能培训和服务意识教育，可以提升当地居民的职业素养和服务水平，进一步推动旅游业的可持续发展。

·促进产业转型升级：

文化旅游融合有助于推动海洋牧场产业的转型升级。传统的渔业生产模式往往面临资源枯竭和环境污染等问题，而文化旅游的融合则为海洋牧场产业提供了新的发展路径。通过发展文化旅游产业，可以实现渔业资源的可持续利用和生态环境的保护，同时提升产业的附加值和市场竞争力。这种转型升级不仅有利于海洋牧场的可持续发展，也为当地经济的多元化发展提供了有力支撑。

·提升品牌形象：

文化旅游融合有助于提升海洋牧场旅游的品牌形象。通过深入挖掘和展示海洋牧场的文化内涵，可以塑造出独特而鲜明的旅游品牌形象。这种品牌形象不仅增强了游客对海洋牧场旅游的认知和认同，也提高了其在旅游市场中的知名度和美誉度。随着品牌形象的不断提升，海洋牧场旅游将吸引更多的游客前来体验和消费，从而进一步推动当地经济的发展。

综上所述，文化旅游融合在提升海洋牧场旅游的文化丰富性和经济效应方面发挥着重要作用。通过深入挖掘和展示海洋牧场的文化内涵，设计具有文化特色的旅游产品，可以吸引更多游客前来体验和消费，从而推动当地经济的发展和繁荣。同时，文化旅游融合也有助于实现海洋牧场产业的转型升级和可持续发展，为当地经济的多元化发展提供有力支撑。

二、融合发展路径

（一）资源整合：提出通过整合海洋牧场文化资源与旅游资源，形成文化旅游综合体的路径

在海洋牧场文化旅游的融合发展过程中，资源整合是至关重要的第一步。通过有效地整合海洋牧场的文化资源和旅游资源，可以形成具有独特魅力和吸引力的文化旅游综合体，为游客提供更加全面和丰富的旅游体验。

文化资源梳理与评估：

首先，需要对海洋牧场的文化资源进行全面梳理和评估。这包括对传统渔业文化、民俗风情、历史故事等方面的深入挖掘和整理。通过文献研究、口述历史、田野调查等方法，收集并整理出具有代表性和独特性的文化资源。同时，对这些资源进行价值评估，明确其在旅游开发中的潜力和作用。

旅游资源普查与规划：

在文化资源梳理的基础上，对海洋牧场的旅游资源进行普查和规划。这包括自然风光、生物多样性、特色建筑等方面的调查和分析。通过科学合理的规划，将文化资源与旅游资源有机结合起来，形成具有鲜明特色的旅游线路和产品组合。

综合体构建与设计：

在资源整合的基础上，构建海洋牧场文化旅游综合体。这可以通过规划和

建设海洋牧场文化展示区、生态体验区、休闲度假区等功能区域来实现。同时，注重景观设计和环境营造，使游客在游览过程中能够充分感受到海洋牧场的独特魅力和文化氛围。

利益相关者协作：

资源整合过程中，需要政府、企业、社区等多方利益相关者的协作与配合。政府应提供政策支持和引导，企业应承担主要开发和运营责任，社区应积极参与并提供本地知识和支持。通过多方协作，共同推动文化旅游综合体的形成和发展。

（二）产品创新：鼓励基于海洋牧场文化进行旅游产品创新，如开发文化节庆、主题展览等特色旅游项目

在资源整合的基础上，鼓励基于海洋牧场文化进行旅游产品创新，是提升旅游吸引力和竞争力的关键。通过开发具有独特性和差异性的旅游产品，可以满足游客多样化的需求，提高旅游体验的质量和满意度。

文化节庆活动：

结合海洋牧场的历史文化和民俗风情，开发具有地方特色的文化节庆活动。如渔家文化节、海洋丰收节等，通过举办祭祀仪式、民俗表演、美食品尝等活动，让游客深入体验海洋牧场的独特文化氛围。同时，利用节庆活动吸引游客参与，提升旅游品牌知名度和影响力。

主题展览与互动体验：

在海洋牧场区域设立主题展览区，展示海洋牧场的历史变迁、生态保护成果、养殖技术等内容。通过图文、视频、实物等多种形式展示海洋牧场的独特魅力。同时，设置互动体验环节，如VR体验、模拟捕捞等，让游客在参与中深入了解海洋牧场文化。

定制化旅游产品：

针对不同游客群体的需求和偏好，开发定制化旅游产品。如针对亲子家庭的亲子游产品，结合海洋牧场生态环境开展科普教育和亲子互动活动；针对摄影爱好者的摄影之旅产品，提供最佳拍摄点和专业摄影指导等。通过定制化旅游产品满足不同游客的个性化需求。

特色住宿与餐饮：

结合海洋牧场特色开发特色住宿和餐饮产品。如建设海洋牧场主题民宿或度假酒店，提供具有地方特色的住宿体验；开发海鲜美食菜单，提供新鲜、健康、美味的海鲜料理。通过特色住宿和餐饮产品提升游客的整体旅游体验。

（三）营销推广：利用线上线下多渠道进行文化旅游产品的联合营销推广，扩大市场知名度和影响力

在产品开发的基础上，利用线上线下多渠道进行联合营销推广是提升市场知名度和影响力的关键。通过有效的营销推广策略，可以吸引更多游客关注和参与海洋牧场文化旅游活动。

线上营销推广：

利用互联网平台进行线上营销推广。通过社交媒体、旅游网站、在线旅游平台等渠道发布旅游产品和活动信息；开展线上互动活动如抽奖、优惠券发放等吸引游客关注和参与；利用大数据分析技术精准定位目标客群并推送个性化营销信息。同时，加强与知名博主、网红等 KOL 的合作进行口碑传播和品牌推广。

线下营销推广：

结合线下活动进行营销推广。如参加旅游展会、举办推介会等活动展示旅游产品和线路；在机场、火车站等人流密集区域投放广告牌和宣传册进行宣传；与旅行社合作推出海洋牧场文化旅游线路和产品套餐等。通过线下营销推广提升游客对海洋牧场文化旅游的认知度和兴趣度。

媒体合作与公关活动：

加强与媒体的合作开展公关活动。邀请主流媒体进行采访报道提升品牌曝光度；举办新闻发布会、主题论坛等活动分享海洋牧场文化旅游的发展成果和经验；参与或赞助相关文化节庆和体育赛事等活动提升品牌形象和社会影响力。

口碑营销与社群建设：

注重口碑营销和社群建设。通过提供优质的产品和服务赢得游客好评和推荐；建立游客社群如微信群、QQ 群等加强与游客的沟通和互动；鼓励游客分享旅游体验和心得形成口碑传播效应。通过口碑营销和社群建设提升游客忠诚度和复购率。

三、面临的挑战与对策

（一）挑战分析

在海洋牧场文化旅游融合发展的过程中，尽管存在诸多机遇和潜力，但仍面临多方面的挑战。这些挑战主要体现在生态保护、资金投入、社区参与等方面。

生态保护挑战：

海洋牧场作为人工与自然生态相结合的特殊区域，其生态环境的保护至关

重要。然而，在文化旅游融合发展的过程中，大量游客的涌入可能会对海洋牧场的生态环境造成压力，具体表现在以下几个方面：

·水质污染：游客活动可能增加水体中的污染物含量，如垃圾、油渍等，对水质造成污染，影响海洋生物的生存环境。

·生物栖息地破坏：游客的密集活动可能破坏海洋生物的栖息地，特别是底栖生物的生存环境，进而影响整个生态系统的平衡。

·外来物种入侵：游客可能无意中携带外来物种进入海洋牧场，对本地生态系统造成潜在威胁。

资金投入挑战：

海洋牧场文化旅游融合发展的实现需要大量资金投入，用于基础设施建设、文化旅游资源开发、生态环境保护等多个方面。然而，当前在资金投入方面存在以下挑战：

·初期投资巨大：文化旅游项目的初期投资往往非常庞大，包括基础设施建设、宣传推广等费用，对于项目开发者而言是一大负担。

·融资渠道有限：海洋牧场文化旅游项目的融资渠道相对有限，依赖政府补助、银行贷款等传统方式，难以满足大规模资金需求。

·回报周期长：文化旅游项目的投资回报周期较长，需要较长时间才能实现盈利，这对投资者的耐心和资金实力提出了较高要求。

社区参与挑战：

社区参与是海洋牧场文化旅游融合发展的重要环节，但在实际操作中面临以下挑战：

·利益分配不均：旅游开发带来的经济利益如何公平合理地分配给当地社区，是一个复杂且敏感的问题，处理不当容易引发社会矛盾。

·居民参与度低：由于信息不对称、利益分配不均等原因，当地居民对旅游开发的参与度和积极性可能不高。

·文化冲突：旅游开发可能带来外来文化与本地文化的冲突，如何在保护本地文化的同时促进文化交流与融合，是一个亟待解决的问题。

（二）对策建议

针对上述挑战，以下是对策建议：

加强生态保护：

·实施严格的环境管理制度：制定并严格执行环境保护规章制度，对游客行为进行规范，减少对生态环境的破坏。

·推广环保理念：通过宣传教育、设置环保标识等方式，提升游客和当地居民的环保意识，共同参与生态环境保护。

·建立生态监测体系：建立全面的生态监测体系，定期对海洋牧场生态环境进行监测和评估，及时发现并解决问题。

拓宽融资渠道：

·多元化融资方式：鼓励采用多元化的融资方式，如 PPP 模式（政府与社会资本合作）、股权融资、债券发行等，吸引更多社会资本投入。

·政府支持政策：争取政府在财政补贴、税收优惠、贷款贴息等方面的支持政策，减轻项目开发者的经济负担。

·创新盈利模式：通过开发多样化的旅游产品、提升服务质量等方式，增加项目盈利能力，缩短投资回报周期。

促进社区参与：

·建立共管机制：与当地社区建立共管机制，明确双方在旅游开发中的权利与义务，确保社区在旅游开发中的知情权和参与权。

·公平分配利益：制定合理的利益分配机制，确保旅游开发带来的经济利益能够公平合理地分配给当地社区，提高居民参与度。

·加强文化交流：通过举办文化节庆、展览等活动，促进外来文化与本地文化的交流与融合，增强社区的文化认同感和归属感。

提升服务质量：

·加强从业人员培训：定期对旅游从业人员进行专业技能和服务意识培训，提升整体服务质量。

·完善基础设施：加大基础设施建设投入，提升旅游接待能力和游客体验。

·强化市场监管：建立健全的市场监管机制，打击不正当竞争行为，维护良好的市场秩序。

加强科技创新与应用：

·应用现代信息技术：利用大数据、云计算、人工智能等现代信息技术手段，提升旅游管理和服务的智能化水平。

·推广绿色技术：在旅游开发中积极推广绿色技术，如节能减排技术、循环水养殖技术等，降低对生态环境的影响。

·创新旅游产品：通过科技创新手段开发具有独特性和吸引力的旅游产品，提升旅游产品的市场竞争力。

综上所述，面对海洋牧场文化旅游融合发展过程中的诸多挑战，需要政府、企业、社区等多方面的共同努力和协作。通过加强生态保护、拓宽融资渠道、促进社区参与、提升服务质量和加强科技创新与应用等措施的实施，可以推动海洋牧场文化旅游的可持续发展，实现经济效益与生态效益的双赢。

第八章 思考题

1. 海洋牧场文化的主要特征有哪些？请结合具体实例进行说明。

2. 在海洋牧场文化的传承过程中，学校教育如何发挥其作用？请提出具体的教学建议。

3. 分析海洋牧场旅游资源的自然和人文资源特点，并讨论这些资源在旅游开发中的价值。

4. 在开发海洋牧场旅游资源时，如何平衡生态保护与旅游经济发展的关系？

5. 海洋牧场文化旅游融合发展的意义是什么？请从经济、文化和社会三个角度进行阐述。

6. 如何构建有效的利益共享机制，确保当地社区在海洋牧场旅游开发中受益？

7. 结合现代科技手段，探讨如何创新海洋牧场文化旅游产品，提升游客体验？

第九章

海洋牧场技术前沿

第一节　海洋牧场养殖技术的新进展

一、高效养殖模式的创新

（一）多层网箱养殖技术

多层网箱养殖技术是一种创新的海洋养殖模式，旨在通过垂直空间的合理利用，显著提高单位面积的养殖产量。该技术通过在水体中设置多层网箱，利用不同水层的生态环境差异，实现养殖生物的空间分层布局，从而达到资源的最优化配置。

原理与优势：

多层网箱养殖技术的核心在于对水体垂直空间的深度开发和利用。通过在水体中悬挂或固定多层网箱，每一层网箱根据养殖生物的生活习性和生长需求进行差异化设计。例如，上层网箱可以养殖喜光、需氧量较高的鱼类，而下层网箱则适合养殖对光线要求较低、能耐受较低溶氧环境的底栖生物。这种分层养殖模式不仅提高了水体的利用效率，还有效避免了不同养殖种类之间的生态位竞争，促进了养殖生物的健康成长。

多层网箱的优势主要体现在以下几个方面：一是提高了单位面积的养殖容量，显著增加了养殖产量；二是优化了养殖环境，通过分层养殖减少了生物间的相互干扰，提高了养殖生物的生存率和生长速度；三是增强了系统的稳定性，多层网箱设计有助于分散风险，即使某一层网箱出现问题，也不会对整个养殖系统造成致命影响。

实际应用案例：

在实际应用中，多层网箱养殖技术已被广泛推广至多个沿海国家和地区。例如，在某些海域，渔民通过搭建三层或更多层的网箱结构，成功实现了多种鱼类的分层养殖。上层网箱养殖鲈鱼、鲷鱼等喜光鱼类，中层网箱养殖石斑鱼、鲳鱼等中层水域生活的鱼类，而下层网箱则用于养殖对虾、贝类等底栖生物。这种养殖模式不仅提高了养殖效益，还促进了养殖生态系统的平衡与稳定。

通过多层网箱养殖技术，渔民们能够更加灵活地应对不同季节、不同环境条件下的养殖需求，实现了养殖产量和经济效益的双重提升。同时，该技术还有助于推动海洋养殖业的可持续发展，通过科学规划和管理，保护了海洋生态环境，促进了人与自然的和谐共生。

（二）集成化养殖系统

集成化养殖系统是一种综合性的养殖模式，它将不同种类的生物纳入同一个养殖体系中，通过优化生物间的共生关系，实现资源的高效利用和生态平衡。该系统通过构建复杂的生物群落结构，模拟自然生态系统中的物质循环和能量流动过程，提高养殖效率并减少环境污染。

共生关系与资源利用：

在集成化养殖系统中，不同生物种类之间形成了紧密的共生关系。例如，贝类能够滤食水体中的浮游植物和有机碎屑，净化水质并减少水体富营养化的风险；而藻类则通过光合作用产生氧气，为其他需氧生物提供必要的生存环境。同时，鱼类的排泄物和残饵可以成为贝类和底栖生物的食物来源，实现了养殖废弃物的资源化利用。这种共生关系不仅促进了养殖生物的健康生长，还减少了养殖过程中的环境污染问题。

优势与应用：

集成化养殖系统的优势主要体现在以下几个方面：一是提高了养殖资源的利用效率，通过优化生物间的共生关系实现了废弃物的资源化利用；二是改善了养殖环境，减少了水体污染和生态破坏的风险；三是增强了系统的稳定性和抗干扰能力，通过多样化的生物群落结构提高了养殖系统的整体韧性。

在实际应用中，集成化养殖系统可以根据具体的水域环境和养殖需求进行灵活设计。例如，在某些海域可以构建以鱼类为主导、贝类和藻类为辅助的集成化养殖系统。通过科学规划和管理措施，确保不同生物种类之间的和谐共生和资源共享。这种养殖模式不仅提高了养殖产量和经济效益，还有助于推动海洋养殖业的可持续发展和生态环境保护。

总之，高效养殖模式的创新是推动海洋牧场发展的重要动力之一。多层网箱养殖技术和集成化养殖系统作为其中的典型代表，通过优化养殖空间和生物群落结构，实现了养殖资源的高效利用和生态平衡的保护。这些技术的应用不仅提高了养殖产量和经济效益，还为海洋养殖业的可持续发展提供了有力支持。

二、新型养殖设施的研发

（一）环保型养殖网箱

随着海洋养殖业的发展，环保型养殖网箱的研发成为减少海洋污染、保护海洋生态环境的重要途径。环保型养殖网箱通过采用新型材料和技术，旨在降低对海洋环境的负面影响，实现可持续养殖。

环保型材料的应用：

环保型养殖网箱在材料选择上注重环保和可持续性。其中，抗生物附着涂层是一种有效的技术手段。这种涂层能够减少海洋生物在网箱表面的附着，从而避免网箱因生物污损而增加水流阻力、影响养殖效率，并减少因定期清理附着生物而产生的废弃物。抗生物附着涂层通常采用无毒、环境友好的材料制成，如天然提取物或高分子聚合物，它们能够有效抑制海洋生物的附着而不产生二次污染。

此外，可降解材料也是环保型养殖网箱的重要发展方向。传统的养殖网箱材料如聚乙烯等塑料制品，在海洋环境中难以降解，长期积累会对海洋生态系统造成严重影响。而可降解材料能够在特定条件下自然分解，减少对海洋环境的污染。目前，已有多种可降解材料被应用于养殖网箱的研发中，如聚乳酸（PLA）、聚羟基脂肪酸酯（PHA）等生物基材料，它们不仅具有良好的机械性能，还能在海洋环境中逐渐降解，实现环境友好型养殖。

结构设计优化：

环保型养殖网箱的结构设计也注重减少对环境的影响。通过优化网箱的形状、尺寸和布局，可以提高水流通过率，减少水流阻力，从而降低能耗和减少污染物的产生。例如，采用流线型设计可以减少网箱对水流的阻碍，提高养殖效率；同时，合理布局网箱间距和排列方式，可以避免养殖区域局部水流速度过快或过慢导致的生态问题。

智能监控与维护：

环保型养殖网箱还集成了智能监控与维护系统，通过实时监测网箱的状态和环境参数，及时发现并处理潜在问题。智能监控系统能够监测网箱的生物附着情况、水质变化等关键指标，为养殖管理提供科学依据。同时，系统还能根据监测结果自动调整网箱的运行状态，如启动清洗装置清除附着生物、调节水流速度等，实现智能化管理。

综上所述，环保型养殖网箱通过采用环保材料、优化结构设计以及集成智能监控与维护系统等手段，有效降低了对海洋环境的污染，实现了可持续养殖。随着技术的不断进步和应用推广，环保型养殖网箱将在未来海洋养殖业中发挥越来越重要的作用。

（二）智能调控平台

智能调控平台是现代海洋牧场养殖管理的重要组成部分，它通过集成多种先进技术，实现对养殖环境的精准调控和养殖过程的智能化管理。智能调控平台在提高养殖效率、降低养殖风险、保障产品质量等方面具有显著优势。

集成多功能模块：

智能调控平台集成了水质监测、自动投喂、疾病预警等多种功能模块，实现了对养殖环境的全面监控和精准调控。水质监测模块通过实时监测水体中的溶解氧、pH值、温度、盐度等关键参数，为养殖管理提供科学依据；自动投喂模块根据养殖生物的生长需求和摄食习性，自动调整投喂量和投喂时间，确保养殖生物获得充足的营养；疾病预警模块则通过监测养殖生物的行为和生理指标，及时发现并预警潜在的健康问题，为疾病防控提供有力支持。

提高管理效率：

智能调控平台通过自动化和智能化手段，显著提高了养殖管理效率。传统的人工养殖方式存在劳动强度大、管理效率低下等问题，而智能调控平台则能够实现养殖过程的自动化和智能化管理。例如，通过水质监测和自动投喂系统，可以实现对养殖环境的精准调控和养殖生物的定时定量投喂；通过疾病预警系统，可以及时发现并处理养殖生物的健康问题，避免疾病扩散和养殖损失。这些功能模块的综合运用，使得养殖管理更加高效、精准和可靠。

降低养殖风险：

智能调控平台通过实时监控和预警机制，有效降低了养殖风险。传统养殖方式中，由于监测手段有限和管理水平不高，养殖过程中往往存在较大的不确定性和风险。而智能调控平台则能够实现对养殖环境的全面监控和精准预警，及时发现并处理潜在问题。例如，在养殖生物出现健康问题时，疾病预警系统能够迅速发出警报并提示处理措施；在水质出现异常时，水质监测系统能够及时调整养殖环境参数以保障养殖生物的生长需求。这些功能的应用使得养殖风险得到有效控制和管理水平得到显著提升。

保障产品质量：

智能调控平台通过精准调控养殖环境和养殖过程参数等手段，有效保障了养殖产品的质量和安全。传统养殖方式中由于管理粗放和监测手段不足等问题往往导致产品质量不稳定甚至存在安全隐患；而智能调控平台则能够实现对养殖过程的全面监控和精准调控从而确保养殖产品符合相关标准和要求。例如通过实时监测水质参数并调整养殖环境参数可以确保养殖生物在适宜的生长条件下生长；通过自动投喂系统并根据养殖生物的生长需求和摄食习性调整投喂量和投喂时间可以确保养殖生物获得充足的营养并保持健康状态；通过疾病预警系统及时发现并处理养殖生物的健康问题可以避免疾病扩散和产品污染等风险从而保障产品质量和安全可靠。

综上所述，智能调控平台通过集成多功能模块、提高管理效率、降低养殖风险以及保障产品质量等手段实现了对养殖过程的全面监控和精准调控是现代海洋牧场养殖管理的重要工具之一。随着技术的不断进步和应用推广智能调控平台将在未来海洋牧场养殖中发挥越来越重要的作用并推动海洋养殖业向更加高效、环保和可持续的方向发展。

三、环境友好型养殖技术

在海洋牧场的发展中，环境友好型养殖技术扮演着至关重要的角色。这些技术旨在减少养殖活动对海洋环境的影响，同时提高养殖效率和产品质量。以下将详细讨论循环水养殖系统的优化以及生态修复与保护措施。

（一）循环水养殖系统优化

循环水养殖系统（Recirculating Aquaculture Systems，RAS）通过循环利用养殖废水，显著减少了废水排放对环境的污染，并提高了养殖效率。近年来，随着科技的进步，循环水养殖系统不断优化，主要体现在生物滤池效率提升和废水资源化利用等方面。

生物滤池效率提升：

生物滤池是循环水养殖系统的核心组件之一，负责去除水体中的氨氮、亚硝酸盐等有害物质，并维持水质稳定。为了提高生物滤池的效率，研究者们开发了多种新型滤料和生物膜技术。例如，采用高效微生物固定化技术，将特定的微生物群落固定在滤料表面，增强了微生物的附着能力和代谢活性，从而提高了氨氮转化效率。此外，通过优化滤池结构，如增加滤层厚度、改善水流分布等，也可以显著提高生物滤池的处理能力。

废水资源化利用：

在循环水养殖系统中，经过生物滤池处理后的废水仍含有一定量的营养物质（如氮、磷等），这些物质如果直接排放到环境中会造成富营养化问题。因此，废水资源化利用成为优化循环水养殖系统的重要途径。通过采用高级氧化、膜分离等技术，可以进一步去除废水中的有机污染物和悬浮物，使其达到回用标准。同时，将处理后的废水用于农田灌溉、城市绿化等非食用性用途，既实现了资源的循环利用，又减少了环境污染。

（二）生态修复与保护措施

在海洋牧场的建设和运营过程中，生态修复与保护措施对于维护海洋生态平衡和生物多样性至关重要。人工鱼礁和海藻床恢复是两种常见的生态修复技术。

人工鱼礁：

人工鱼礁是通过人工方式在海底投放的构造物，旨在为海洋生物提供栖息、繁殖和觅食的场所。投放人工鱼礁可以显著改善海底地形结构，增加生境复杂性，从而吸引更多的海洋生物聚集。不同类型和材质的人工鱼礁对海洋生物群落的影响不同，因此需要根据海域特点进行科学规划和合理布局。通过定期监测和评估人工鱼礁的生态效益，可以及时调整投放策略和管理措施，确保其发挥最大的生态效益。

海藻床恢复：

海藻床是海洋生态系统中的重要组成部分，不仅为海洋生物提供食物和栖息地，还能通过光合作用吸收二氧化碳，有助于缓解海洋酸化问题。然而，由于人类活动和自然因素的影响，许多海域的海藻床遭受了不同程度的破坏。为了恢复海藻床生态系统，可以采取人工种植、移植等措施。通过选择合适的海藻种类、优化种植密度和布局、加强后期管理等措施，可以有效促进海藻床的恢复和扩展。同时，结合生物修复技术（如使用微生物菌剂促进海藻生长）和物理修复技术（如改善海底地形条件），可以进一步提高海藻床恢复的效率和稳定性。

生态效益：

人工鱼礁和海藻床的恢复不仅有助于维护海洋生态平衡和生物多样性，还带来了一系列生态效益。首先，这些生态修复措施为海洋生物提供了更多的栖息地和繁殖场所，促进了生物多样性的增加和生态系统的稳定性。其次，通过改善海底地形结构和提高环境复杂性，降低了人为活动对海洋环境的影响和破坏。此外，海藻床的恢复还有助于吸收二氧化碳和富营养化物质，缓解海洋酸化和富营养化问题。最后，生态修复措施的实施还促进了渔业资源的可持续利用和海洋旅游业的发展，为当地经济带来了新的增长点。

综上所述，循环水养殖系统的优化和生态修复与保护措施是环境友好型养殖技术的重要组成部分。通过不断提升生物滤池效率、实现废水资源化利用以及科学规划和合理实施人工鱼礁和海藻床恢复等措施，可以有效降低海洋牧场对环境的负面影响，促进海洋生态系统的健康和可持续发展。随着科技的进步和环保意识的提高，这些环境友好型养殖技术将在未来海洋牧场中发挥越来越重要的作用。

第二节　智能化与信息化在海洋牧场的应用

一、智能监控系统的集成

（一）多参数监测技术

在海洋牧场的管理中，智能监控系统的集成是实现高效、精准养殖环境控制的关键。多参数监测技术作为其核心组成部分，通过对溶解氧、pH 值、温度、盐度等关键环境参数的实时监测，为养殖管理者提供了全面的数据支持，显著提高了养殖环境控制的精度。

溶解氧监测：溶解氧是评价水质优劣的重要指标之一，直接关系到水生生物的呼吸作用和生存状态。智能监控系统通过在水体中布设溶解氧传感器，能够实时、准确地监测溶解氧浓度的变化。当溶解氧浓度低于设定阈值时，系统会自动启动增氧设备，如增氧机或纯氧注入系统，以迅速补充水体中的氧气，确保养殖生物的正常呼吸需求。这种实时监测与自动调控的结合，有效避免了因溶解氧不足导致的养殖风险，提高了养殖生物的健康水平和生长速度。

pH 值监测：水体的 pH 值是影响养殖生物生理机能的重要因素。智能监控系统通过 pH 值传感器，实时监测水体的酸碱度变化，为管理者提供了调整水质的科学依据。当 pH 值偏离适宜范围时，系统会根据预设的调控策略，通过添加酸碱调节剂或换水等措施，迅速恢复水体的 pH 值至适宜水平。这不仅保障了养殖生物的生存环境，还提高了养殖效率和产品质量。

温度与盐度监测：温度和盐度是影响水生生物生长和分布的关键因素。智能监控系统通过温度传感器和盐度传感器，实时监测水体的温度和盐度变化，为养殖管理者提供了重要的环境参数。通过数据分析，管理者可以了解养殖生物对不同环境条件的适应性，进而调整养殖策略，如选择适宜的养殖品种、优化养殖密度等。此外，智能监控系统还能根据温度和盐度的变化，自动调控养殖设施的运行状态，如加热或冷却系统、淡化或浓缩设备等，以维持水体环境在最佳养殖范围内。

多参数监测技术的应用，不仅提高了养殖环境控制的精度，还实现了养殖过程的自动化和智能化。通过实时监测与自动调控的结合，智能监控系统有效降低了人为因素对养殖环境的影响，提高了养殖效率和产品质量，为海洋牧场的可持续发展提供了有力保障。

（二）高清影像与无人机巡检

在海洋牧场的环境监测中，高清影像与无人机巡检技术的应用极大地提升了监测效率和覆盖范围。这些技术通过非接触、远程监测的方式，为养殖管理者提供了直观、全面的环境信息，有助于及时发现并解决潜在问题。

高清水下摄像技术：高清水下摄像技术利用高清摄像头和照明设备，对海洋牧场的水下环境进行实时拍摄和录像。通过视频画面，管理者可以清晰地观察到养殖生物的生长状态、行为习性以及水下地形地貌等关键信息。这种直观的监测方式有助于管理者更准确地评估养殖效果和环境质量，进而制定科学的养殖策略和管理措施。此外，高清水下摄像技术还可以与智能分析软件相结合，实现养殖生物的自动识别和计数等功能，进一步提高监测效率和准确性。

无人机巡检技术：无人机巡检技术利用无人机搭载高清相机、红外热像仪等传感器设备，对海洋牧场的上空和周边海域进行巡航监测。通过无人机拍摄的高清影像和红外热图等数据，管理者可以全面了解养殖区域的地形地貌、水质状况、生物分布以及潜在的环境风险等信息。与传统的人工巡检相比，无人机巡检具有监测范围广、效率高、成本低等优势。管理者可以根据无人机巡检的数据结果，及时调整养殖布局和管理措施，确保海洋牧场的健康发展和可持续运营。

高清影像与无人机巡检技术的应用，不仅提高了海洋牧场环境监测的效率和覆盖范围，还为养殖管理者提供了更加全面、直观的环境信息。这些技术有助于管理者更准确地评估养殖效果和环境质量，进而制定科学的养殖策略和管理措施。同时，这些技术的应用还降低了人工巡检的成本和风险，提高了养殖管理的智能化和自动化水平。随着技术的不断进步和应用推广，高清影像与无人机巡检技术将在未来海洋牧场的发展中发挥越来越重要的作用。

二、大数据与云计算的应用

（一）数据分析与预测模型

在海洋牧场的管理与运营中，大数据分析扮演着至关重要的角色。通过对海量数据的深度挖掘与分析，不仅能够揭示养殖环境的动态变化，还能预测未来的发展趋势，为科学决策提供依据。以下是大数据分析在海洋牧场中的几个关键应用：

·水质变化趋势预测：

水质是影响海洋牧场生物生长的关键因素之一。大数据分析技术能够整合历史水质监测数据，结合气象、潮汐等外部因素，构建水质变化趋势预测模型。这些模型通过机器学习算法，自动识别水质参数（如溶解氧、pH值、温度、盐度等）之间的关联性和变化趋势，预测未来一段时间内的水质状况。管理者可以根据预测结果，提前采取调控措施，如调整增氧设备、换水频率等，确保水质维持在适宜范围内，保障养殖生物的健康生长。

·疾病预警模型的建立：

疾病是海洋牧场养殖过程中面临的主要风险之一。大数据分析技术能够整合养殖生物的生长数据、行为特征以及环境参数等多源信息，构建疾病预警模型。这些模型通过识别养殖生物的非正常行为模式或生理指标变化，预测疾病暴发的风险。例如，通过分析鱼类的摄食行为、游动轨迹以及水质参数的变化，模型可以预测鱼类是否可能感染某种疾病。一旦预测到疾病风险，系统将自动触发预警机制，提醒管理者及时采取措施，如隔离病鱼、加强消毒等，防止疾病扩散，保障养殖生物的健康。

·养殖效益评估与优化：

大数据分析还能帮助评估养殖效益并优化养殖策略。通过整合养殖成本、产量、市场价格等数据，构建养殖效益评估模型。这些模型能够量化不同养殖策略对经济效益的影响，识别出最优的养殖方案。例如，模型可以比较不同品种、不同养殖密度下的经济效益，为管理者提供科学的决策支持。同时，通过持续的数据分析和模型优化，管理者可以不断调整养殖策略，实现养殖效益的最大化。

（二）云计算平台

云计算平台在海洋牧场管理中发挥着重要作用，它支持海量数据的处理、存储和分析，实现了远程监控和智能决策等功能，显著提升了管理效率。以下是云计算平台在海洋牧场管理中的具体应用：

· 海量数据处理能力：

海洋牧场监测过程中产生的数据量巨大，包括水质监测数据、生物行为数据、环境参数数据等。云计算平台通过分布式存储和并行处理技术，能够高效处理这些海量数据。平台具备强大的计算能力和扩展性，能够应对数据量的快速增长，确保数据处理的实时性和准确性。管理者可以随时随地访问云端数据，进行深度分析和挖掘，为养殖管理提供科学依据。

· 远程监控与实时反馈：

云计算平台支持远程监控功能，管理者可以通过互联网远程访问海洋牧场的监控系统。平台整合了多源监控数据（如高清影像、传感器数据等），以可视化的方式展示养殖环境的实时状态。管理者可以直观地了解水质状况、生物行为等信息，及时发现潜在问题并采取措施。同时，平台支持实时反馈机制，当监测到异常数据时，将自动触发报警通知管理者，确保问题得到及时处理。

· 智能决策支持系统：

云计算平台通过集成智能决策支持系统，为海洋牧场管理提供科学决策依据。系统结合大数据分析、机器学习等技术，对养殖环境、生物生长状况等进行综合评估，为管理者提供最优的养殖策略建议。例如，系统可以根据当前水质状况、生物健康状况等因素，推荐最佳的投喂量、换水频率等管理措施。这些建议基于海量数据分析和模型预测结果，具有较高的科学性和准确性，有助于提升养殖效益和管理水平。

· 资源共享与协同管理：

云计算平台还支持多用户协同管理和资源共享功能。不同部门或团队可以通过平台共享养殖数据、分析结果和管理策略等信息，实现协同工作和高效沟通。管理者可以根据需要设置不同的权限级别和数据访问范围，确保数据的安全性和隐私性。同时，平台还支持与第三方服务集成（如气象服务、物流服务等），为海洋牧场管理提供全方位的支持。

综上所述，大数据分析与云计算平台在海洋牧场管理中发挥着重要作用。它们通过支持海量数据处理、远程监控、智能决策等功能，显著提升了管理效率和养殖效益。随着技术的不断进步和应用推广，大数据分析与云计算平台将在未来海洋牧场发展中发挥更加重要的作用，推动海洋养殖业的可持续发展。

三、物联网与自动化控制

（一）物联网技术的应用

物联网技术在海洋牧场中的应用日益广泛，通过集成各种传感器、智能设备和网络通信技术，实现了对海洋牧场环境的实时监测与智能控制，显著提升了养殖效率和资源利用率。以下是物联网技术在海洋牧场中的几个具体应用场景：

· 传感器网络构建：

在海洋牧场中，传感器网络是物联网技术的重要应用之一。通过在海域内布置大量的传感器节点，可以实现对水质、气象、生物生长状况等多种环境参数的实时监测。这些传感器节点能够采集溶解氧、pH 值、温度、盐度等关键水质指标，以及养殖生物的行为特征、生长状况等信息，并将数据实时传输至数据中心进行处理和分析。

传感器网络的构建需要综合考虑海域环境、传感器类型、数据传输方式等多个因素。首先，根据海域的特点和养殖需求，选择合适的传感器类型和布局方式，确保监测数据的全面性和准确性。其次，采用无线通信技术（如 Zigbee、LoRa、NB-IoT 等）实现传感器节点之间的数据传输，确保数据的实时性和可靠性。同时，建立稳定的数据中心，用于接收、存储和处理传感器网络传输的数据，为后续的智能决策提供支持。

通过传感器网络的构建，海洋牧场管理者可以实时掌握海域环境状况和养殖生物的生长情况，及时发现并处理潜在问题，从而确保养殖活动的顺利进行。此外，传感器网络还可以与智能控制系统相结合，实现养殖环境的自动调控和优化，进一步提升养殖效率和产品质量。

· 智能设备互联：

除了传感器网络外，物联网技术还广泛应用于海洋牧场中各种智能设备的互联。这些智能设备包括自动化投喂机、智能增氧系统、水质净化设备等，它们通过物联网技术实现与数据中心或其他智能设备的互联互通，形成一个高效协同的养殖生态系统。

在智能设备互联方面，物联网技术通过提供统一的数据通信协议和接口标准，实现了不同设备之间的无缝对接和数据共享。例如，自动化投喂机可以根据传感器网络传输的养殖生物生长数据和环境参数信息，自动调整投喂量和投喂时间；智能增氧系统则可以根据溶解氧监测数据，实时调控增氧设备的运行状态，确保水体中的溶解氧含量始终保持在适宜范围内。

通过智能设备的互联互通，海洋牧场管理者可以更加便捷地实现对养殖过程的全面监控和智能控制。他们可以通过手机、电脑等终端设备远程访问数据中心，实时查看养殖环境参数和养殖生物生长状况，并根据需要进行相应的调整和优化。这种智能化的管理方式不仅提高了养殖效率和管理水平，还降低了人力成本和劳动强度。

（二）自动化投喂与增氧系统

在海洋牧场中，自动化投喂和增氧系统是提升养殖效益和减少人力成本的重要手段。通过引入自动化投喂机和智能增氧系统，可以实现对养殖生物的精准投喂和养殖环境的智能调控，从而提高养殖效率和产品质量。

·自动化投喂系统：

自动化投喂系统通过集成传感器、控制器和执行机构等部件，实现了对养殖生物的精准投喂。该系统能够根据养殖生物的生长需求和环境参数变化，自动调整投喂量和投喂时间，确保养殖生物获得充足的营养并保持健康生长。

自动化投喂系统的工作原理如下：首先，通过传感器网络实时采集养殖生物的生长数据和环境参数信息；然后，将这些信息传输至数据中心进行处理和分析；最后，根据分析结果和预设的投喂策略，控制投喂机自动完成投喂操作。在投喂过程中，系统还可以根据养殖生物的实际摄食情况和环境参数变化进行动态调整，确保投喂量的精准性和及时性。

自动化投喂系统的优势在于能够显著提高投喂精度和效率，降低人力成本和劳动强度。通过实时监测和精准投喂，可以确保养殖生物获得均衡的营养供应，促进其快速生长和健康发育。同时，该系统还可以根据养殖生物的生长阶段和品种特性进行个性化投喂策略的制定和实施，进一步提升养殖效益和产品质量。

·智能增氧系统：

智能增氧系统通过集成溶解氧传感器、控制器和增氧设备等部件，实现了对养殖水体中溶解氧含量的实时监测和智能调控。该系统能够根据溶解氧监测数据自动调整增氧设备的运行状态和输出功率，确保水体中的溶解氧含量始终保持在适宜范围内。

智能增氧系统的工作原理如下：首先，通过溶解氧传感器实时监测养殖水体中的溶解氧含量；然后，将监测数据传输至数据中心进行处理和分析；最后，根据分析结果和预设的增氧策略控制增氧设备自动进行增氧操作。在增氧过程中，系统还可以根据水体中的溶解氧含量变化进行动态调整输出功率和增氧时间等参数以确保水体中的溶解氧含量稳定维持在适宜范围内。

智能增氧系统的优势在于能够显著提高增氧效率和稳定性降低能耗和成本。通过实时监测和智能调控可以确保养殖水体中的溶解氧含量始终保持在适宜范围内为养殖生物提供良好的生长环境。同时该系统还可以根据养殖生物的需求和环境变化进行个性化增氧策略的制定和实施进一步提升养殖效益和产品质量。此外智能增氧系统还具有操作简便、维护方便等优点能够降低人力成本和劳动强度提高养殖管理的自动化水平。

第三节　深海养殖与海洋生物技术的结合

一、深海养殖技术的探索

（一）深海网箱设计

结构设计：

深海养殖由于其环境的特殊性，对网箱的结构设计提出了更高的要求。深海网箱不仅需要承受强大的水压、洋流冲击和复杂海洋环境的影响，还需确保养殖生物的安全与生长条件。因此，深海网箱的结构设计需综合考虑强度、稳定性和生物适宜性等多方面因素。

深海网箱通常采用框架结构，主要由浮体、网衣、锚泊系统和配重系统组成。浮体为网箱提供浮力，保持其在特定水层中的稳定；网衣则用于包围养殖生物，防止其逃逸。锚泊系统通过锚链或锚桩将网箱固定于海底，以抵抗洋流和风浪的影响。配重系统则用于调整网箱的吃水深度和稳定性。

为了增强深海网箱的抗压能力，其框架结构常采用高强度钢材或复合材料制成。这些材料具有较高的抗拉强度和耐腐蚀性，能够确保网箱在深海环境中长期使用而不损坏。同时，网衣材料也需具备良好的耐磨性、抗老化性和生物相容性，以保护养殖生物免受伤害。

材料选择：

深海网箱的材料选择至关重要，直接关系到网箱的使用寿命、稳定性和对养殖生物的影响。目前，常用的深海网箱材料包括钢材、合成纤维和复合材料等。

·钢材：具有高强度和良好的耐腐蚀性，能够承受深海环境的高压和腐蚀。

然而，钢材网箱重量较大，对锚泊系统的要求也较高。

·合成纤维：如尼龙、聚酯纤维等，具有质轻、强度高、耐腐蚀等特点。这些材料制成的网衣柔软且耐磨，适合用于深海养殖。但需注意其抗老化性能，以确保长期使用。

·复合材料：结合了多种材料的优点，如碳纤维复合材料具有极高的强度和刚度，同时重量较轻。这些材料在深海网箱中的应用前景广阔，但需考虑成本和技术可行性。

面临的挑战与解决方案：

深海养殖技术在网箱设计方面面临诸多挑战，主要包括：

·高压环境：深海环境压力巨大，对网箱材料的强度和稳定性提出极高要求。解决方案是采用高强度、耐腐蚀的材料，如高性能钢材或复合材料，以确保网箱在深海中的安全使用。

·洋流和风浪影响：深海中的洋流和风浪较为剧烈，易导致网箱移位或损坏。可通过优化锚泊系统设计、增加配重和调整浮体布局等方式提高网箱的稳定性。同时，实时监测海洋环境参数，及时采取措施应对突发情况。

·生物附着问题：深海环境中生物附着现象严重，易导致网箱堵塞和养殖效率下降。可采用抗生物附着涂层或定期清洗网衣等方式减少生物附着。此外，研发新型防污材料也是解决此问题的关键途径之一。

·养殖生物适应性：深海环境与浅海存在显著差异，养殖生物需逐步适应新环境。可通过控制网箱内的水质、光照和温度等条件，为养殖生物提供适宜的生存环境。同时，加强养殖生物的健康监测和管理，确保其健康生长。

(二) 深海环境监测

水下机器人应用：

随着科技的进步，水下机器人在深海环境监测中发挥着越来越重要的作用。水下机器人能够携带各种传感器和设备，对深海环境进行高精度、全方位的监测。

·水质监测：水下机器人可搭载溶解氧传感器、pH计、温度传感器和盐度计等设备，实时监测深海中的水质参数。通过数据分析软件处理监测数据，可评估深海环境的水质状况及其对养殖生物的影响。

·生物监测：利用高清摄像头和图像识别技术，水下机器人可对深海中的生物种类、数量和分布进行监测。结合声学探测技术（如声呐）和生物声学技术，可进一步了解深海生物的生态习性和行为特征。

·地形地貌探测：通过多波束声呐和侧扫声呐等设备，水下机器人可对深海地形地貌进行精确测绘。这些数据有助于了解深海环境的地质结构、底质类型和生态系统分布等信息。

遥控潜水器应用：

遥控潜水器（ROV）是另一种重要的深海环境监测工具。与水下机器人相比，ROV 具有更高的灵活性和可操作性，能够执行更复杂的任务。

·定点监测：ROV 可根据预设程序或操作员指令在深海特定区域进行定点监测。通过搭载各种传感器和采样设备，ROV 可收集深海环境中的水质、生物和底质样品进行分析研究。

·故障排查与维护：在深海养殖过程中，网箱和其他设施可能出现故障或需要维护。ROV 可携带维修工具和备件深入海底进行故障排查和维修作业，确保深海养殖设施的正常运行。

·科学考察：ROV 还可用于深海科学考察任务，如生物多样性调查、地质勘探和资源评估等。通过搭载多种科学仪器和设备，ROV 能够收集丰富的深海科学数据，为深海科学研究提供有力支持。

综上所述，深海养殖技术的探索离不开深海网箱设计和深海环境监测技术的支持。通过不断优化网箱结构和材料选择、加强深海环境监测技术的应用和发展新型深海养殖技术，将有力推动深海养殖业的可持续发展和生态环境保护目标的实现。

二、海洋生物技术的研究与应用

（一）遗传育种技术

遗传育种技术是现代海洋生物养殖业中不可或缺的一部分，它通过遗传学的原理和方法，对海洋生物进行改良，以提高其抗病性、生长速度、肉质品质等性状，从而满足日益增长的市场需求。在海洋生物育种中，分子标记辅助选择（MAS）和转基因技术是两种重要的技术手段。

1. 分子标记辅助选择（MAS）。

分子标记辅助选择是一种基于 DNA 分子标记的育种技术，它利用与目标性状紧密连锁的遗传标记来辅助选择具有优良性状的个体。在海洋生物育种中，MAS 技术被广泛应用于鱼类、贝类等经济物种的改良。通过高通量测序技术，研究人员能够识别出与生长速度、抗病性、肉质品质等性状紧密相关的遗传标记。这些标记随后被用于筛选携带优良性状的个体，从而加速育种进程并提高育种效率。

MAS 技术的优势在于其准确性和高效性。与传统的表型选择相比，MAS 技术能够直接检测遗传物质的变化，避免了环境因素的影响，提高了选择的准确性。此外，MAS 技术能够在早期阶段对个体进行筛选，缩短了育种周期。在海洋生物的遗传育种中，MAS 技术已经被成功应用于多个物种，如大西洋鲑、虹鳟等，显著提高了这些物种的生长速度和抗病性。

2. 转基因技术。

转基因技术是一种通过基因工程技术将外源基因导入受体生物体内，并使其表达的技术。在海洋生物育种中，转基因技术被用于改良海洋生物的生长性能、抗病性和环境适应性等性状。通过导入特定的功能基因，如快速生长基因、抗病基因等，可以显著提高养殖品种的生产性能。

转基因技术在海洋生物育种中的应用前景广阔。例如，通过导入快速生长基因，可以缩短养殖周期，提高养殖效率；通过导入抗病基因，可以增强养殖生物对常见病害的抵抗力，减少化学药物的使用，保障水产品的安全性。此外，随着基因编辑技术的不断发展，如 CRISPR/Cas9 等技术的出现，为海洋生物育种提供了更加精确和高效的工具。

然而，转基因技术在应用过程中也面临着一些挑战和争议。其中，安全性问题是公众最为关注的焦点之一。转基因生物是否会对人类健康和环境造成潜在风险，是科学界和社会各界广泛讨论的话题。因此，在推广转基因技术时，需要充分评估其安全性，并建立健全的监管体系，以确保其合理、安全地应用于海洋生物育种中。

(二) 细胞培养与克隆技术

细胞培养与克隆技术是海洋生物技术的另一重要组成部分，它们在珍稀物种保护、快速繁殖等方面展现出巨大的应用潜力。

细胞培养技术：

细胞培养技术是一种在体外模拟生物体内环境，使细胞能够继续生长和分裂的技术。在海洋生物中，细胞培养技术被广泛应用于细胞系的建立、病毒检测、药物筛选等领域。此外，通过细胞培养技术，还可以实现某些珍稀海洋生物的快速繁殖和种质资源保存。

在细胞培养过程中，首先需要从海洋生物体内分离出目标细胞，并在无菌条件下进行培养。通过优化培养基成分和培养条件，可以促使细胞快速增殖并保持其生物学特性。细胞培养技术不仅可以用于基础科学研究，还可以为海洋生物的育种和种质资源保护提供技术支持。

克隆技术：

克隆技术是一种通过无性生殖方式产生遗传上完全相同个体的技术。在海洋生物中，克隆技术被用于珍稀物种的保护和快速繁殖。通过核移植等方法，可以将一个优秀个体的遗传物质转移到去核的卵母细胞中，进而培育出与其遗传上完全相同的个体。

克隆技术在海洋生物保护中具有重要意义。对于某些濒危物种而言，通过克隆技术可以快速增加其种群数量，降低灭绝风险。此外，克隆技术还可以用于优良性状的快速传递和固定化育种中。然而，克隆技术也面临着一些挑战和限制因素，如成功率低、成本高昂等问题。因此，在实际应用中需要综合考虑各种因素并制定相应的技术方案。

综上所述，遗传育种技术和细胞培养与克隆技术是海洋生物技术的重要组成部分。它们在提升海洋生物品质、保护珍稀物种资源等方面发挥着重要作用。随着科技的不断进步和创新发展，这些技术将在未来海洋生物养殖业中发挥更加重要的作用并推动整个行业的可持续发展。

三、生物资源与生态保护

（一）生物多样性保护

1. 深海养殖对海洋生态系统的影响。

深海养殖作为海洋渔业发展的重要方向之一，其在提高海产品产量和经济效益的同时，也对海洋生态系统产生了深远的影响。深海环境独特且复杂，其高压、低温、光照不足等特点对养殖生物及生态系统构成了挑战。因此，分析深海养殖对海洋生态系统的影响，并采取相应的保护措施，对于维护生物多样性和生态平衡至关重要。

深海养殖对海洋生态系统的影响主要体现在以下几个方面：

·生物栖息地的改变：深海网箱和其他养殖设施的投放会改变原有海底地形和底质结构，进而影响底栖生物的栖息环境。这种改变可能导致某些底栖生物失去适宜的栖息地，甚至引发物种迁移或灭绝。

·生物多样性的变化：深海养殖可能引入非本地物种，这些外来物种可能与本地物种竞争资源，甚至捕食本地物种，从而对生物多样性造成威胁。同时，养殖活动可能导致特定物种数量激增，打破原有的生态平衡。

·水质和营养盐循环的影响：深海养殖过程中产生的废弃物和营养盐可能通过水流扩散到周围海域，导致水体富营养化，引发藻类暴发等生态问题。这不仅会影响养殖生物的健康，还可能对整个生态系统造成长期影响。

2. 科学规划和管理措施保护生物多样性。

为了减轻深海养殖对生物多样性的影响，应采取一系列科学规划和管理措施：

·生态评估与规划：在深海养殖项目启动前，进行全面的生态评估，了解项目区域的生物多样性和生态系统状况。根据评估结果，科学规划养殖布局，避免在生物多样性丰富的区域进行养殖活动。

·生态修复与保护：在养殖过程中实施生态修复措施，如投放人工鱼礁、种植海藻等，为海洋生物提供额外的栖息地和繁殖场所。同时，加强养殖区域的生态保护，减少人为干扰和破坏。

·环境监测与管理：建立健全的环境监测体系，对养殖区域的水质、生物多样性等关键指标进行定期监测。根据监测结果及时调整养殖管理措施，确保养殖活动在生态承载力范围内进行。

·法律法规与政策支持：加强法律法规建设，明确深海养殖的环境保护要求和责任。制定并实施严格的监管措施，对违法违规行为进行严厉处罚。同时，提供政策支持和激励措施，鼓励企业采取环保养殖技术和措施。

·公众参与与教育：加强公众对深海养殖和生物多样性保护的认识和意识。通过宣传教育、科普活动等方式提高公众的环保素养和参与度。鼓励公众参与养殖区域的生态监测和保护工作，形成全社会共同保护海洋生态的良好氛围。

（二）生态系统服务功能

1. 海洋牧场在维护海洋生态平衡中的作用。

海洋牧场作为人工构建的海洋生态系统，通过科学规划和管理措施，不仅提高了海产品的产量和品质，还在维护海洋生态平衡方面发挥了重要作用。海洋牧场通过模拟自然生态系统，构建复杂的生物群落结构，促进了物质循环和能量流动，增强了生态系统的稳定性和抵抗力。

海洋牧场在维护海洋生态平衡方面的作用主要体现在以下三个方面：

·提供栖息地：海洋牧场通过投放人工鱼礁、种植海藻等措施，为海洋生物提供了丰富的栖息地和繁殖场所。这些人工构造物与周边自然环境相融合，形成了多样化的生态系统，为众多海洋生物提供了适宜的生存条件。

·促进物质循环：海洋牧场中的生物群落通过摄食、排泄等活动参与了碳、氮、磷等元素的循环过程。藻类通过光合作用吸收二氧化碳并释放氧气；鱼类、贝类等生物通过摄食藻类和其他有机物，将其转化为自身组织；它们的排泄物和残饵又成为其他生物的食物来源。这种物质循环过程不仅维持了生态系统的平衡，还促进了资源的循环利用。

·增强生物多样性：海洋牧场通过优化养殖布局和管理措施，保护了生物多样性。不同种类的海洋生物在海洋牧场中形成了复杂的食物网关系，相互依存、相互制约。这种生物多样性的增加不仅提高了生态系统的稳定性，还为渔业资源的可持续利用提供了保障。

2. 海洋牧场提供的生态系统服务。

海洋牧场在提供生态系统服务方面也具有重要作用。这些服务包括碳汇、渔业资源再生、水质净化等多个方面：

·碳汇服务：海洋牧场中的藻类通过光合作用吸收大量的二氧化碳，并将其转化为有机物质储存在体内。这些藻类在死亡后沉入海底，形成了长期的碳汇。因此，海洋牧场在减缓全球气候变化方面具有重要作用。

·渔业资源再生服务：通过科学规划和管理措施，海洋牧场促进了渔业资源的可持续利用。人工鱼礁和海藻床等生态修复措施为鱼类等经济生物提供了良好的栖息和繁殖环境，增加了其自然补充能力。同时，合理的养殖布局和管理措施避免了过度捕捞和生态破坏问题，确保了渔业资源的长期稳定和可持续利用。

·水质净化服务：海洋牧场中的藻类和其他生物通过摄食、排泄等活动参与了水体的净化过程。它们能够吸收水体中的营养物质和有害物质，降低水体富营养化风险。同时，通过构建循环水养殖系统等环保措施，减少了养殖活动对周边海域的水质污染。这些措施共同维护了良好的水质环境，为海洋生态系统的健康运行提供了保障。

通过上述技术前沿的探讨，海洋牧场在提升养殖效率、保护生态环境、实现可持续发展方面展现出巨大的潜力。这些技术的应用将为海洋牧场的未来发展提供强有力的技术支持和保障。

第九章 思考题

1. 多层网箱养殖技术相比传统单层网箱养殖有哪些优势？请结合具体案例说明其在实际应用中的效果。

2. 智能调控平台在海洋牧场管理中如何帮助提高管理效率和降低养殖风险？请详细阐述其工作原理和实际效果。

3. 循环水养殖系统优化中，生物滤池效率提升的关键技术有哪些？这些技术如何具体应用于实际生产中以提高水质处理效果？

4. 深海养殖技术在深海网箱设计和材料选择上面临哪些挑战？请提出至少

三项挑战并讨论可能的解决方案。

　　5. 遗传育种技术（如分子标记辅助选择和转基因技术）在海洋生物育种中有哪些应用实例？这些技术的应用对海洋生物品质提升和市场竞争力有何影响？

　　6. 在海洋牧场中，如何结合物联网技术和自动化控制系统实现精准投喂和智能增氧？请详细描述系统架构和工作流程，并讨论其对提升养殖效益的作用。

第十章

海洋牧场社会责任与伦理

第一节　海洋牧场开发中的社会责任

一、社会责任的定义与内涵

（一）定义

在海洋牧场开发的广阔舞台上，社会责任不仅是企业伦理的重要组成部分，更是实现可持续发展的基石。海洋牧场开发中的社会责任，具体指的是企业在追求经济效益、提升市场竞争力的同时，必须深刻认识到自身行为对海洋环境、周边社区、企业员工以及更广泛的利益相关者所产生的深远影响，并主动承担起对这些方面的责任和义务。这意味着，企业不能仅仅以盈利为唯一目标，而需将环境保护、社区福祉、员工权益保障以及公平贸易等原则融入其战略规划与日常运营之中，力求实现经济效益与社会效益的双赢。

具体而言，海洋牧场开发企业的社会责任涵盖了从项目规划到实施，再到后期运营维护的全过程。在规划阶段，企业需充分评估项目对海洋生态系统可能产生的影响，确保开发活动符合环保法规和国际标准；在实施过程中，应采取科学合理的建设方案，减少对海洋环境的破坏，同时积极采取措施修复受损生态；在运营阶段，则需持续监测环境影响，不断优化管理措施，确保海洋牧场的可持续发展。此外，企业还需关注社区利益，促进社区参与，保障员工权益，推动公平贸易，以全方位践行其社会责任。

（二）内涵

海洋牧场开发中的社会责任内涵丰富，涵盖了环境保护、社区参与、员工福祉、公平贸易等多个方面，具体如下：

环境保护：作为海洋牧场开发的首要社会责任，环境保护要求企业在整个开发过程中始终将生态保护放在首位。这包括但不限于：进行详尽的生态影响评估，确保项目规划符合海洋生态系统的承载能力；采用环保材料和技术，减少对海洋环境的污染；实施生态修复工程，如投放人工鱼礁、种植海藻等，以恢复和增强海洋生物多样性；建立健全的环境监测体系，实时监控项目对海洋环境的影响，及时调整优化管理措施。

社区参与：海洋牧场开发往往涉及沿海社区的利益，因此，企业应积极促进社区参与，确保社区居民在项目规划、实施及运营过程中的知情权、参与权和受益权。这包括：建立与社区的沟通机制，定期召开座谈会、听证会，听取社区意见；开展公众教育和宣传活动，提高社区居民对海洋牧场开发的认识和支持；实施利益共享机制，通过提供就业机会、培训支持、社区基础设施建设等方式，让社区从项目中直接受益。

员工福祉：员工是企业发展的基石，保障员工福祉是企业不可推卸的社会责任。在海洋牧场开发过程中，企业应关注员工的职业健康与安全，提供符合国家标准的工作环境和条件；建立健全的员工培训体系，提升员工专业技能和职业素养；完善薪酬福利制度，确保员工收入与劳动付出相匹配；营造积极向上的企业文化氛围，增强员工的归属感和凝聚力。

公平贸易：在全球化背景下，公平贸易成为衡量企业社会责任的重要标准之一。海洋牧场开发企业应致力于建立公平、透明的供应链管理体系，确保所有参与者在交易中都能获得合理回报。这包括：尊重供应商和合作伙伴的权益，遵循商业道德和法律法规；推动供应链中的环境保护和社会责任实践，共同促进可持续发展；加强与消费者的沟通互动，提升消费者对公平贸易产品的认知度和接受度。

综上所述，海洋牧场开发中的社会责任是一个多维度、全方位的概念，它要求企业在追求经济效益的同时，必须兼顾环境保护、社区参与、员工福祉和公平贸易等多个方面。只有这样，企业才能在激烈的市场竞争中立于不败之地，实现长期稳定的可持续发展。

二、环境保护责任

在海洋牧场开发过程中，环境保护责任是企业必须承担的重要使命，它贯穿于项目规划、实施及运营的每一个环节。以下从生态影响评估、环保措施实施及持续监测与维护三个方面详细阐述海洋牧场开发中的环境保护责任。

（一）生态影响评估

重要性：

生态影响评估是海洋牧场开发前的关键环节，旨在通过科学的方法和手段，全面评估项目对海洋生态系统可能产生的影响，确保开发活动符合环保法规和国际标准，将环境影响降至最低。这一步骤不仅是对海洋生态系统负责的表现，也是企业履行社会责任的重要内容。

评估内容：

·海域生态现状调查：通过遥感监测、现场调查等手段，收集海域的底质、水质、生物多样性等生态基础数据，了解评估区域的生态现状。

·项目生态风险识别：分析项目可能带来的生态风险，如海底地形改变、水质污染、生物多样性下降等，识别关键生态敏感区和潜在影响路径。

·预测与模拟：利用生态模型进行预测和模拟，量化项目对海洋生态系统的影响程度和范围，评估生态承载力和恢复能力。

·综合评估报告：编制生态影响综合评估报告，明确项目对海洋生态系统的影响及其可接受程度，提出针对性的环境保护措施和建议。

实施要点

·科学性与客观性：确保评估方法科学、数据准确、结论客观，避免主观臆断和偏见。

·全面性与系统性：从多个维度和层面进行全面评估，确保不遗漏任何潜在生态影响。

·公开透明：将评估过程、方法和结果向社会公开，接受公众监督，提高评估的公信力。

（二）环保措施实施

人工鱼礁投放：

人工鱼礁投放是海洋牧场开发中常见的环保措施之一，旨在通过人为方式在海底投放适宜的材料和结构，为海洋生物提供栖息、繁殖和觅食的场所，从而增加生物多样性和生态系统稳定性。

·材料选择：选用环保、耐用且对海洋环境无害的材料，如废旧船只、混凝土构件等，减少对新资源的消耗。

·布局规划：根据海域生态特征和生物分布，科学规划人工鱼礁的布局和投放密度，避免对原有生态系统造成破坏。

·生态监测：投放后定期进行生态监测，评估人工鱼礁对海洋生物多样性和生态系统的影响，及时调整优化布局。

海藻床恢复：

海藻床是海洋生态系统的重要组成部分，具有固碳、净化水质、提供栖息地等多种生态功能。在海洋牧场开发中，恢复和重建海藻床是保护海洋环境的重要举措。

·种类选择：根据海域环境条件和生态需求，选择适宜的海藻种类进行种植或移植。

·技术应用：采用先进的种植技术和设备，提高海藻的成活率和生长速度。

·后期管理：加强海藻床的后期管理和维护，防止人为破坏和病虫害侵袭，确保其持续发挥生态功能。

废弃物循环利用：

海洋牧场开发过程中会产生一定量的废弃物，如养殖废弃物、建筑材料废弃物等。通过循环利用这些废弃物，可以减少对环境的污染和资源的浪费。

·分类收集：对废弃物进行分类收集和处理，区分可回收和不可回收部分。

·资源化利用：将可回收的废弃物进行资源化利用，如将养殖废弃物转化为有机肥料或生物能源。

·无害化处理：对不可回收的废弃物进行无害化处理，如采用焚烧、填埋等方式，确保不对环境造成二次污染。

（三）持续监测与维护

环境监测计划：

在项目运营期间，应制定详细的环境监测计划，对海域的水质、底质、生物多样性等关键指标进行定期监测。通过实时监测和数据分析，及时发现和解决潜在的环境问题。

·监测指标：包括溶解氧、pH 值、温度、盐度等水质指标以及生物种类、数量、分布等生物多样性指标。

·监测频率：根据海域特点和项目需求确定合理的监测频率，确保数据的连续性和代表性。

·数据分析：对监测数据进行科学分析，评估项目对海洋生态系统的影响程度及变化趋势。

生态保护措施：

在运营过程中，应持续实施生态保护措施，确保海洋牧场的长期生态健康。

·生态修复工程：根据监测结果及时调整和优化生态修复工程方案，如增加人工鱼礁投放量、扩大海藻床种植面积等。

·环境管理制度：建立健全的环境管理制度和应急预案体系，确保在发生环境突发事件时能够迅速响应并有效处置。

　　·公众参与与教育：加强公众环保意识的宣传和教育活动，鼓励社会各界共同参与海洋生态保护工作。

　　持续优化与改进：

　　海洋牧场开发是一个持续优化的过程。企业应定期评估环保措施的实施效果，总结经验教训并不断改进优化。通过技术创新和管理创新提升环保水平，实现经济效益与生态效益的双赢。

　　·技术创新：加大环保技术研发力度，引进和推广先进的环保技术和设备。

　　·管理创新：优化环保管理流程和方法，提高环保工作的效率和效果。

　　·持续改进机制：建立持续改进机制和文化氛围，鼓励员工积极参与环保工作并提出改进建议。

　　综上所述，海洋牧场开发中的环境保护责任是企业必须承担的重要使命。通过全面的生态影响评估、有效的环保措施实施及持续的环境监测与维护工作，可以最大限度地减少对海洋生态系统的负面影响并促进其长期健康发展。这不仅是对海洋环境的负责也是对企业自身可持续发展的保障。

三、社区参与利益共享

（一）社区沟通与合作

　　在海洋牧场开发过程中，建立有效的社区沟通与合作机制是确保项目顺利进行和社区福祉提升的关键。这一机制旨在保障社区居民的知情权和参与权，促进项目与社区的和谐共生。

　　首先，明确沟通主体与渠道。海洋牧场开发企业应设立专门的社区沟通部门，负责与社区进行定期和不定期的沟通。通过召开座谈会、听证会、居民大会等形式，面对面听取社区居民的意见和建议。同时，利用社交媒体、官方网站等线上平台，发布项目进展、环保措施及社区利益共享计划等信息，确保信息的透明度和及时性。

　　其次，制定沟通计划。企业应制定详细的社区沟通计划，明确沟通的时间、地点、主题和预期目标。沟通内容应涵盖项目规划、环保措施、利益共享机制等多个方面，确保社区居民全面了解项目情况并积极参与讨论。

　　最后，建立反馈机制。企业应建立高效的反馈处理系统，对社区居民提出的意见和建议进行及时记录和整理。针对合理诉求，企业应积极响应并采取措施予以解决；对于不合理或暂时无法满足的诉求，企业应耐心解释原因并寻求共识。

通过这一系列措施，企业不仅能够提升社区居民对项目的理解和支持度，还能及时发现和解决潜在的社会矛盾，为项目的顺利实施奠定坚实的群众基础。

(二) 利益共享机制

海洋牧场开发带来的经济效益应惠及当地社区，实现企业与社区的共赢。为此，建立公平合理的利益共享机制至关重要。

经济补偿：企业应根据项目规模和预期收益，向社区提供一定的经济补偿。这些补偿可以包括土地租赁费、生态补偿金、就业安置费等。通过经济补偿，企业能够直接增加社区的经济收入，提升居民的生活水平。

就业与培训：海洋牧场开发企业应优先吸纳当地社区居民参与项目建设和运营工作。同时，企业应提供必要的职业培训和技能提升课程，帮助居民掌握新技能，提高其就业竞争力。通过就业与培训项目的实施，企业不仅能够缓解社区的就业压力，还能提升居民的职业素养和收入水平。

基础设施建设与公共服务改善：企业应根据社区实际需求，投资建设基础设施和公共服务设施。这些设施可以包括道路、桥梁、供水供电系统、学校、医院等。通过提高基础设施和公共服务条件，企业能够显著提升社区居民的生活质量和社会福祉。

社区发展基金：企业可以设立社区发展基金，用于支持社区的长期发展项目。这些项目可以包括环境保护、文化传承、青少年教育等多个领域。通过社区发展基金的支持，企业能够助力社区实现自我发展和可持续发展目标。

(三) 社区发展项目

除了直接的经济补偿和就业机会外，企业还应积极支持社区发展项目，促进社区的全面进步。

教育项目：教育是社区发展的基石。企业应资助当地学校的教育设施建设和师资力量提升项目，为社区居民提供更好的教育资源；同时，企业可以设立奖学金和助学金制度，鼓励优秀读者努力学习并回馈社区。

医疗卫生项目：企业应关注社区居民的健康需求，投资建设医疗卫生设施并引进优质医疗资源。通过提高医疗卫生条件，企业能够提升社区居民的健康水平和生活质量。此外，企业还可以开展健康教育和疾病预防项目，提高居民的健康意识和自我保健能力。

文化传承与旅游开发：海洋牧场周边往往蕴含着丰富的海洋文化和民俗风情。企业应积极挖掘和传承这些文化遗产，并通过旅游开发项目将其转化为经济效益和社会效益。通过发展文化旅游产业，企业不仅能够为社区居民提供更多的就业机会和经济收入，还能促进文化的传承和发展。

环境保护与生态修复：企业应积极参与社区的环境保护和生态修复工作。通过投资建设人工鱼礁、海藻床等生态工程以及推广环保技术和理念等措施，企业能够显著提升海洋生态系统的稳定性和生物多样性。同时，这些措施还能增强社区居民的环保意识和参与度，共同推动社区的可持续发展。

综上所述，社区参与利益共享是海洋牧场开发过程中不可或缺的一环。通过建立有效的社区沟通与合作机制、实施公平合理的利益共享机制以及支持社区发展项目等措施，企业不仅能够确保项目的顺利实施和社区的和谐共生，还能显著提升社区居民的生活质量和福祉水平。

四、员工福祉与权益保障在海洋牧场中的应用

（一）劳动条件与权益的海洋牧场特色

在海洋牧场这一特定工作环境中，保障员工的劳动条件与权益显得尤为重要。首先，海洋牧场企业需确保工作区域，包括海上作业平台、养殖区以及办公区等，均符合高标准的安全卫生要求。由于海洋环境复杂多变，企业应定期检查和维护所有海上设施，预防海难和工伤事故的发生，为员工提供安全的工作环境。

在薪酬与福利方面，海洋牧场企业应结合行业特点，制定具有竞争力的薪资体系，并设立绩效奖金，以激励员工在海洋牧场的运营、维护和技术创新中发挥更大作用。同时，考虑到海上工作的特殊性，企业应合理安排员工的休假制度，确保员工在长时间海上作业后能够得到充分的休息和恢复。

职业健康与安全是海洋牧场不可忽视的一环。企业应提供全面的劳动保护装备，如防水服、救生衣、防护眼镜等，以保障员工在海上作业时的安全。此外，定期开展职业健康教育和应急演练，提高员工应对突发状况的能力，减少职业伤害的发生。

（二）培训与发展：培养海洋牧场专业人才

海洋牧场是一个高度专业化的领域，因此，为员工提供持续的专业培训和发展机会至关重要。企业应根据海洋牧场运营的实际需求，制定系统的培训计划，涵盖海洋生物学、水产养殖、海洋工程技术等多个方面。通过内部专家授课、外部专家讲座、在线课程等多种形式，提升员工的专业技能和知识水平。

鼓励员工参与国内外海洋牧场相关的学术交流和技术研讨，拓宽视野，了解行业最新动态。同时，设立科研项目和创新基金，支持员工开展技术创新和

研发工作,培养具有创新精神和实践能力的海洋牧场专业人才。

在职业晋升方面,企业应建立公平、透明的晋升机制,根据员工的工作表现和贡献进行评价和选拔。为优秀员工提供更高层次的管理和技术岗位,激发员工的职业发展动力,实现个人价值与企业发展的双赢。

(三) 构建海洋牧场特色企业文化

海洋牧场企业应以海洋文化为纽带,构建独具特色的企业文化。通过组织海上团建活动、海洋环保公益活动等形式,增强员工之间的凝聚力和团队合作精神。同时,倡导尊重自然、和谐共生的理念,引导员工树立环保意识,共同维护海洋生态环境。

在企业文化建设中,注重员工的情感关怀和心理支持。考虑到海上工作的孤独感和压力,企业应设立心理咨询室,提供心理咨询服务,帮助员工缓解工作压力和心理困扰。此外,通过员工满意度调查、意见征集等方式,及时了解员工的需求和反馈,不断改进和完善企业管理,提升员工的归属感和满意度。

综上所述,海洋牧场企业在保障员工福祉与权益方面需结合行业特点,制定针对性的措施和政策。通过提供安全健康的工作环境、全面的培训和发展机会以及独具特色的企业文化,激发员工的积极性和创造力,为海洋牧场的可持续发展奠定坚实的人才基础。

五、公平贸易与消费者责任

(一) 产品追溯与透明度

在海洋牧场产业中,产品追溯体系的建设对于保障消费者权益、提升供应链透明度具有重要意义。一个完善的产品追溯体系能够确保消费者了解所购买海产品的来源、养殖过程、质量检测等关键环节信息,从而增强消费者对产品的信任度。

首先,海洋牧场企业应建立完善的生产记录系统,详细记录每一批次海产品的养殖环境、饲料使用、疾病防控、捕捞加工等全过程信息。这些信息应真实、准确,并可通过数字化手段进行存储和管理,以便随时查阅和验证。

其次,采用先进的物联网技术和区块链技术,实现海产品从养殖到销售的全链条追溯。通过在关键节点安装传感器和 RFID 标签,实时采集和记录海产品的状态信息,并将其上传至区块链平台。区块链的去中心化、不可篡改性特点,确保了追溯信息的真实性和可信度,为消费者提供了强有力的权益保障。

同时,企业应主动公开追溯信息,通过官方网站、产品包装、第三方追溯平台等多种渠道，让消费者能够便捷地查询到所购买海产品的追溯信息。这不仅有助于提升企业的品牌形象和消费者信任度，还能促进市场的公平竞争和良性发展。

提高供应链透明度是保障消费者权益的另一重要方面。海洋牧场企业应积极与供应商、物流商等合作伙伴建立信息共享机制，确保供应链各环节的信息流通畅通无阻。通过定期审核和评估合作伙伴的资质和能力，确保其符合企业的标准和要求，从而保障整个供应链的可靠性和稳定性。

（二）可持续消费倡导

随着全球可持续发展理念的深入人心，可持续消费已成为社会共识。在海洋牧场领域，倡导可持续消费不仅有助于推动行业的绿色转型，还能提升消费者的环保意识和社会责任感。

海洋牧场企业应积极宣传和推广可持续生产的海产品，通过标注"可持续生产""环保认证"等标识，引导消费者选择这些产品。同时，通过举办展览、讲座、品鉴会等活动，向消费者普及可持续消费的理念和知识，提升其对可持续海产品的认知和接受度。

此外，企业还可以与电商平台、超市等销售渠道合作，共同推动可持续海产品的销售。通过提供优惠折扣、积分兑换等激励措施，鼓励消费者购买可持续海产品，从而扩大市场份额和提升品牌影响力。

倡导可持续消费需要全社会的共同努力和参与。政府、行业协会、媒体等各方应加强合作和协调，共同推动可持续消费理念的普及和传播。通过制定相关政策、标准和指南等措施，为可持续消费提供良好的制度环境和政策保障。

（三）教育与宣传

教育和宣传是提升公众对可持续海产品认知和接受度的重要手段。海洋牧场企业应积极开展各种形式的教育和宣传活动，加强与消费者、媒体、学校等社会各界的沟通和互动。

首先，企业可以制作宣传册、海报、视频等宣传材料，详细介绍海洋牧场的养殖环境、生产过程、质量控制等方面的信息。这些材料应图文并茂、生动有趣，能够吸引消费者的注意力和兴趣。同时，企业还可以利用社交媒体、微信公众号等新媒体平台，定期发布行业动态、产品介绍、消费指南等内容，与消费者保持紧密的联系和互动。

其次，企业可以邀请专家学者、行业领袖等权威人士参与宣传活动，通过讲座、研讨会等形式向公众普及海洋牧场和可持续海产品的相关知识。这些活动不仅有助于提升公众的认知水平，还能增强企业的权威性和可信度。

此外，企业还可以与学校合作开展海洋牧场科普教育项目。通过组织读者参观海洋牧场、开展实验课程、举办科普竞赛等活动，激发读者对海洋科学和可持续发展的兴趣和热情。这些活动不仅能够培养读者的环保意识和科学素养，还能为企业培养未来的潜在消费者和市场领导者。

综上所述，产品追溯与透明度、可持续消费倡导以及教育与宣传是推动海洋牧场领域公平贸易和消费者责任的重要措施。通过这些措施的实施，可以显著提升消费者对可持续海产品的认知和接受度，促进海洋牧场产业的绿色转型和可持续发展。

第二节　海洋牧场生态环境保护与伦理道德

一、生态保护的重要性

（一）生态平衡维护

海洋牧场作为人工构建的海洋生态系统，在维护海洋生态平衡中扮演着至关重要的角色。随着全球人口增长和经济的快速发展，海洋生态系统面临着前所未有的压力，包括过度捕捞、污染、气候变化等多种威胁。这些因素不仅导致海洋生物多样性急剧下降，还破坏了海洋生态系统的平衡与稳定，进而对渔业资源、海洋经济乃至全球气候产生深远影响。

海洋牧场通过科学的规划和管理，旨在恢复和提升海洋生态系统的自我调节能力，促进生态平衡的维护。首先，海洋牧场通过投放人工鱼礁、种植海藻等措施，为海洋生物提供了丰富的栖息地和繁殖场所，增加了生态系统的复杂性和稳定性。这些人工构造物与天然生态系统相互融合，共同构成了复杂而多样的生物群落，有助于抵御外界干扰，保持生态系统的整体稳定。

其次，海洋牧场通过优化养殖布局和管理措施，减少了养殖活动对海洋环境的影响。传统养殖方式往往存在水质污染、生态破坏等问题，而海洋牧场则通过采用循环水养殖系统、环保型网箱等先进技术，实现了养殖废弃物的资源化利用和污染物的有效控制，从而降低了对海洋环境的负面影响。

此外，海洋牧场还通过生态监测与评估体系，实时监测和评估项目对海洋生态系统的影响，及时调整和优化管理措施，确保生态系统在可承受范围内运行。这种动态管理模式不仅有助于及时发现和解决潜在的环境问题，还为海洋牧场的可持续发展提供了有力保障。

综上所述，海洋牧场在维护海洋生态平衡中发挥着关键作用。通过为海洋生物提供适宜的栖息环境、减少养殖活动对环境的污染以及实施科学的监测与评估措施，海洋牧场有助于恢复和提升海洋生态系统的自我调节能力，保持生态系统的平衡与稳定。

（二）生物多样性保护

生物多样性是海洋生态系统稳定和可持续发展的基石。保护生物多样性不仅有助于维持海洋生态系统的平衡，还为人类提供了丰富的生态服务和资源保障。然而，随着人类活动的不断增加和海洋环境的持续恶化，海洋生物多样性正面临前所未有的威胁。过度捕捞、污染、栖息地破坏等因素导致许多海洋生物种群数量锐减甚至灭绝，对海洋生态系统的稳定性和服务功能造成了严重影响。

海洋牧场在保护生物多样性方面发挥着重要作用。首先，海洋牧场通过构建多样化的生态系统，为不同种类的海洋生物提供了适宜的栖息和繁殖环境。人工鱼礁、海藻床等生态修复措施不仅增加了生态系统的复杂性，还为多种海洋生物提供了食物来源和庇护场所，从而促进了生物多样性的增加。

其次，海洋牧场通过科学规划和管理措施，减少了养殖活动对生物多样性的负面影响。传统的养殖方式往往采用单一品种的大规模养殖模式，容易导致生物多样性的丧失。而海洋牧场则通过混养、轮养等多种养殖模式，实现了不同生物之间的共生与互补，提高了养殖系统的稳定性和生物多样性。

此外，海洋牧场还通过加强监测与评估工作，及时了解和掌握生物多样性的变化情况。通过定期对海洋生物种类、数量、分布等进行监测和评估，可以及时发现并解决生物多样性下降的问题，为制定针对性的保护措施提供科学依据。

综上所述，保护生物多样性对于维护海洋生态系统的稳定和可持续发展至关重要。海洋牧场通过构建多样化的生态系统、减少养殖活动对生物多样性的负面影响以及加强监测与评估工作等措施，有效促进了海洋生物多样性的保护和恢复。这不仅有助于维持海洋生态系统的平衡与稳定，还为人类社会的可持续发展提供了有力保障。

二、生态保护措施与实践

（一）生态修复技术

1. 人工鱼礁技术。

人工鱼礁技术作为海洋牧场生态修复的重要手段之一，通过人为在海底投放特定形状、材质和结构的人工构造物（即人工鱼礁），为海洋生物提供栖息、繁殖和觅食的场所，从而有效促进海洋生态系统的恢复与生物多样性的增加。

应用方式：

·礁体设计与布局：根据海域的生态特征和生物习性，科学设计礁体的形状、大小和材料，确保其既能稳固于海底，又能为不同种类的海洋生物提供适宜的栖息环境。礁体的布局需综合考虑水流、地形等因素，以实现最佳的生态效果。

·投放与监测：在合适的季节和条件下，将人工鱼礁投放到预定海域，并进行长期监测。监测内容包括礁体稳定性、海洋生物附着情况、生物多样性变化等，以便及时调整和优化投放策略。

效果评估：

·生物多样性提升：人工鱼礁的投放显著增加了海域内的生物多样性。礁体表面及周围区域吸引了多种鱼类、贝类、甲壳类及其他海洋生物栖息和繁殖，形成了复杂多样的生物群落。

·生态系统服务功能增强：人工鱼礁不仅为海洋生物提供了庇护所，还促进了物质循环和能量流动。礁体上的藻类通过光合作用产生氧气，为周围水体提供额外的溶解氧；同时，礁体周围丰富的食物链关系增强了生态系统的稳定性和抵抗力。

2. 海藻床恢复技术。

海藻床作为海洋生态系统的重要组成部分，对维持水质、提供栖息地及促进生物多样性具有重要作用。然而，由于污染、过度捕捞等原因，许多海域的海藻床遭受了严重破坏。因此，通过人工恢复海藻床成为生态修复的重要措施之一。

应用方式：

·海藻种类选择：根据海域环境条件和生态需求，选择适宜的海藻种类进行种植或移植。常见的海藻种类包括海带、紫菜、裙带菜等，这些海藻不仅生长迅速，还具有较高的生态价值和经济价值。

·种植与养护：采用人工种植或自然附着的方式，在适宜的海域投放海藻孢子或幼苗。同时，加强后期的养护管理，包括水质调控、病虫害防治等，确保海藻床的稳定生长和扩展。

效果评估：

·水质净化：恢复后的海藻床通过光合作用吸收二氧化碳并释放氧气，同时吸收水体中的氮、磷等营养物质，有效净化水质，缓解富营养化问题。

·栖息地提供：海藻床为多种海洋生物提供了栖息地和繁殖场所。海藻叶片和茎干成为小型生物如贝类、虾蟹等的附着基质；同时，海藻床下的泥沙层也为底栖生物提供了庇护所。

（二）环境友好型养殖技术

1. 循环水养殖系统。

循环水养殖系统（Recirculating Aquaculture Systems，RAS）是一种高效、环保的养殖模式。该系统通过循环利用养殖废水，实现水资源的节约和废弃物的资源化利用，显著降低了养殖活动对海洋环境的影响。

技术应用：

·生物过滤：利用生物滤池中的微生物群落将养殖废水中的氨氮、亚硝酸盐等有害物质转化为无害的硝酸盐，同时释放二氧化碳和水。这一过程不仅净化了水质，还为养殖生物提供了必要的溶解氧。

·物理过滤：通过机械过滤设备去除水体中的悬浮颗粒物、残饵和粪便等固体废物，进一步净化水质。物理过滤有助于防止水体富营养化和有害物质的积累。

·水质调控：根据养殖生物的需求和环境条件，通过增氧、调温、调光等措施调控水质参数，确保养殖生物在最佳环境下生长。

生态影响：

·水资源节约：循环水养殖系统实现了养殖废水的零排放或低排放，显著节约了水资源。这对于水资源匮乏的海域尤为重要。

·环境污染减少：通过内部循环处理废水，减少了养殖活动对外部环境的污染。同时，由于水质稳定可控，降低了病害发生的风险。

2. 环保型网箱养殖技术。

环保型网箱养殖技术通过采用环保材料和优化设计，减少了养殖活动对海洋环境的影响。

技术应用：

·环保材料：采用抗生物附着涂层和高分子聚合物等环保材料制作网衣，

减少海洋生物附着现象，降低清洗频率和能耗。同时，可降解材料的应用也减少了塑料垃圾对海洋环境的污染。

·结构优化：通过优化网箱的形状、尺寸和布局，提高水流通过率，减少水流阻力。这不仅有助于提高养殖效率，还能降低能耗和减少污染物的扩散。

·智能监控：集成智能监控系统，实时监测网箱状态和水质参数。当监测到异常情况时，系统自动启动清洗装置或调整养殖策略，确保网箱始终处于最佳工作状态。

生态影响：

·生物附着减少：环保材料和抗生物附着涂层的应用显著减少了网箱上的生物附着现象，降低了清洗成本和能耗。

·水质保护：通过优化网箱结构和智能监控系统的应用，减少了养殖废水对周围海域的污染。同时，环保型网箱的使用还有助于维护海底地形的稳定性和生物多样性。

（三）监测与评估体系

为了确保生态保护措施的有效实施和及时调整优化策略，建立全面的环境监测与评估体系至关重要。

监测内容：

·水质监测：定期对养殖区域及周边海域的水质进行监测，包括溶解氧、pH值、温度、盐度、氨氮、磷酸盐等关键指标。通过监测数据评估水质状况及其对海洋生物的影响。

·生物多样性监测：通过拖网采样、潜水观测、遥感影像分析等手段监测海域内的生物种类、数量、分布及健康状况。评估生物多样性的变化情况及生态保护措施的效果。

·生态系统功能监测：监测海洋牧场在物质循环、能量流动、碳汇服务等方面的功能表现。评估海洋牧场对海洋生态系统的整体贡献及潜在风险。

评估方法：

①定量评估：利用统计分析和模型预测等方法对监测数据进行定量分析，评估生态保护措施的具体效果及影响程度。

②定性评估：结合专家意见和文献资料进行定性分析，评估生态保护措施对海洋生态系统的长期影响及潜在风险。

反馈与调整机制：

·定期评估报告：定期编制并发布海洋牧场生态保护评估报告，向管理部门、科研机构及公众通报监测结果和评估结论。

·问题识别与应对：根据评估结果识别存在的问题和潜在风险，制定针对性的应对措施和调整方案。及时调整生态保护措施和管理策略以确保生态保护目标的实现。

·持续改进与优化：建立持续改进机制和文化氛围鼓励员工积极参与生态保护工作并提出改进建议。通过技术创新和管理创新不断提升生态保护水平实现经济效益与生态效益的双赢。

三、伦理道德原则

在海洋牧场开发与运营过程中，伦理道德原则是企业行为规范和决策制定的基石。这些原则不仅关乎企业的长远发展，更直接影响到海洋生态系统的健康、社会稳定以及公众的福祉。以下详细阐述海洋牧场开发中应遵循的三大伦理道德原则。

（一）可持续发展原则

可持续发展原则强调在海洋牧场开发中，必须确保经济、社会与环境的协调统一，实现长期、稳定且可持续的发展。

经济可持续性：海洋牧场开发应追求经济效益，但这必须建立在合理开发和利用海洋资源的基础上。企业应通过优化养殖模式、提高养殖效率和技术创新等手段，实现经济效益的最大化，同时避免过度开发和资源枯竭的风险。此外，还应注重产品的附加值提升和市场拓展，以增强企业的市场竞争力和盈利能力。

社会可持续性：海洋牧场开发过程中，企业应积极履行社会责任，关注社区福祉和员工权益。通过提供就业机会、开展社区发展项目、改善基础设施和公共服务等措施，促进社区经济繁荣和社会进步。同时，保障员工的劳动权益、职业健康与安全，营造积极向上的企业文化氛围，提高员工的归属感和满意度。

环境可持续性：海洋牧场作为人工构建的海洋生态系统，其开发必须充分考虑对海洋环境的影响。企业应遵循生态优先原则，科学评估项目对海洋生态系统的潜在影响，采取必要的生态保护和修复措施。通过优化养殖布局、采用环保型养殖设施和技术、实施严格的环境监测与管理等手段，降低养殖活动对海洋环境的负面影响，维护海洋生态系统的平衡与稳定。

（二）负责任行为准则

制定并遵循负责任的行为准则，是规范企业在海洋牧场开发中各项活动的重要保障。这些行为准则应涵盖环境保护、社区参与、员工福祉、公平贸易等多个方面。

环境保护：企业应严格遵守国家和地方的环境保护法律法规，制定并执行严格的环境管理制度。在项目开发前进行全面的生态影响评估，确保项目符合环保要求；在项目实施过程中采取有效的环保措施，减少对海洋环境的污染和破坏；在项目运营期间建立环境监测体系，及时发现并解决环境问题。

社区参与：企业应积极促进社区参与，确保社区居民在项目规划、实施及运营过程中的知情权、参与权和受益权。通过建立与社区的沟通机制、开展公众教育和宣传活动、实施利益共享机制等措施，增进社区居民对项目的理解和支持，实现企业与社区的和谐共生。

员工福祉：企业应关注员工的职业健康与安全，提供符合国家标准的工作环境和条件。建立健全的员工培训体系，提升员工的专业技能和职业素养；完善薪酬福利制度，确保员工收入与劳动付出相匹配；营造积极向上的企业文化氛围，增强员工的归属感和凝聚力。

公平贸易：企业应致力于建立公平、透明的供应链管理体系，确保所有参与者在交易中都能获得合理回报。尊重供应商和合作伙伴的权益，遵循商业道德和法律法规；推动供应链中的环境保护和社会责任实践，共同促进可持续发展；加强与消费者的沟通互动，提升消费者对公平贸易产品的认知度和接受度。

（三）伦理决策框架

构建伦理决策框架，旨在指导企业在面临伦理困境时做出正确决策。这一框架应包括伦理原则、决策流程、风险评估和责任追究等方面。

伦理原则：明确企业的核心伦理原则，如诚信、公正、尊重和责任等。这些原则应成为企业决策的基础和指导方针，确保企业的行为符合道德规范和法律法规要求。

决策流程：制定清晰、规范的决策流程，确保决策过程的科学性和透明度。在决策过程中充分收集和分析相关信息，考虑各利益相关者的诉求和利益；通过集体讨论、专家咨询等方式，广泛征求各方意见；在权衡利弊后做出符合伦理原则的决策。

风险评估：对决策可能带来的伦理风险进行全面评估。识别潜在的风险源和风险点，分析风险发生的可能性和影响程度；制定风险应对措施和预案，确保在风险发生时能够及时应对并减少损失。

责任追究：建立责任追究机制，对违反伦理原则的行为进行严肃处理。明确各级管理人员和员工的职责和权限，确保责任到人；对违反伦理原则的行为进行调查核实并依据相关规定进行处理；加强内部监督和审计力度，防范和遏制违规行为的发生。

综上所述，可持续发展原则、负责任行为准则和伦理决策框架共同构成了海洋牧场开发中应遵循的伦理道德原则。这些原则不仅有助于规范企业的行为决策、保障利益相关者的权益和利益、维护海洋生态系统的健康与稳定；还有助于提升企业的社会形象和品牌价值、促进企业的长远发展和可持续发展。因此，在海洋牧场开发与运营过程中，企业应始终坚守这些伦理道德原则，实现经济效益、社会效益和环境效益的协调统一。

四、伦理教育与培训

在海洋牧场开发与运营过程中，伦理教育与培训是确保企业行为符合道德规范和法律法规要求的重要手段。通过加强伦理教育和培训，不仅能够提升员工的伦理意识和责任感，还能增强管理层处理复杂伦理问题的能力，促进企业与利益相关者之间的和谐关系。

（一）员工伦理教育

员工是海洋牧场运营的直接参与者，他们的行为直接影响着企业的形象和声誉。因此，定期对员工进行伦理教育至关重要。

教育内容设计：

·伦理基础：向员工普及基本的伦理原则和道德规范，使其明确何为正确与错误的行为界限。通过讲解职业道德、社会公德等内容，引导员工树立正确的价值观和行为准则。

·案例分析：结合海洋牧场运营中的实际案例，分析不同行为背后的伦理考量。通过正面案例激励员工积极向善，通过反面案例警示员工避免重蹈覆辙。

·法律法规教育：让员工了解与海洋牧场运营相关的法律法规，特别是环境保护、食品安全、劳动权益等方面的法律规定。确保员工在工作中严格遵守法律底线，避免违法违规行为的发生。

教育方式创新：

·互动式学习：采用小组讨论、角色扮演等互动式学习方式，激发员工的参与热情和思考能力。通过模拟伦理困境，让员工在实践中学习和掌握处理伦理问题的方法。

·在线学习平台：利用现代信息技术手段，搭建在线学习平台，为员工提供便捷的学习资源和途径。员工可以根据自身需求和时间安排进行学习，提高学习效率和效果。

效果评估与反馈：

·定期考核：通过考试、问卷等方式，定期对员工的伦理学习效果进行评估。根据评估结果，及时调整教育内容和方式，确保教育效果达到预期目标。

·反馈机制：建立员工反馈机制，鼓励员工对伦理教育提出意见和建议。根据员工反馈，不断优化教育内容和方法，提高教育的针对性和实效性。

（二）管理层伦理培训

管理层在海洋牧场运营中扮演着决策者和领导者的角色，他们的伦理素养和决策能力直接影响着企业的长远发展。因此，加强管理层伦理培训尤为重要。

培训内容设计：

·伦理决策框架：向管理层介绍伦理决策的基本框架和方法，帮助其在面对复杂伦理问题时能够做出正确的决策。培训内容涵盖伦理原则、决策流程、风险评估等方面。

·案例研究：选取具有代表性的伦理案例进行深入剖析，引导管理层从多个角度审视问题、权衡利弊。通过案例研究，提升管理层处理复杂伦理问题的能力。

·法律法规解读：对与海洋牧场运营密切相关的法律法规进行深入解读，确保管理层在决策过程中能够充分考虑法律因素。培训内容涵盖环境保护法、渔业法、劳动法等相关法律法规。

培训方式创新：

·专家讲座：邀请伦理学、法学等领域的专家进行专题讲座，为管理层提供权威的理论指导和实务建议。通过专家讲座，拓宽管理层的视野和思路。

·模拟决策：设计模拟决策场景，让管理层在模拟环境中进行伦理决策练习。通过模拟决策，提升管理层应对实际伦理问题的能力。

效果评估与反馈：

·决策案例分析：定期对管理层的决策案例进行分析评估，评估其决策过程中的伦理考量是否合理、充分。根据评估结果，对管理层进行有针对性的指导和帮助。

·同行交流：组织管理层参加行业交流会、研讨会等活动，与同行分享伦理决策经验和教训。通过交流学习，不断提升管理层的伦理素养和决策能力。

（三）利益相关者沟通

在海洋牧场运营过程中，企业与政府、社区、员工、消费者等利益相关者之间存在着密切的利益关系。为了维护良好的利益相关者关系，企业需要与利益相关者保持开放、透明的沟通。

沟通内容设计：

·信息通报：定期向利益相关者通报海洋牧场的运营情况、环境保护措施、社会责任履行情况等信息。确保利益相关者能够及时了解企业的最新动态和发展方向。

·意见征询：积极征询利益相关者的意见和建议，了解他们的需求和关切。通过意见征询，及时发现和解决潜在的问题和矛盾。

·共同解决问题：与利益相关者共同商讨解决方案，共同应对面临的挑战和困难。通过合作与协作，实现互利共赢的目标。

沟通方式创新：

·建立沟通平台：利用官方网站、社交媒体等渠道建立沟通平台，方便利益相关者与企业进行实时交流和互动。通过沟通平台，及时传递信息和反馈意见。

·定期会议：定期组织利益相关者会议，面对面交流意见和看法。通过会议讨论，增进相互理解和信任，推动问题的解决和合作的深化。

效果评估与反馈：

·满意度调查：定期对利益相关者进行满意度调查，了解他们对企业的评价和期望。根据调查结果，及时调整沟通策略和内容，提升沟通效果和质量。

·持续改进：建立持续改进机制，对沟通过程和效果进行定期回顾和总结。根据回顾结果，不断优化沟通方式和内容，提升与利益相关者的沟通效果。

综上所述，伦理教育与培训是海洋牧场企业履行社会责任、实现可持续发展的重要保障。通过加强员工伦理教育、管理层伦理培训和与利益相关者的沟通与交流，可以不断提升企业的伦理素养和决策能力，促进企业与社会的和谐共生。

第三节　企业社会责任与海洋牧场可持续发展

一、企业社会责任战略

（一）战略制定：结合企业实际情况，制定切实可行的社会责任战略

在海洋牧场领域，企业社会责任战略的制定必须紧密结合企业的实际情况和市场环境，确保战略既具有前瞻性又具备可操作性。具体而言，企业应从以

下几个方面入手：

明确社会责任目标：首先，企业需要明确其在海洋牧场开发中的社会责任目标。这些目标应涵盖环境保护、社区参与、员工福祉、公平贸易等多个方面，确保企业在追求经济效益的同时，能够全面履行其社会责任。例如，企业可以设定具体的环保目标，如减少养殖过程中的废水排放、提升养殖废弃物的资源化利用率；设定社区发展目标，如通过提供就业机会、改善基础设施等方式促进社区福祉；设定员工发展目标，如提供专业培训、建立公平的晋升机制等。

分析企业现状：在制定社会责任战略之前，企业应对自身现状进行全面分析。这包括企业的技术实力、资源条件、管理能力、市场竞争力等方面。通过分析企业现状，企业可以明确自身的优势和劣势，为制定针对性的社会责任战略提供依据。例如，技术实力强的企业可以重点发展环保型养殖技术和生态修复技术；资源条件丰富的企业可以更多地投入人工鱼礁投放和海藻床恢复等生态修复项目中。

制定具体行动计划：在明确社会责任目标和分析企业现状的基础上，企业应制定具体的行动计划。这些计划应具体、可行，并明确责任人和时间节点。例如，企业可以制定详细的环保措施实施计划，包括生物滤池的建设与运行、环保型网箱的应用、智能监控系统的部署等；制定社区参与和利益共享计划，包括建立社区沟通机制、实施利益补偿措施、支持社区发展项目等；制定员工培训和职业发展计划，包括定期培训课程的安排、职业晋升路径的设计等。

建立监督与反馈机制：为了确保社会责任战略的有效实施，企业应建立相应的监督与反馈机制。这包括设立专门的监督机构或部门，负责对社会责任战略的实施情况进行定期检查和评估；建立畅通的反馈渠道，鼓励员工、社区成员及其他利益相关者提出意见和建议。通过监督与反馈机制，企业可以及时发现和解决问题，确保社会责任战略的顺利推进。

（二）资源整合：整合内外部资源，确保社会责任战略的顺利实施

在海洋牧场开发过程中，企业需要整合内外部资源，以支持社会责任战略的顺利实施。资源整合应从以下几个方面入手：

内部资源整合：企业应充分利用自身的技术、资金、人才等内部资源，为社会责任战略的实施提供有力支持。例如，企业可以调配技术骨干参与环保技术的研发与应用；利用自有资金或融资渠道筹集资金，支持生态修复项目和社区发展项目；通过内部培训提升员工的专业技能和职业素养等。

外部资源整合：企业还应积极整合外部资源，包括政府支持、合作伙伴协作、社会捐赠等。政府支持方面，企业可以积极争取政府政策扶持和财政补贴，

降低社会责任战略的实施成本；合作伙伴协作方面，企业可以与科研机构、高校、行业协会等建立合作关系，共同开展技术研发、人才培养和市场推广等工作；社会捐赠方面，企业可以鼓励社会各界捐赠资金、物资和技术支持，共同推动社会责任事业的发展。

资源优化配置：在资源整合过程中，企业还应注重资源的优化配置。这包括根据社会责任战略的需求合理分配资源；通过技术创新和管理创新提高资源利用效率；加强资源使用的监管和评估，确保资源得到充分利用和有效保护。

（三）绩效评估：建立社会责任绩效评估体系，定期评估战略实施效果并调整优化

为了确保社会责任战略的有效实施和持续改进，企业应建立科学、合理的绩效评估体系，对战略实施效果进行定期评估。具体评估工作应从以下几个方面展开：

·设定评估指标：企业应根据社会责任战略的目标和内容，设定具体的评估指标。这些指标应涵盖环境保护、社区参与、员工福祉、公平贸易等多个方面，能够全面反映企业履行社会责任的情况。例如，环境保护方面的评估指标可以包括废水排放量、废弃物资源化利用率、生物多样性指数等；社区参与方面的评估指标可以包括社区满意度、利益共享机制的实施情况等；员工福祉方面的评估指标可以包括员工培训次数、职业晋升机会等。

·收集评估数据：为了确保评估结果的客观性和准确性，企业应通过多种渠道收集评估数据。这包括企业内部的数据统计和分析、外部机构的监测和评估报告、利益相关者的反馈意见等。通过多渠道收集数据，企业可以全面了解社会责任战略的实施情况，为评估工作提供有力支持。

·开展评估分析：在收集到评估数据后，企业应开展深入的评估分析工作。这包括对评估数据进行统计和分析，找出存在的问题和不足；与预设的评估指标进行对比，评估战略实施效果是否达到预期目标；分析问题的原因和影响，提出针对性的改进措施和建议。

·调整优化战略：根据评估结果和分析结论，企业应及时调整和优化社会责任战略。这包括对存在的问题和不足进行整改和完善；根据市场需求和利益相关者反馈调整战略目标和行动计划；加强技术创新和管理创新，提高战略实施效果和可持续性。通过不断调整和优化战略，企业可以确保社会责任战略的长期有效实施，推动企业的可持续发展。

二、可持续发展模式

（一）绿色生产与认证：推广绿色养殖技术，获取国际环保认证，提升产品竞争力

在海洋牧场的发展过程中，绿色生产与认证是实现可持续发展的关键路径之一。这一模式强调通过推广绿色养殖技术，减少对海洋环境的影响，同时提升产品的环保属性和市场竞争力。

推广绿色养殖技术：

绿色养殖技术旨在通过科学的方法和环保的材料，实现海洋牧场的低污染、高效益运营。

·使用环保材料：在网箱、浮标等养殖设施的建设中，优先采用环保、可降解或可循环利用的材料，减少塑料等难以降解物质的使用。

·优化养殖布局：根据海域的生态特征和环境容量，科学规划养殖布局，避免过度密集养殖导致的水质恶化和生态破坏。

·实施生态养殖：推广多营养级养殖模式，利用不同生物间的共生关系，实现养殖废弃物的资源化利用，减少污染排放。

·智能监控系统：集成多参数水质监测、生物行为监测等智能设备，实时监测养殖环境，及时调整养殖策略，确保养殖生物在最佳环境下生长。

获取国际环保认证：

国际环保认证是提升海洋牧场产品国际竞争力的重要手段。通过获得如MSC（海洋管理委员会）、ASC（水产养殖管理委员会）等国际权威机构的认证，可以证明海洋牧场的养殖活动符合国际环保标准，从而提升产品的市场认可度和附加值。

·符合国际标准：按照国际环保认证的要求，全面评估和改进养殖活动，确保养殖过程符合环境保护、资源管理、生物多样性保护等方面的国际准则。

·提升品牌形象：通过国际环保认证，向消费者传递海洋牧场对环境保护的承诺和实际行动，增强品牌信誉和市场竞争力。

·拓展国际市场：获得国际环保认证后，海洋牧场产品将更容易进入对环保要求较高的国际市场，为企业开拓新的销售渠道和增长点。

提升产品竞争力：

绿色生产与认证不仅有助于保护海洋环境，还能显著提升海洋牧场产品的市场竞争力。环保、健康、可持续的产品属性将吸引越来越多注重生活品质和

环保意识的消费者。同时，通过差异化竞争策略，海洋牧场企业可以在激烈的市场竞争中脱颖而出，实现经济效益与生态效益的双赢。

（二）循环经济模式：构建循环经济模式，实现资源的高效利用和循环利用

循环经济模式强调在海洋牧场运营过程中实现资源的高效利用和循环利用，减少资源浪费和环境污染。这一模式通过构建闭环经济系统，将传统的"资源-产品-废弃物"线性经济转变为"资源-产品-再生资源"的循环经济。

资源高效利用：

在海洋牧场运营中，通过优化养殖布局、改进养殖技术和管理措施，实现资源的高效利用。

·科学规划养殖密度：根据海域的生态承载力和环境容量，科学规划养殖密度，避免过度养殖导致的水质恶化和资源浪费。

·提高饲料利用率：采用高效环保的饲料配方和精准投喂技术，减少饲料浪费和水体污染，提高养殖生物的生长速度和品质。

·优化养殖设施：采用先进的养殖设施和技术，如循环水养殖系统、自动化投喂系统等，提高养殖效率和资源利用率。

资源循环利用：

通过构建资源循环利用体系，实现养殖废弃物的资源化利用和污染物的无害化处理。

·养殖废水处理：采用生物滤池、人工湿地等处理技术，对养殖废水进行净化处理，实现废水的循环利用或达标排放。

·养殖废弃物利用：将养殖过程中产生的残饵、粪便等废弃物进行资源化利用，如转化为有机肥料、生物能源等，减少环境污染和资源浪费。

·生态修复与保护：通过投放人工鱼礁、种植海藻等措施，恢复和改善海洋生态环境，提高生态系统的自我调节能力和资源再生能力。

构建闭环经济系统：

在海洋牧场运营中构建闭环经济系统，实现资源的循环利用和废弃物的无害化处理。通过加强技术创新和管理创新，推动海洋牧场向更加高效、环保、可持续的方向发展。同时，加强与政府、科研机构、行业协会等合作伙伴的沟通与协作，共同推动海洋牧场循环经济模式的发展和完善。

（三）科技创新驱动：加强科技创新，推动海洋牧场技术的不断进步和应用

科技创新是推动海洋牧场可持续发展的重要动力。通过加强科技创新，不

断推动海洋牧场技术的进步和应用，可以显著提升养殖效率、降低运营成本、减少环境污染，实现经济效益与生态效益的双赢。

加强基础科学研究：加大对海洋生物学、生态学、环境科学等基础学科的研究投入，深入探索海洋生态系统的运作机制和生物多样性保护策略。通过基础科学研究，为海洋牧场的技术创新提供理论支撑和科学依据。

推动关键技术突破：针对海洋牧场运营中的关键技术难题，如水质调控、病害防控、养殖废弃物处理等，加强技术研发和攻关力度。通过引进和消化吸收国内外先进技术，结合海洋牧场的实际情况进行二次创新，形成具有自主知识产权的核心技术。

促进科技成果转化：建立科技成果转化机制，推动海洋牧场技术的产业化应用。通过搭建产学研用合作平台，促进科技成果与市场需求的有效对接。同时，加强科技成果的宣传和推广力度，提高科技成果的知名度和影响力，吸引更多企业和投资者关注和支持海洋牧场技术的发展。

加强人才培养与引进：重视海洋牧场领域的人才培养与引进工作。通过建立完善的人才培养体系，培养一批具有创新精神和实践能力的海洋牧场专业人才。同时，积极引进国内外优秀人才和团队，为海洋牧场的技术创新提供有力的人才保障和智力支持。

加强国际合作与交流：加强与国际先进海洋牧场企业和研究机构的合作与交流，共同推动海洋牧场技术的进步和应用。通过参与国际项目合作、举办国际研讨会等形式，拓宽国际视野和合作渠道，引进先进技术和管理经验，提升我国海洋牧场的技术水平和国际竞争力。

三、利益相关者管理

（一）利益相关者识别

在海洋牧场开发与管理过程中，明确并识别关键利益相关者是实施有效管理策略的前提。关键利益相关者主要包括政府、社区、员工和消费者，他们在海洋牧场的规划、建设和运营中扮演着不可或缺的角色。

政府：作为政策制定者和监管者，政府在海洋牧场开发中发挥着至关重要的作用。政府通过制定法律法规、提供政策支持与资金补助，引导海洋牧场产业健康发展。同时，政府还负责海洋牧场的审批、监管和评估工作，确保项目符合环保、安全等要求。

社区：海洋牧场所在社区的居民直接受到项目开发和运营的影响。社区对项目的态度和支持程度，直接关系到项目的顺利实施和长期运营。因此，社区是海洋牧场开发中不可忽视的利益相关者，需要积极争取其理解和支持。

员工：员工是海洋牧场运营的直接参与者，他们的专业技能、工作态度和福祉状况直接影响项目的运营效率和成果。保障员工权益、提供职业发展和培训机会，对于激发员工积极性、提高项目运营效率具有重要意义。

消费者：作为海洋牧场产品的最终使用者，消费者对产品的品质、安全和环保属性的关注度日益提高。了解消费者需求、提升产品质量和品牌形象，是海洋牧场企业赢得市场竞争优势的关键。

（二）关系管理策略

针对不同利益相关者，制定差异化的关系管理策略，是促进合作共赢的有效途径。

与政府的关系管理策略：

·遵守法规与政策：严格遵守国家和地方政府的法律法规，积极响应政府政策导向，确保项目合法合规运营。

·加强沟通与合作：与政府部门建立定期沟通机制，及时汇报项目进展，反馈运营中遇到的问题和困难，争取政府的理解和支持。

·争取政策与资金支持：积极争取政府在项目审批、财政补贴、税收优惠等方面的支持，降低项目运营成本，提高经济效益。

与社区的关系管理策略：

·促进社区参与：建立社区沟通机制，邀请社区居民参与项目规划、建设和运营过程，确保社区居民的知情权和参与权。

·实施利益共享：通过提供就业机会、改善基础设施、支持社区发展项目等措施，实现项目与社区的互利共赢。

·加强环保宣传：通过宣传栏、讲座等形式，向社区居民普及海洋牧场环保理念和知识，提高社区居民的环保意识和参与度。

与员工的关系管理策略：

·保障员工权益：提供符合国家标准的工作环境和条件，建立健全的薪酬福利制度和职业晋升路径，保障员工的基本权益。

·加强培训与发展：定期开展专业技能培训和职业发展规划，提升员工的专业素养和职业竞争力，激发员工的工作热情和创造力。

·营造企业文化：构建积极向上的企业文化氛围，增强员工的归属感和凝聚力，提高团队的协作效率和创新能力。

与消费者的关系管理策略：

·提升产品质量：采用绿色养殖技术，确保产品的环保、健康和可持续性，提升消费者的购买信心和满意度。

·加强品牌宣传：通过广告、公关活动等方式提升品牌知名度和美誉度，吸引更多消费者关注和购买海洋牧场产品。

·完善售后服务：提供优质的售后服务和便捷的购买渠道，解决消费者的后顾之忧，增强消费者的忠诚度和复购率。

（三）冲突解决机制

在海洋牧场开发与运营过程中，难免会遇到各利益相关者之间的矛盾和冲突。建立有效的冲突解决机制，及时化解这些矛盾，对于维护项目稳定运营和各方利益具有重要意义。

建立沟通平台：

·利用官方网站、社交媒体等渠道建立沟通平台，方便各方利益相关者表达意见和诉求。

·定期召开利益相关者会议，面对面交流意见和看法，增进相互理解和信任。

明确责任主体：

·在项目规划、建设和运营过程中，明确各利益相关者的责任和义务，确保各方按照约定履行职责。

·对于出现的矛盾和问题，及时明确责任主体，推动问题的解决和落实。

引入第三方调解：

·当各方利益相关者无法自行解决矛盾时，可以引入第三方调解机构进行调解。

·第三方调解机构应具有公正性、专业性和权威性，能够客观分析矛盾产生的原因和影响，提出合理的解决方案。

完善法律法规支持：

·加强相关法律法规的制定和完善，为冲突解决提供法律依据和保障。

·对于恶意破坏项目运营、损害各方利益的行为，依法追究相关责任人的法律责任。

通过以上措施，建立有效的冲突解决机制，可以确保海洋牧场开发与运营过程中的矛盾和冲突得到及时化解，维护项目稳定运营和各方利益。

四、持续改进与未来展望

（一）持续改进机制

为了不断提升海洋牧场的社会责任履行能力和可持续发展水平，建立持续改进机制是至关重要的。这一机制旨在通过持续的监测、评估、反馈和改进行动，不断优化企业的社会责任实践，确保企业在海洋牧场开发与运营中始终保持高标准的社会责任和环保意识。

监测与评估体系的完善：

首先，企业应建立完善的监测与评估体系，对海洋牧场的社会责任履行情况进行全面、持续的监测。这一体系应涵盖环境保护、社区参与、员工福祉、公平贸易等多个方面，确保所有关键指标都能得到有效跟踪。通过定期收集和分析相关数据，企业可以及时了解社会责任履行的现状和问题，为后续改进提供数据支持。

在环境保护方面，监测体系应重点关注水质、生物多样性、生态修复效果等指标，确保养殖活动对海洋环境的影响降到最低。同时，通过无人机、遥感技术等高科技手段，提高监测的效率和准确性。在社区参与方面，企业应建立社区反馈机制，定期收集社区居民的意见和建议，评估利益共享机制和社区发展项目的实施效果。在员工福祉方面，企业应关注员工的工作条件、培训机会、薪酬福利等方面，确保员工的权益得到充分保障。

反馈与沟通机制的建立：

为了确保监测与评估结果能够得到有效利用，企业应建立高效的反馈与沟通机制。这一机制应包括内部反馈和外部沟通两个方面。内部反馈机制旨在确保监测数据能够迅速传达给相关部门和责任人，促使他们及时采取改进行动。外部沟通机制则强调与利益相关者（如政府、社区、员工、消费者等）的开放、透明沟通，确保他们了解企业的社会责任履行情况，并提供宝贵的意见和建议。

通过定期召开利益相关者会议、发布社会责任报告、开展公众教育活动等方式，企业可以增强与利益相关者的互动和信任。同时，企业还应建立投诉和建议处理机制，确保利益相关者的声音能够得到及时响应和解决。

改进行动的实施与监督：

在监测、评估、反馈的基础上，企业应制定具体的改进行动计划，并明确责任人和时间节点。这些改进行动应针对监测中发现的问题和不足，提出切实可行的解决方案和措施。例如，针对环境监测中发现的水质污染问题，企业可以加强废水处理设施的建设和运行管理；针对社区反馈的利益分配不公问题，企业可以调整利益共享机制，确保社区居民能够公平分享项目收益。

为确保改进行动的有效实施，企业应建立监督机制。这一机制应包括内部监督和外部监督两个方面。内部监督强调企业内部管理部门对改进行动的跟踪和评估，确保各项措施得到落实。外部监督则强调政府、行业协会、媒体等外部力量的参与和监督，确保企业履行社会责任的公开透明。

持续学习与创新：

持续改进机制还应包括持续学习和创新的内容。企业应鼓励员工和管理层不断学习新的社会责任理念和最佳实践，借鉴国内外先进经验和技术手段，不断提升自身的社会责任履行能力。同时，企业应加强与科研机构、高校、行业协会等合作伙伴的合作与交流，共同推动海洋牧场社会责任与可持续发展的研究和创新。

通过设立社会责任创新基金、举办社会责任创新大赛等方式，企业可以激发员工的创新热情和创造力，推动社会责任实践的持续改进和升级。同时，企业还应关注全球可持续发展趋势和政策动态，及时调整和优化自身的社会责任战略和行动计划。

（二）未来发展趋势

展望未来，海洋牧场的社会责任与可持续发展将面临一系列新的挑战和机遇。为了应对这些挑战并抓住机遇，企业需要密切关注以下发展趋势，并制定相应的应对策略和建议。

绿色生产与认证成为主流：

随着消费者对环保和健康产品的需求不断增加，绿色生产与认证将成为海洋牧场发展的主流趋势。未来，越来越多的海洋牧场企业将致力于推广绿色养殖技术，减少对海洋环境的影响。同时，通过获取国际环保认证（如 MSC、ASC 等），企业将能够提升产品的市场竞争力，赢得更多消费者的信任和青睐。

为应对这一趋势，企业应加大在绿色养殖技术方面的研发投入，不断优化养殖工艺和管理流程。同时，企业应积极申请国际环保认证，提升自身品牌形象和产品附加值。此外，企业还应加强与政府、行业协会等机构的合作与交流，共同推动绿色生产与认证标准的制定和推广。

循环经济模式广泛应用：

循环经济模式将成为海洋牧场可持续发展的重要方向。通过构建闭环经济系统，实现资源的高效利用和循环利用，企业将能够降低运营成本、减少环境污染，并提升经济效益。未来，越来越多的海洋牧场企业将采用循环水养殖系统、废弃物资源化利用等技术手段，推动养殖废弃物的减量化、资源化和无害化处理。

为应对这一趋势，企业应加强对循环经济模式的研究和应用。通过引进和消化吸收国内外先进技术和管理经验，企业可以结合自身实际情况进行二次创新，形成具有自主知识产权的循环经济解决方案。同时，企业应加强与政府、科研机构、行业协会等合作伙伴的沟通与协作，共同推动循环经济模式在海洋牧场领域的广泛应用和推广。

智能化与信息化水平不断提升：

智能化与信息化将成为提升海洋牧场运营效率和管理水平的关键手段。通过集成物联网、大数据、人工智能等先进技术，企业可以实现对养殖环境的实时监测与智能调控，降低人力成本和劳动强度，提高养殖效率和产品质量。同时，通过数据分析与挖掘技术，企业可以深入了解市场需求和消费者行为，为产品开发和市场营销提供有力支持。

为应对这一趋势，企业应加大对智能化与信息化建设的投入力度。通过引进和研发先进的信息技术和智能设备，企业可以提升自身在海洋牧场领域的竞争力和创新能力。同时，企业应加强与高校、科研机构等合作伙伴的合作与交流，共同推动智能化与信息化技术在海洋牧场领域的应用和创新。

利益相关者合作与共赢成为关键：

在海洋牧场开发与运营过程中，利益相关者合作与共赢将成为关键因素。通过与政府、社区、员工、消费者等利益相关者的紧密合作与沟通，企业可以确保项目的顺利实施和长期运营。同时，通过实施利益共享机制和公平贸易原则，企业可以赢得更多利益相关者的信任和支持，为可持续发展奠定坚实基础。

为应对这一趋势，企业应加强与利益相关者的沟通与协作。通过建立完善的沟通机制和反馈机制，企业可以及时了解利益相关者的需求和关切，并制定相应的解决方案和措施。同时，企业应积极履行社会责任，确保项目对海洋环境、社区福祉、员工权益等方面的影响降到最低。通过实现利益相关者的合作与共赢，企业可以共同推动海洋牧场的可持续发展和社会责任的履行。

第十章　思考题

1. 在海洋牧场开发中，企业如何平衡经济效益与环境保护责任？请举例说明具体措施。

2. 分析人工鱼礁投放对海洋牧场生物多样性和生态系统服务功能的影响，并提出优化建议。

3. 海洋牧场企业应如何构建有效的社区沟通与合作机制，以确保社区在项目中的知情权、参与权和受益权？

4. 讨论在海洋牧场运营中，如何通过公平贸易原则保障供应链中各参与者的权益，实现共赢？

5. 企业如何通过制定和实施具体的伦理教育与培训计划，提升员工的伦理意识和责任感？请列举关键措施。

6. 请阐述绿色生产与认证如何提升海洋牧场产品的市场竞争力，并给出具体实例说明。

7. 在推动海洋牧场可持续发展过程中，企业如何结合科技创新与利益相关者管理，实现经济效益、社会效益和生态效益的协调统一？

第十一章

海洋牧场风险管理与应对策略

第一节　海洋牧场经营中的风险因素

一、自然环境风险

极端气候事件：

极端气候事件，如台风、海啸和巨浪，是海洋牧场经营中不可忽视的自然环境风险。这些自然灾害具有突发性和破坏力强的特点，对海洋牧场构成直接威胁。

·台风：台风带来的狂风巨浪不仅可能摧毁养殖设施，如网箱、浮标等，还可能导致养殖生物逃逸或死亡。台风过后，往往伴随着暴雨和海水倒灌，进一步加剧了对海洋牧场设施的破坏，增加了修复难度和成本。此外，台风还可能导致海域水质恶化，影响养殖生物的生存环境。

·海啸：海啸是海底地震、火山爆发或滑坡等地质活动引发的巨大海浪。其破坏力极强，能够瞬间摧毁沿海的养殖设施，造成巨大的经济损失。海啸还可能引发海水污染和生态失衡，对海洋牧场的长远发展构成威胁。

·巨浪：虽然巨浪不如台风和海啸那般猛烈，但其频繁性和持续性也可能对海洋牧场造成损害。巨浪的冲击可能导致网箱变形、绳索断裂，甚至整个养殖设施的倾覆。此外，巨浪还可能搅动海底沉积物，影响水质和养殖生物的生存环境。

海水温度与酸化：全球气候变化导致海水温度上升和酸化，对海洋牧场的养殖生物构成严重威胁。海水温度的升高会影响养殖生物的新陈代谢和生长速度，降低其免疫力和抗病能力。同时，高温还可能导致藻类大量繁殖，引发赤潮等生态灾害，破坏养殖环境。海水酸化则会影响养殖生物的钙质外壳和骨骼形成，降低其生存能力和繁殖率。此外，酸化的海水还可能增加养殖生物对病原体的敏感性，提高疾病暴发风险。

海流与潮汐变化：海流和潮汐是海洋环境中的重要物理过程，对海洋牧场的养殖活动具有重要影响。异常的海流可能破坏养殖设施的稳定性，导致网箱移位或倾覆。潮汐的剧烈变化则可能影响养殖生物的生长和繁殖周期，增加管理难度和成本。此外，海流和潮汐还可能携带污染物和有害物质进入养殖区域，对水质和养殖生物造成污染和危害。

二、生物生态风险

生物入侵：生物入侵是指外来物种通过自然或人为途径进入新环境并大量繁殖扩散的现象。在海洋牧场中，生物入侵可能导致本地生态系统失衡和生物多样性破坏。外来物种可能与本地物种竞争资源、捕食本地物种或传播疾病，对养殖生物造成直接威胁。生物入侵还可能改变养殖区域的生态结构和功能，影响养殖环境的稳定性和可持续性。

疾病与寄生虫：疾病和寄生虫是海洋牧场养殖生物面临的主要生物风险之一。养殖生物在高密度饲养环境下容易受到各种疾病和寄生虫的侵袭。这些疾病和寄生虫可能导致生物死亡率上升、生长速度下降和品质降低，从而影响养殖效益。此外，疾病和寄生虫还可能通过水体、饲料等途径传播扩散，增加防控难度和成本。

过度养殖：过度养殖是指养殖密度过高或布局不合理导致的养殖环境恶化现象。在高密度饲养环境下，养殖生物之间的竞争加剧，可能导致资源争夺、生态位重叠和疾病传播等问题。过度养殖还可能破坏养殖区域的生态平衡和生物多样性，降低养殖环境的自我调节能力和稳定性。长期过度养殖还可能导致海域污染和生态退化，对海洋牧场的可持续发展构成威胁。

三、市场与经济风险

市场需求波动：市场需求波动是海洋牧场经营中常见的经济风险之一。海洋牧场的产品主要面向海产品市场，包括鱼类、贝类和藻类等多种海产品。然而，市场需求受到多种因素的影响，如消费者偏好变化、替代品竞争、宏观经济环境波动等，这些因素都可能导致市场需求突然下降。例如，消费者健康意识的提升可能减少对某些高脂肪、高胆固醇海产品的需求，转而选择更加健康的海产品种类。此外，国际贸易形势的变化也可能影响海产品的出口需求，从而对海洋牧场的产品销售造成不利影响。

市场需求的波动不仅会影响海洋牧场产品的销售量，还会直接影响到产品的价格。当市场需求下降时，产品供过于求，价格往往会随之下跌，进而压缩企业的利润空间。因此，海洋牧场经营者需要密切关注市场动态，灵活调整生产和销售策略，以应对市场需求的波动。例如，通过市场调研了解消费者需求变化，及时开发符合市场需求的新产品；或者通过拓展销售渠道，开拓新的市场领域，以降低对单一市场的依赖。

价格波动：海洋牧场经营过程中，原材料价格和人工成本的波动也是重要的经济风险之一。海产品养殖过程中需要大量的饲料、苗种和其他生产资料，这些原材料的价格受到市场供需关系、国际市场价格波动等多种因素的影响。当原材料价格上涨时，海洋牧场的养殖成本会随之增加，压缩利润空间。

同时，人工成本也是海洋牧场经营中不可忽视的一部分。随着劳动力市场的变化，人工成本可能会不断上升，进一步增加养殖成本。为了应对价格波动带来的风险，海洋牧场经营者需要采取有效的成本控制措施。一方面，可以通过与供应商建立长期合作关系，锁定原材料价格，降低采购成本；另一方面，通过提高生产效率和管理水平，降低单位产品的生产成本。此外，加强内部管理，优化人员配置，减少不必要的人工成本支出，也是应对人工成本上升的有效手段。

供应链风险：供应链中断是海洋牧场经营中另一个重要的经济风险。海洋牧场的供应链包括饲料供应、种苗采购、产品销售等多个环节，任何一个环节的中断都可能对养殖活动造成严重影响。例如，物流问题可能导致饲料无法及时送达养殖现场，影响养殖生物的正常生长；饲料短缺则可能直接威胁到养殖生物的生存和健康。此外，销售渠道的中断也可能导致产品滞销，给企业带来经济损失。

为了降低供应链风险，海洋牧场经营者需要建立完善的供应链管理体系。首先，建立多元化供应商体系，确保饲料、种苗等关键物资的供应稳定性。通过与多个供应商建立合作关系，降低对单一供应商的依赖程度，减少供应链中断的风险。其次，加强库存管理，确保关键物资的充足供应。通过科学的库存管理和预测分析，合理安排采购计划，避免物资短缺或过剩的情况发生。最后，建立应急响应机制，针对供应链中断等突发事件制定应急预案，确保在危机发生时能够迅速应对，减少损失。

四、技术与管理风险

技术失效：技术失效是海洋牧场经营中的一项重要风险。海洋牧场的养殖过程依赖于各种先进的技术和设备，如养殖网箱、自动化投喂系统、智能监控系统等。然而，这些技术和设备在使用过程中可能会出现故障或失灵的情况，导致养殖环境失控，影响生物的正常生长。

为了降低技术失效的风险，海洋牧场经营者需要加强技术管理和维护。首先，定期对养殖设备进行检查和维护，确保其正常运行。通过制定详细的维护计划和操作规程，明确维护内容和责任分工，确保设备处于良好的工作状态。其次，加强技术培训，提高员工的技术水平和操作能力。通过组织定期培训和技术交流活动，提升员工对先进技术的理解和应用能力，减少因操作不当导致的技术故障。最后，建立应急响应机制，针对技术故障等突发情况制定应急预案，确保在故障发生时能够迅速排除问题，恢复养殖环境的稳定。

管理不善：管理不善也是海洋牧场经营中的重要风险之一。海洋牧场的养殖过程涉及多个环节和多个部门之间的协作与配合，如果管理不善可能导致资源浪费、环境污染等问题，增加运营成本。例如，养殖密度的不合理规划可能导致养殖环境恶化，影响生物的生长和品质；养殖过程的操作不规范可能导致疾病的传播和扩散，增加防控难度和成本。

为了降低管理不善的风险，海洋牧场经营者需要加强内部管理和监督。首先，制定科学的管理制度和操作规程，明确各部门和岗位的职责和权限，确保养殖活动的有序进行。通过制定详细的工作计划和进度安排，明确各项工作的目标和要求，确保各项任务按时完成。其次，加强监督和检查力度，确保各项管理制度和操作规程得到有效执行。通过定期组织检查和评估活动，发现问题及时整改，确保养殖活动的规范性和有效性。最后，加强员工培训和激励措施，提高员工的工作积极性和责任心。通过组织定期培训和交流活动，提升员工的专业素养和综合能力；通过建立激励机制和奖惩制度，激发员工的工作热情和创造力，提高整体管理水平和运营效率。

人才流失：人才流失是海洋牧场经营中不可忽视的风险之一。海洋牧场行业对专业人才的需求量大，且要求具备较高的专业素养和技能水平。然而，由于行业特点和发展阶段的不同，海洋牧场企业在吸引和留住人才方面面临诸多挑战。关键技术和管理人才的流失不仅会影响养殖技术的传承和创新，还可能降低企业的整体竞争力。

为了降低人才流失的风险，海洋牧场经营者需要采取有效的措施吸引和留住人才。首先，建立健全的人才培养和引进机制。通过制定详细的人才培养计划和发展路径，为员工提供广阔的职业发展空间和晋升机会；通过加强与高校、科研机构等合作单位的联系与合作，引进优秀的专业人才和技术成果。其次，加强企业文化建设，营造良好的工作氛围和团队凝聚力。通过组织丰富多彩的文化活动和团队建设活动，增强员工的归属感和认同感；通过建立开放、包容的企业文化氛围，激发员工的创造力和创新精神。最后，制定合理的薪酬和福利政策，确保员工的劳动成果得到合理的回报。通过制定具有竞争力的薪酬水平和福利待遇，吸引和留住优秀人才；通过建立完善的绩效考核和激励机制，激发员工的工作积极性和责任心。

第二节　海洋牧场风险管理与防范策略

一、加强风险评估与监测

定期风险评估：在海洋牧场运营过程中，定期风险评估是预防和减少风险的重要措施之一。风险评估应覆盖自然环境、生物生态、市场与经济、技术与管理等多个方面，确保全面识别潜在风险点。具体而言，应组建专业团队，依据历史数据和当前运营状况，采用定量与定性相结合的方法，对可能面临的风险进行系统性评估。评估结果应详细记录并形成报告，为管理层提供决策依据。

针对识别出的风险点，应制定相应的防范措施。例如，对于极端气候事件风险，应制定应急预案，明确疏散路线、救援措施等；对于生物入侵风险，应加强外来物种监测，建立快速响应机制，防止外来物种扩散；对于市场需求波动风险，应灵活调整销售策略，开发多元化产品，降低对单一市场的依赖。

实时监测系统：为及时发现并应对异常情况，海洋牧场应建立实时监测系统。该系统应集成多种传感器和监测设备，对水质、气象、生物健康等关键指标进行不间断监测。具体而言，可以部署水质监测站，实时监测溶解氧、pH值、温度、盐度等水质参数；安装气象站，监测风速、风向、降雨量等气象数据；使用生物健康监测设备，对养殖生物的生长状况、行为习性进行连续观测。

实时监测系统应配备智能分析软件，对监测数据进行自动处理和分析，及时预警潜在风险。当监测数据超出预设阈值时，系统应自动触发报警机制，通知相关人员采取应对措施。通过实时监测与预警，可以有效降低风险事件的发生概率，减少损失。

二、优化养殖布局与管理

科学规划养殖密度：养殖密度的合理规划是保障海洋牧场健康运营的关键。规划养殖密度时，应充分考虑海域的生态承载力和养殖生物的习性。首先，应对目标海域进行全面评估，包括水深、底质、水流等环境条件，以及历史养殖经验和数据。其次，根据养殖生物的生态需求和生长特点，科学计算适宜的养殖密度，避免过度养殖导致的环境恶化和生物健康问题。

在养殖过程中，还应根据养殖生物的生长情况和环境变化，动态调整养殖密度。通过定期监测生物种群数量、生长速度和健康状况，及时发现并处理过度密集养殖的问题。同时，建立生态承载力评估机制，确保养殖活动在海域生态承载范围内进行。

精细化管理：精细化管理是提升海洋牧场运营效率和降低风险的有效途径。精细化管理涉及多个方面，包括水质管理、疾病防控、生态修复等。具体而言，应建立定期水质检测制度，对养殖区域的水质进行持续监测，确保水质符合养殖生物的生长需求。同时，制定疾病防控计划，定期对养殖生物进行健康检查，及时发现并处理疾病问题。

在生态修复方面，应采取有效措施恢复和提升养殖区域的生态环境。例如，投放人工鱼礁、种植海藻等生态修复措施，为养殖生物提供适宜的栖息环境。此外，还应加强养殖废弃物的处理和利用，减少环境污染和资源浪费。

通过精细化管理，可以确保养殖环境的稳定性和生物的健康生长，降低疾病和生态灾害的发生概率，提升海洋牧场的整体运营效益。

三、强化技术研发与应用

引进先进技术：海洋牧场的发展离不开先进技术的支持。为提升养殖效率和产品质量，应积极引进国内外先进的养殖技术和设备。具体而言，可以关注循环水养殖系统、智能监控系统、自动化投喂系统等领域的最新技术成果。通过引进这些技术，可以实现养殖环境的精准调控和养殖过程的自动化管理，降低人力成本和劳动强度。

在引进技术时，应注重技术的适用性和可行性。应对目标技术进行充分调研和评估，确保其符合海洋牧场的实际需求。同时，加强与国内外科研机构和技术企业的合作与交流，共同推动技术创新和成果转化。

自主研发创新：

在引进先进技术的基础上，还应加大自主研发力度，提升海洋牧场的自主创新能力。自主研发应聚焦养殖过程中的技术难题和瓶颈问题，通过科学研究和技术攻关，解决实际问题并推动技术进步。

具体而言，可以设立专项研发基金，支持科研团队开展技术研究和产品开发。鼓励科研人员深入养殖一线，了解实际需求和技术难点，提出切实可行的解决方案。同时，加强知识产权保护工作，对自主研发的技术成果进行专利申请和保护，确保技术成果的有效利用和转化。

通过自主研发创新，可以形成具有自主知识产权的核心技术体系，提升海洋牧场的竞争力和可持续发展能力。同时，为行业技术进步和产业升级提供有力支撑。

四、完善供应链管理体系

1. 多元化供应商。

为确保海洋牧场运营的连续性和稳定性，必须构建一个多元化的供应商体系。这一体系旨在分散供应风险，避免因单一供应商问题导致的供应链中断。具体措施包括：

·供应商评估与选择：对潜在供应商进行严格的资质审查和评估，包括生产能力、产品质量、交货准时率、售后服务等方面。确保选定的供应商不仅在产品质量上达标，还能在紧急情况下快速响应需求。

·建立长期合作关系：与多家优质供应商建立长期稳定的合作关系，通过签订长期供货合同或战略合作协议，确保关键物资的稳定供应。同时，定期与供应商沟通，了解其生产计划和产能情况，以便及时调整采购计划。

·定期审核与评估：对供应商进行定期审核和绩效评估，包括产品质量、交货期、服务态度等方面。对于表现不佳的供应商，及时采取措施进行整改或替换，以维护供应链的整体效能。

2. 库存管理。

优化库存管理策略是确保海洋牧场运营连续性的重要环节。通过科学的库存管理和预测分析，可以有效避免物资短缺或过剩带来的风险。具体措施包括：

·实施精益库存管理：采用精益管理理念，对库存进行精细化管理。通过实时监控库存水平，及时补充短缺物资，避免断货风险。同时，合理设置安全库存量，以应对突发需求和供应链波动。

·智能预测与分析：利用大数据和人工智能技术，对历史销售数据、市场需求趋势等进行深入分析，预测未来物资需求。通过智能预测模型，提前制定采购计划，确保物资供应与需求相匹配。

·库存周转率优化：通过优化库存结构和提高库存周转率，减少资金占用和仓储成本。对长期积压的物资进行及时处理，避免资金沉淀和物资贬值。同时，加强与供应商的协调沟通，实现 JIT（Just-In-Time）供货模式，降低库存水平。

五、加强人才培养与引进

1. 专业培训。

在海洋牧场行业，专业人才是保障运营质量和提升竞争力的关键。因此，定期开展专业培训和技能提升活动至关重要。具体措施包括：

·内部培训体系构建：建立完善的内部培训体系，包括新员工入职培训、岗位技能培训、管理能力提升等多个层次。通过系统化的培训课程和实践操作，提升员工的专业素养和操作技能。

·外部专家授课：邀请行业内的专家学者、资深从业者等进行授课和指导。通过外部专家的经验分享和案例分析，拓宽员工视野，提升解决实际问题的能力。

·在线学习平台：利用在线学习平台提供丰富的学习资源和灵活的学习方式。员工可以根据自身需求和时间安排进行自主学习和进阶提升，不断充实专业知识和技能。

2. 人才引进。

为了吸引更多优秀人才加入海洋牧场行业，提升整体竞争力，需要加大人才引进力度。具体措施包括：

·明确人才需求：根据企业发展战略和运营需求，明确所需人才的专业背景、技能和经验要求。制定详细的人才招聘计划，明确招聘渠道和招聘流程。

·拓宽招聘渠道：通过高校招聘、社会招聘、猎头公司等多种渠道广泛吸引人才。加强与高校和科研机构的合作，建立人才输送机制。同时，利用社交媒体、专业招聘网站等平台扩大招聘信息的传播范围。

·完善薪酬福利体系：提供具有竞争力的薪酬福利体系，包括基本工资、绩效奖金、股权激励等多种激励方式。同时，关注员工的职业发展和成长需求，提供广阔的职业发展空间和晋升机会。

·营造良好的工作环境：通过打造开放包容的企业文化、提供舒适的工作环境和完善的员工福利，吸引并留住优秀人才。加强团队建设和沟通协作，营造积极向上的工作氛围。

通过完善供应链管理体系和加强人才培养与引进等措施，海洋牧场企业可以显著提升风险管理与防范能力，确保运营的连续性和稳定性。同时，这些措施也有助于提升企业的整体竞争力和可持续发展能力。

第三节　海洋牧场应急预案与危机处理

一、制定应急预案

在海洋牧场运营过程中，制定详尽且可操作的应急预案是应对潜在危机、减少损失的关键。应急预案应涵盖自然灾害、生物疾病以及供应链中断等多种可能的风险场景。

自然灾害应急预案：针对台风、海啸等自然灾害，海洋牧场应制定专门的应急预案。首先，应明确台风、海啸等自然灾害的预警信号及接收渠道，确保第一时间获取预警信息。预案中需详细规划人员疏散路线，包括从养殖区域到安全避难所的撤离路径，确保在灾害发生时能够迅速、有序地疏散人员。

在救援措施方面，预案应明确救援队伍的组建与培训，包括救援设备的配备、使用方法及日常维护保养。同时，需建立与当地政府、救援机构的联动机制，确保在灾害发生时能够及时获得外部支援。此外，针对灾后恢复工作，预案应规划养殖设施的修复与重建方案，包括临时替代方案的制定与实施，以保障灾后海洋牧场的尽快恢复运营。

生物疾病应急预案：针对海洋牧场养殖生物可能遭遇的疾病风险，制定详尽的疾病防控预案至关重要。预案应首先建立疫情监测体系，通过定期水质检测、养殖生物健康检查等手段，及时发现疫情苗头。一旦发现疫情，应立即启动隔离治疗程序，将疑似患病生物隔离至专门区域，防止疫情扩散。

同时，预案应明确无害化处理措施，对病死生物进行规范处理，避免病原体传播。在疾病防控过程中，加强与科研机构、专业兽医的合作，及时获取技术支持，提高疫情防控效率。此外，预案还应规划疫情后的恢复生产措施，包括环境消毒、生物种群调整等，确保海洋牧场的持续健康发展。

供应链中断预案：供应链中断可能对海洋牧场的正常运营造成严重影响。因此，制定供应链中断预案是保障海洋牧场连续生产的重要一环。预案应明确关键物资（如饲料、种苗等）的多元化供应渠道，确保在某一供应商出现问题时，能够迅速切换至其他供应商，保障物资供应的稳定性。

同时，预案应规划应急采购计划，包括采购流程、审批权限、资金保障等方面的内容，确保在紧急情况下能够迅速完成采购任务。针对物流中断风险，预案应建立应急物流渠道，确保关键物资能够及时送达养殖现场。此外，预案还应加强与供应链伙伴的沟通与协作，共同应对供应链中断带来的挑战。

二、建立应急响应机制

为确保应急预案的有效执行，海洋牧场应建立高效的应急响应机制。这一机制包括快速响应小组的组建与信息通报系统的建立两个方面。

快速响应小组：快速响应小组是应急响应机制的核心组成部分。小组应由具有丰富经验和专业技能的人员组成，包括养殖专家、技术人员、管理人员等。小组成员应熟悉应急预案的内容与操作流程，具备快速决策和现场指挥的能力。

在危机发生时，快速响应小组应立即启动应急预案，组织救援和恢复工作。小组成员应根据预案分工合作，迅速调集救援力量和资源，确保救援工作的顺利进行。同时，小组应加强与当地政府、救援机构、供应链伙伴等相关方的沟通与协作，形成合力应对危机。

信息通报系统：信息通报系统是确保危机信息及时传达的关键环节。系统应覆盖海洋牧场的各个部门和岗位，确保危机信息能够迅速传达给相关人员。系统应支持多种通信方式（如电话、短信、电子邮件等），以适应不同场景下的通信需求。

在危机发生时，信息通报系统应立即启动，确保危机信息的及时传达。相关人员应根据接收到的危机信息迅速采取应对措施，避免危机进一步扩散。同时，系统应支持信息的双向流通，确保救援工作的协调与同步进行。

综上所述，海洋牧场应急预案与危机处理是保障海洋牧场持续健康发展的关键环节。通过制定详尽的应急预案和建立高效的应急响应机制，海洋牧场能够在面对自然灾害、生物疾病、供应链中断等风险时迅速响应、有效应对，减少损失并尽快恢复生产。这将为海洋牧场的可持续发展提供有力保障。

三、实施危机处理与恢复

紧急救援：在海洋牧场面临危机时，紧急救援是首要任务。一旦危机发生，必须立即启动紧急救援程序，确保人员安全，并尽可能减少财产损失。首先，设立紧急联络机制，确保所有相关人员能够迅速接收到危机信息并作出响应。同时，明确各级别员工的应急职责，确保救援工作有序进行。

在自然灾害如台风、海啸等情况下，首要任务是组织人员撤离至安全地带。海洋牧场应提前规划好紧急疏散路线，确保员工和附近居民能够迅速、安全地撤离到避难所。此外，还需准备必要的救援物资，如救生衣、应急食品、医疗用品等，以备不时之需。

对于生物疾病或寄生虫暴发等生物危机，应立即启动生物安全预案。首先，对疑似染病生物进行隔离，防止疫情扩散。同时，加强养殖区域的消毒工作，确保病原体的有效控制和消灭。在紧急救援过程中，加强与专业兽医、科研机构等外部专家的合作，获取技术支持，提高救援效率。

损失评估：危机过后，进行全面的损失评估是恢复重建工作的重要前提。损失评估应涵盖人员伤亡、财产损失、环境破坏等多个方面，确保对危机影响有全面、准确的认识。

首先，对人员伤亡情况进行统计，为后续的赔偿和安抚工作提供依据。其次，对养殖设施、生产设备、物资储备等财产损失进行详细盘点，评估损失程度和修复成本。同时，还需评估危机对海洋生态环境的影响，了解生态破坏程度和恢复难度。

在损失评估过程中，应确保数据的准确性和客观性。可以借助第三方专业机构进行评估，以提高评估结果的公信力。评估结果将为后续的赔偿、保险理赔、政府补助等工作提供重要依据。

恢复重建：在危机得到初步控制后，应迅速组织恢复重建工作。恢复重建工作应遵循科学规划、高效执行的原则，确保海洋牧场尽快恢复正常运营。

首先，根据损失评估结果制定恢复重建计划。计划应明确修复范围、修复标准、修复时间表和所需资源等关键要素。同时，加强与政府、供应商、合作伙伴等外部力量的沟通与协作，争取资金、物资和技术支持。

在恢复重建过程中，应优先修复关键养殖设施和基础设施。例如，修复或重建受损的网箱、浮标、管道等设施，确保养殖活动的顺利进行。同时，加强水质监测和调控工作，确保养殖环境符合生物生长需求。

此外，还需注重生态环境的恢复与保护。通过投放人工鱼礁、种植海藻等措施，促进生物多样性的恢复和提升。加强环境监测与评估工作，及时发现并解决生态环境问题。

在恢复重建过程中，还应注重经验的总结和传承。将恢复重建过程中的经验教训进行总结提炼，形成可复制、可推广的经验模式。通过培训、交流等方式将经验传授给其他海洋牧场，共同提升行业的抗风险能力和可持续发展水平。

四、总结经验教训

危机复盘：危机过后，组织复盘会议是总结经验教训的重要环节。复盘会议应邀请所有参与危机应对的人员参加，共同回顾危机发生、发展和应对的全过程。

在复盘过程中，首先应对危机应对过程中的亮点和不足进行全面梳理。分析哪些措施有效应对了危机，哪些措施存在不足或需要改进。同时，识别危机应对过程中存在的问题和短板，为后续的改进工作提供方向。

其次，对危机发生的根源进行深入剖析。了解危机发生的内外部原因，评估危机发生的可能性和影响程度。通过剖析危机根源，为制定更加科学、合理的预防措施提供依据。

最后，提出改进措施和建议。针对复盘过程中发现的问题和不足，提出具体的改进措施和建议。明确改进方向、目标和时间表，确保改进措施得到有效执行。

完善预案：根据复盘结果和经验教训，完善应急预案和响应机制是提高海洋牧场抗风险能力的重要途径。完善预案应围绕以下几个方面进行：

首先，优化预警和监测机制。加强气象、水文、生物等关键指标的监测和预警工作，提高危机预警的准确性和及时性。通过引入先进的监测技术和设备，提升监测能力和水平。

其次，完善应急响应流程。明确各级别、各部门的应急职责和响应流程，确保在危机发生时能够迅速、有序地作出响应。加强应急演练和培训工作，提高员工的应急反应能力和协作水平。

再次，强化资源保障和储备。根据危机应对的需求和实际情况，合理规划和储备应急物资、设备和人员等资源。确保在危机发生时能够及时调动资源，保障救援和恢复工作的顺利进行。

最后，加强跨部门和跨领域的合作与协调。建立与政府、科研机构、供应商、合作伙伴等外部力量的合作机制，共同应对危机挑战。通过加强信息共享、资源整合和协同作战，提升整体抗风险能力和可持续发展水平。

总之，海洋牧场应急预案与危机处理是保障海洋牧场持续健康发展的关键环节。通过实施紧急救援、损失评估、恢复重建和总结经验教训等措施，海洋牧场能够在面对危机时迅速响应、有效应对并尽快恢复运营。同时，通过完善预案和强化合作与协调等措施提升抗风险能力和可持续发展水平。

第十一章 思考题

1. 请分析在海洋牧场运营中，如何通过优化养殖布局来降低自然环境风险（如台风、海啸）对养殖设施的影响？

2. 在海洋牧场经营过程中，如何制定有效的生物疾病防控预案，以减少疾病暴发对养殖生物的影响？

3. 面对原材料价格波动带来的经济风险，海洋牧场应如何构建多元化的供应商体系来确保供应链的稳定？

4. 在制定海洋牧场应急预案时，如何确保应急预案的全面性和可操作性，以有效应对不同类型的风险事件？

5. 分析技术失效对海洋牧场运营的影响，并提出预防技术失效的具体措施和管理策略。

6. 在危机处理过程中，如何平衡紧急救援与恢复重建的关系，确保海洋牧场在遭受重大危机后能够迅速恢复运营？

第十二章

海洋牧场未来展望与趋势分析

第一节　海洋牧场的发展趋势与挑战

一、发展趋势

(一) 智能化与信息化融合

随着科技的飞速发展，物联网、大数据、人工智能等先进技术正逐步融入海洋牧场的管理与运营中，推动其向智能化、信息化方向迈进。这一趋势不仅提升了养殖效率，还显著增强了决策的科学性和精准性。

智能监控系统的应用是智能化管理的核心。通过在水体中布设多参数传感器，实现对水质（如溶解氧、pH 值、温度、盐度等）、生物行为等关键参数的实时监测。这些实时数据通过无线网络传输至数据中心，利用大数据分析技术进行处理和分析，为管理者提供科学依据，帮助其精准调控养殖环境，优化资源配置。例如，当监测到水质参数异常时，系统会自动触发预警机制，提醒管理者及时采取措施，确保养殖生物的健康生长。

同时，人工智能在海洋牧场中的应用也日益广泛。通过机器学习算法，系统能够自动识别并预测养殖生物的生长趋势和健康状况，为养殖策略的调整提供有力支持。此外，智能投喂系统和自动增氧设备等智能化设施的应用，进一步减轻了人工劳动强度，提高了养殖效率。

信息化决策方面，海洋牧场通过建立全面的数据库和信息系统，整合养殖过程中的各类数据资源，为管理层提供全面的决策支持。通过数据分析，管理层能够准确把握市场动态和消费者需求变化，及时调整产品结构和销售策略，提升市场竞争力。

（二）生态化养殖模式推广

未来海洋牧场的发展将更加注重生态保护与可持续利用，推广生态化养殖模式成为必然趋势。这一模式旨在通过科学规划和合理布局，实现养殖活动与生态环境的和谐共生。

生态修复措施是生态化养殖模式的重要组成部分。通过投放人工鱼礁、种植海藻等生态工程手段，为海洋生物提供丰富的栖息地和繁殖场所，促进生物多样性的恢复和提升。这些生态修复措施不仅有助于维护海洋生态系统的平衡与稳定，还能增强养殖区域的自我调节能力，降低养殖风险。

循环水养殖系统的推广也是生态化养殖模式的重要体现。该系统通过生物过滤、物理过滤等手段，实现养殖废水的循环利用和污染物的有效处理，减少养殖活动对海洋环境的影响。循环水养殖系统不仅能够提高水资源利用效率，还能显著提升养殖产品的品质和安全性。

此外，生态化养殖模式还强调养殖过程中的科学管理和环境保护意识。通过优化养殖布局、控制养殖密度、加强疾病防控等措施，确保养殖活动在生态承载力范围内进行，实现经济效益与生态效益的双赢。

（三）深海养殖技术突破

随着深海探测和养殖技术的不断发展，深海养殖将成为未来海洋牧场的重要发展方向。深海区域蕴藏着丰富的生物资源和广阔的养殖空间，具有巨大的开发潜力。

深海网箱设计的优化是深海养殖技术突破的关键。通过采用高强度材料、优化结构布局等手段，提高深海网箱的抗压能力和稳定性，确保养殖生物在深海环境中的安全生长。同时，研发新型深海养殖设施和技术手段，如深海探测设备、远程监控系统等，提高深海养殖的精准度和安全性。

深海养殖技术的突破不仅有助于拓展海洋牧场的养殖空间和提高养殖效益，还能推动海洋资源的深度开发和可持续利用。然而，深海养殖技术的研发和应用也面临着诸多挑战，如技术难度高、成本投入大等，需要科研人员和企业共同努力攻克难关。

（四）多元化产品开发与品牌建设

面对日益激烈的市场竞争和消费者需求的多样化趋势，海洋牧场将更加注重产品多样化和品牌建设。通过开发高附加值海产品如功能性食品、保健品等，满足市场多元化需求，提升产品附加值和市场竞争力。

在产品开发方面，海洋牧场应充分利用科技手段和创新思维，挖掘海洋生物的潜在价值。例如，通过生物技术和营养学研究，开发出具有特定保健功能的海洋食品；通过改良养殖工艺和加工技术，提高产品的品质和口感。同时，注重产品的差异化设计和个性化定制服务，满足不同消费者的需求。

品牌建设方面，海洋牧场应树立品牌意识，加强品牌宣传和推广力度。通过参加国内外展会、举办品牌发布会等活动提升品牌知名度和影响力；通过与知名电商平台和零售企业合作拓展销售渠道和市场份额；通过提供优质的售后服务和客户关系管理增强消费者对品牌的忠诚度和信任度。此外，还应注重品牌文化的塑造和传播，打造具有独特魅力和内涵的海洋牧场品牌形象。

二、面临挑战

（一）技术瓶颈与成本问题

尽管智能化、信息化等先进技术为海洋牧场的发展带来了诸多机遇，但其研发和应用也面临着技术瓶颈和成本问题。深海养殖、智能监控等技术的研发难度较高且成本投入巨大，如何降低技术成本、提高技术成熟度成为未来需要解决的关键问题。

针对这一问题，海洋牧场企业应加强技术研发和创新能力建设，加大科技投入力度，推动关键技术的突破和应用。同时，积极寻求政府和社会资本的支持与合作，共同分担技术研发和应用成本。此外，还应加强与国际先进企业的交流与合作，引进和消化吸收国外先进技术和管理经验，提升自身技术水平和市场竞争力。

（二）生态环境保护压力

随着海洋牧场规模的不断扩大和养殖活动的不断增加，生态环境保护压力也随之增大。如何在保障经济效益的同时有效保护海洋生态环境成为未来面临的重要挑战。

针对这一挑战，海洋牧场企业应树立绿色发展理念，加强生态保护和修复工作力度。通过科学规划和合理布局降低养殖活动对海洋环境的影响；通过投放人工鱼礁、种植海藻等生态修复措施促进生物多样性的恢复和提升；通过加强环境监测与评估工作及时发现并解决生态环境问题。同时，积极推广生态化养殖模式减少养殖过程中的污染排放和资源浪费实现经济效益与生态效益的双赢。

此外，政府和社会各界也应加强对海洋牧场生态环境保护工作的监督和支持力度推动相关法律法规和政策措施的完善和实施共同维护海洋生态环境的健康和稳定。

（三）市场竞争与政策环境

随着海洋牧场产业的快速发展市场竞争将日益激烈。同时政策环境的变化也可能对海洋牧场的发展产生影响。因此如何适应市场竞争和政策变化制定合理的发展战略成为未来海洋牧场需要面对的挑战之一。

针对市场竞争问题海洋牧场企业应树立市场导向意识加强市场调研和分析准确把握消费者需求和市场动态。通过优化产品结构和服务质量提升品牌知名度和市场占有率。同时加强与其他企业的合作与交流实现资源共享和优势互补共同推动海洋牧场产业的健康发展。

针对政策环境问题海洋牧场企业应密切关注政策动态和政策导向及时调整自身发展战略和经营模式。加强与政府部门的沟通与协作争取政策支持和优惠措施降低运营成本和提高市场竞争力。同时积极参与行业标准的制定和完善推动行业健康有序发展。

第二节　海洋牧场新技术与新模式的预测与分析

一、新技术预测

（一）基因编辑与生物育种技术

随着现代生物技术的飞速发展，基因编辑技术在农业和渔业领域的应用日益广泛。未来，海洋牧场将充分利用这一先进技术，通过基因编辑和生物育种手段，培育出更加适应海洋环境、生长速度快、抗病性强、品质优良的新品种养殖生物。

基因编辑技术，特别是 CRISPR-Cas9 等新一代工具的出现，使得科学家能够精确地对生物体的基因进行编辑和改造。在海洋牧场中，这项技术将用于优化养殖生物的遗传特性，比如提高生长效率、增强对病害的抵抗力、改善肉质口感等。通过基因编辑，可以定向培育出符合市场需求、经济效益显著的新品种，从而大幅提升海洋牧场的生产效率和市场竞争力。

此外，生物育种技术也将与基因编辑技术相结合，通过大规模的遗传选育和杂交育种，进一步挖掘和利用养殖生物的遗传潜力。通过构建遗传图谱、开展分子标记辅助选择等工作，可以更加精准地选育出目标性状突出的优良品种，为海洋牧场的可持续发展提供坚实的遗传基础。

（二）深海探测与养殖技术

深海区域蕴藏着丰富的生物资源和广阔的养殖空间，是未来海洋牧场发展的重要方向。随着深海探测技术的不断进步，未来将研发出更加先进、高效的深海探测设备和技术手段，为深海养殖提供有力支持。

深海探测技术将涵盖声学探测、光学探测、电磁探测等多个方面，通过集成高精度传感器、自主航行器、水下机器人等设备，实现对深海环境的全面监测和精确测绘。这些技术将帮助科学家和养殖者深入了解深海的物理、化学和生物特征，为深海养殖的规划和实施提供科学依据。

在深海养殖方面，未来将重点优化深海网箱的设计和布局，采用高强度、耐腐蚀的材料，提高网箱的抗压能力和稳定性。同时，研发新型深海养殖设施和技术手段，如远程监控系统、自动化投喂系统等，提高深海养殖的精准度和安全性。此外，还将开展深海生物资源的调查和开发工作，挖掘深海特有的优质养殖品种，推动深海养殖的规模化、产业化发展。

（三）智能监控与数据分析技术

智能监控和数据分析技术在海洋牧场中的应用将越来越广泛。通过集成多参数传感器、高清摄像头等智能设备，可以实现对水质、气象、生物生长状况等关键参数的实时监测和远程传输。这些实时数据将为养殖管理提供重要的参考依据，帮助养殖者及时调整养殖策略和优化资源配置。

在数据分析方面，将利用大数据分析和机器学习算法，对养殖过程中的海量数据进行深度挖掘和处理。通过构建预测模型和优化算法，可以实现对养殖生物生长趋势、健康状况的精准预测和智能诊断。同时，还可以对养殖环境进行动态模拟和优化，提高养殖效率和管理水平。

智能监控与数据分析技术的应用将显著提升海洋牧场的智能化水平和自动化程度。通过减少人工干预和降低劳动成本，养殖者可以更加专注于养殖策略的制定和优化工作。同时，智能监控和数据分析技术还将为海洋牧场的可持续发展提供有力的技术支持和决策依据。

二、新模式分析

（一）共享经济与社区支持农业（CSA）模式

共享经济理念和社区支持农业（CSA）模式将在海洋牧场中得到应用和推广。通过建立共享平台和社区支持体系，可以实现养殖资源的高效利用和共享，促进海洋牧场的可持续发展。

共享经济模式将鼓励养殖者之间、养殖者与消费者之间建立紧密的合作关系。通过共享养殖设施、技术和管理经验等资源，可以降低养殖成本和提高资源利用效率。同时，还可以利用互联网平台和社交媒体等渠道，扩大海洋牧场产品的销售渠道和市场影响力。

社区支持农业（CSA）模式则强调社区参与和互动体验。通过建立社区支持体系，可以吸引更多消费者关注和支持海洋牧场的发展。通过组织参观活动、互动体验、会员制度等方式，可以增强消费者对海洋牧场产品的认知度和信任度。同时，还可以根据消费者的需求和反馈，及时调整养殖策略和产品结构，实现供需双方的共赢。

（二）绿色生产与认证模式

未来海洋牧场将更加注重绿色生产和环保认证。通过推广绿色养殖技术和环保材料应用，减少养殖过程中的环境污染和资源浪费，提升产品的环保属性和市场竞争力。

绿色养殖技术将涵盖循环水养殖、生态养殖、有机养殖等多个方面。通过优化养殖布局和管理策略，实现养殖废弃物的资源化利用和污染物的无害化处理。同时，还将推广使用环保材料和设备，降低养殖过程中的碳排放和资源消耗。

环保认证方面，将积极申请国际权威机构的环保认证（如 MSC、ASC 等），以证明海洋牧场产品的环保属性和可持续性。这些认证不仅可以提升产品的市场认可度和附加值，还可以增强消费者的购买信心和忠诚度。

绿色生产与认证模式的应用将推动海洋牧场向更加环保、可持续的方向发展。通过减少环境污染和资源浪费，实现经济效益与生态效益的双赢。同时，还可以提升海洋牧场产品的品牌形象和市场竞争力，为企业的长期发展奠定坚实基础。

（三）循环经济与资源循环利用模式

循环经济和资源循环利用模式将成为未来海洋牧场的重要发展方向。通过构建闭环经济系统，实现养殖废弃物的资源化利用和污染物的无害化处理，降低养殖过程中的环境污染和资源消耗。

在循环经济模式下，将重点推广循环水养殖系统、有机废弃物处理系统等环保设施和技术手段。通过生物过滤、物理过滤等手段，实现养殖废水的循环利用和污染物的有效处理。同时，还将加强对养殖废弃物的分类收集和资源化利用工作，如将有机废弃物转化为有机肥料或生物能源等。

资源循环利用模式还将促进海洋牧场与其他产业的协同发展。通过与农业、工业等产业的深度融合和资源共享，实现养殖废弃物的跨产业利用和价值链延伸。这将有助于提升资源利用效率和经济效益，推动海洋牧场向更加高效、可持续的方向发展。

综上所述，未来海洋牧场将在新技术和新模式的推动下实现更加高效、环保、可持续的发展。通过基因编辑与生物育种技术、深海探测与养殖技术、智能监控与数据分析技术的应用和推广，将显著提升海洋牧场的生产效率和管理水平。同时，通过共享经济与社区支持农业（CSA）模式、绿色生产与认证模式、循环经济与资源循环利用模式的实施和推广，将推动海洋牧场向更加环保、可持续的方向发展，实现经济效益与生态效益的双赢。

第三节　海洋牧场可持续发展的未来路径

一、加强科技创新与人才培养

（一）加大科技创新投入力度，推动海洋牧场关键技术的研发和应用

海洋牧场要实现可持续发展，必须依靠科技创新的强力驱动。未来，应进一步加大科技创新投入力度，聚焦海洋牧场领域的核心技术难题，推动关键技术的研发和应用。具体措施包括：

·设立专项研发基金：政府和企业应共同出资设立专项研发基金，用于支持海洋牧场关键技术的研发工作。这些技术包括但不限于深海养殖技术、智能监控技术、生态修复技术等。

·鼓励产学研合作：加强与高校、科研机构等合作单位的交流与合作，形成产学研用紧密结合的创新体系。通过共建研发平台、联合攻关项目等方式，推动科技成果的快速转化和应用。

·引进与消化吸收再创新：积极引进国外先进技术和管理经验，结合我国海洋牧场的实际情况进行消化吸收再创新。通过引进先进设备、技术和理念，快速提升我国海洋牧场的技术水平和国际竞争力。

（二）建立完善的人才培养体系，加强专业人才的培养和引进工作

专业人才是海洋牧场可持续发展的关键。因此，必须建立完善的人才培养体系，加强专业人才的培养和引进工作。具体措施包括：

·构建多层次人才培养体系：结合海洋牧场的发展需求，构建多层次的人才培养体系。包括基础教育、职业教育、继续教育等多个层次，形成全方位、多层次的人才培养格局。

·加强专业培训与技能竞赛：定期举办专业培训班和技能竞赛，提升员工的专业素养和综合能力。通过邀请行业专家授课、组织实操演练等方式，提高员工的专业技能和实战能力。

·营造良好的企业文化氛围：通过营造开放、包容、创新的企业文化氛围，吸引和留住优秀人才。加强团队建设，提高员工的归属感和凝聚力，激发员工的工作热情和创造力。

二、推进生态保护与修复工作

（一）加强海洋牧场区域的生态保护与修复工作力度

海洋牧场作为人工构建的海洋生态系统，必须注重生态保护与修复工作。具体措施包括：

·实施严格的生态保护措施：制定并严格执行海洋牧场区域的生态保护规章制度，规范养殖活动和管理行为。通过设立生态红线、限制养殖密度等方式，确保养殖活动在生态承载力范围内进行。

·推广生态修复技术：采用人工鱼礁投放、海藻床恢复等生态修复技术，促进生物多样性的恢复和提升。通过定期监测和评估生态修复效果，及时调整和优化修复措施。

·加强环境监测与评估：建立完善的环境监测与评估体系，对海洋牧场区域的水质、底质、生物多样性等关键指标进行定期监测和评估。通过数据分析和预警系统，及时发现并解决生态环境问题。

（二）推广生态化养殖模式，减少养殖活动对海洋生态环境的影响

生态化养殖模式是未来海洋牧场发展的必然趋势。通过优化养殖布局和管理策略，实现养殖活动与生态环境的和谐共生。具体措施包括：

·科学规划养殖布局：根据海域的生态特征和养殖需求，科学规划养殖布局和密度。通过合理设置养殖区域、控制养殖规模等方式，减少对海洋生态环境的负面影响。

·推广循环水养殖系统：采用循环水养殖系统等技术手段，实现养殖废水的循环利用和污染物的有效处理。通过减少养殖废水排放和降低化学药物使用等方式，保护海洋生态环境。

·加强疾病防控与生物安全管理：建立完善的疾病防控和生物安全管理体系，减少疾病暴发和外来物种入侵的风险。通过加强养殖生物的健康监测、实施严格的生物安全管理制度等方式，保障养殖活动的顺利进行。

三、完善产业链与供应链体系

（一）构建完善的产业链和供应链体系

完善的产业链和供应链体系是海洋牧场可持续发展的基础。通过实现养殖、加工、销售等环节的紧密衔接和协同发展，提高整体运营效率和竞争力。具体措施包括：

·加强产业链整合：推动养殖、加工、销售等环节的紧密衔接和协同发展。通过资源整合和流程优化等方式，提高产业链的整体效能和附加值。

·建立稳定的供应链体系：与供应商、经销商等合作伙伴建立长期稳定的合作关系。通过签订长期供货合同、建立信息共享机制等方式，确保关键物资的稳定供应和市场需求的快速响应。

·加强物流与配送体系建设：建立完善的物流与配送体系，提高产品的运输效率和配送能力。通过引入先进的物流技术和设备、优化配送路线和方式等方式，降低物流成本和提高客户满意度。

（二）推动海洋牧场产品的多元化开发和品牌建设

通过推动海洋牧场产品的多元化开发和品牌建设，满足市场多元化需求并提升产品的知名度和市场占有率。具体措施包括：

·开发高附加值产品：利用海洋生物资源的独特优势，开发高附加值的产品如功能性食品、保健品等。通过科技创新和产品研发，提高产品的附加值和市场竞争力。

·加强品牌建设：树立品牌意识，加强品牌宣传和推广力度。通过参加国内外展会、举办品牌发布会等活动提升品牌知名度和影响力；通过与知名电商平台和零售企业合作拓展销售渠道和市场份额。

·提供个性化服务：根据消费者的需求和偏好提供个性化服务。通过定制化生产、精准营销等方式满足消费者的个性化需求并提高客户满意度。

四、加强政策引导与支持力度

（一）积极争取政府政策引导和支持力度

政府政策引导和支持是海洋牧场可持续发展的重要保障。通过积极争取政府政策引导和支持力度，为海洋牧场的发展提供良好的政策环境和制度保障。具体措施包括：

·争取财政补贴与税收优惠：积极争取政府对海洋牧场项目的财政补贴和税收优惠政策。通过降低企业运营成本和提高项目盈利能力等方式激发企业的投资热情和创新活力。

·完善法律法规体系：推动完善海洋牧场相关的法律法规体系，明确海洋牧场的法律地位和管理要求。通过加强执法力度和监管措施确保政策的有效实施和维护良好的市场秩序。

·加强国际合作与交流：加强与国际社会的合作与交流，共同推动海洋牧场技术的创新和应用。通过参与国际项目合作、举办国际研讨会等方式拓宽国际视野和合作渠道提升我国海洋牧场的技术水平和国际竞争力。

（二）推动行业标准的制定和完善

行业标准的制定和完善是规范海洋牧场产业健康有序发展的重要手段。通过推动行业标准的制定和完善，提升行业整体形象和竞争力。具体措施包括：

·建立行业标准体系：根据海洋牧场产业的发展需求和实际情况建立科学合理的行业标准体系。包括养殖技术、产品质量、环境保护等多个方面，确保产业发展的规范性和可持续性。

·加强行业自律与监管：加强行业自律和监管力度，推动行业健康有序发展。通过建立行业协会、制定行业规范等方式加强行业内部管理和协作共同维护良好的市场秩序和品牌形象。

通过上述措施的实施，可以推动海洋牧场产业向更加高效、环保、可持续的方向发展。通过加强科技创新与人才培养、推进生态保护与修复工作、完善产业链与供应链体系以及加强政策引导与支持力度等多方面的努力，实现海洋牧场产业的可持续发展目标。

第十二章　思考题

1. 请分析智能监控与数据分析技术在海洋牧场未来管理中的作用及其潜在影响。

2. 探讨基因编辑与生物育种技术在海洋牧场新品种培育中的应用前景及可能面临的挑战。

3. 如何结合共享经济与社区支持农业（CSA）模式，推动海洋牧场产品的市场推广与品牌建设？

4. 在海洋牧场可持续发展的未来路径中，完善产业链与供应链体系的重要性体现在哪些方面？

5. 分析政府在推动海洋牧场技术创新、生态保护及行业标准制定方面的具体政策支持和引导措施。

第十三章

海洋牧场实践项目设计与实施

第一节　海洋牧场实践项目的目标与意义

一、项目目标

（一）技术验证与优化

在海洋牧场实践项目中，技术验证与优化是核心目标之一。通过实际应用与测试，旨在验证和提升海洋牧场运营中的关键技术，确保其在复杂海洋环境中的有效性和可靠性。具体目标包括：

·智能监控系统验证与优化：项目将全面部署多参数水质监测传感器、高清摄像头等智能设备，实时监测养殖区域的水质状况（如溶解氧、pH 值、温度、盐度等）、生物行为及环境变化。通过大数据分析技术，对收集到的数据进行深度挖掘与分析，优化养殖环境调控策略，提高养殖管理的智能化水平。同时，验证智能监控系统的稳定性与准确性，及时发现并解决潜在的技术问题，为后续系统的优化升级提供数据支持。

·循环水养殖系统验证与优化：构建循环水养殖系统，通过生物过滤、物理过滤等技术手段，实现养殖废水的循环利用和污染物的有效处理。项目将验证循环水养殖系统在提高水质、减少换水频率和降低环境污染方面的实际效果，并根据运行结果调整系统参数，优化过滤效率和处理能力，进一步提高资源利用效率。

·深海网箱设计验证与优化：针对深海养殖的特殊环境，项目将设计并测试深海网箱的结构稳定性和抗压能力。通过模拟深海环境，评估网箱材料、形状及布局对养殖生物生长和环境保护的影响。根据实际测试数据,对深海网箱设计进行持续优化,提高其适应深海环境的能力和养殖效益。

(二) 生态修复与保护

生态修复与保护是海洋牧场实践项目的另一重要目标。通过实施一系列生态修复措施,旨在促进海洋牧场生物多样性的恢复与提升,增强生态系统的稳定性和自我调节能力,实现经济与生态的双赢。具体目标包括:

·人工鱼礁投放:根据海域生态特征和生物分布,科学规划人工鱼礁的投放位置和数量。通过投放适宜的人工鱼礁,为海洋生物提供栖息、繁殖和觅食的场所,促进生物多样性的增加。同时,定期监测人工鱼礁区域的生物附着情况和生物多样性变化,评估生态修复效果,并根据监测结果调整投放策略,确保生态修复措施的有效性。

·海藻床恢复:在适宜的海域种植或移植海藻,恢复受损的海藻床生态系统。通过选择适应当地环境的海藻种类,优化种植密度和布局,提高海藻的成活率和生长速度。同时,加强海藻床区域的监测与维护工作,防止人为破坏和病虫害侵袭,确保海藻床的持续稳定发展。海藻床的恢复不仅能够净化水质、提供栖息地,还能通过光合作用吸收二氧化碳,有助于缓解海洋酸化问题。

·环境监测与评估:建立健全的环境监测体系,对海洋牧场区域的水质、底质、生物多样性等关键指标进行定期监测。通过遥感监测、无人机巡检等高科技手段,提高监测效率和覆盖范围。根据监测结果评估海洋牧场的生态状况和管理效果,及时发现并解决生态环境问题,为生态修复与保护提供科学依据。

(三) 经济效益提升

经济效益提升是海洋牧场实践项目的直接目标之一。通过科学规划和高效管理,旨在提高海洋牧场的养殖产量和产品质量,增加经济效益,推动海洋牧场产业的可持续发展。具体目标包括:

·科学规划与布局:基于海域的生态特征和养殖需求,进行科学规划和布局,确保养殖活动在生态承载力范围内进行。通过优化养殖密度和布局,减少资源浪费和环境污染,提高养殖效率。同时,考虑市场需求和消费者偏好,合理调整养殖品种和结构,提升产品的市场竞争力。

·高效管理策略:制定并实施高效的管理策略,包括水质管理、疾病防控、饲料投喂等方面。通过引入智能化管理系统和自动化设备,减少人工干预,提高管理效率。同时,加强员工培训和团队建设,提升整体管理水平和应急响应能力。通过科学管理和技术创新,降低运营成本,提高经济效益。

·产品开发与市场推广:根据市场需求和消费者偏好,开发高附加值的产品种类和规格。通过品牌建设和市场推广策略，提升产品的知名度和美誉度。拓展销售渠道和市场网络，提高产品销售量和市场占有率。同时，关注国际贸易动态和政策变化，积极开拓国际市场，实现产品的多元化和国际化发展。

（四）人才培养与团队建设

人才培养与团队建设是海洋牧场实践项目的长远目标。通过实践项目的实施，旨在培养一批具有实际操作能力和创新精神的海洋牧场专业人才，为产业发展提供坚实的人才支撑。具体目标包括：

·专业培训与技能提升：根据项目需求和员工特点，制定个性化的培训计划。通过内部培训、外部专家授课、在线学习等方式，提升员工的专业技能和综合素质。特别是加强智能监控、循环水养殖、深海养殖等关键技术的培训力度，确保员工能够熟练掌握并有效应用新技术。

·团队建设与协作能力：加强团队建设与合作交流，促进员工之间的沟通与协作。通过组织团队建设活动、技术交流会等形式，增强团队凝聚力和向心力。同时，鼓励员工提出创新想法和改进建议，激发团队的创造力和创新精神。通过团队协作和共同努力，推动项目的顺利实施和持续发展。

·人才引进与激励机制：根据项目发展需要，积极引进国内外优秀人才和先进技术。建立完善的人才引进机制和政策措施，为优秀人才提供良好的工作环境和发展平台。同时，制定具有竞争力的薪酬福利制度和激励机制，吸引和留住关键人才。通过人才引进和培养相结合，打造一支高素质、专业化的海洋牧场人才队伍。

二、项目意义

（一）推动技术创新与应用

海洋牧场实践项目作为技术创新与应用的重要平台，承载着将先进科技转化为实际生产力的使命。这些项目不仅为新技术、新方法的验证提供了实际场景，还促进了科技成果的快速转化和产业化进程。

促进技术迭代与升级：通过实践项目的实施，可以直观地检验新技术的可行性和效果。例如，智能监控系统的应用，能够实时监测养殖环境的水质参数、生物行为等关键指标，为养殖管理提供科学依据。在项目实施过程中，技术人员可以根据监测数据和实际效果，不断优化算法和系统性能，推动智能监控技术的迭代升级。

加速科技成果的产业化：许多科技成果在实验室阶段表现出色，但在实际应用中往往面临各种挑战。实践项目为科技成果提供了走出实验室、进入生产环节的机会。通过项目的实施，可以检验科技成果的实用性和经济性，为后续的规模化生产和市场推广奠定基础。例如，循环水养殖系统的应用，能够在实践项目中验证其在提高水质、减少换水频率和降低环境污染方面的实际效果，进而推动该技术的产业化进程。

推动多学科交叉融合：海洋牧场实践项目涉及生物学、生态学、工程学、信息技术等多个学科领域。项目的实施促进了不同学科之间的交叉融合，推动了跨学科研究的发展。例如，在深海养殖技术的研究中，需要综合运用海洋工程、材料科学、自动化控制等多个学科的知识和技术手段，通过实践项目的实施，可以促进这些学科的交叉融合和共同进步。

（二）促进生态保护与可持续发展

海洋牧场实践项目在推动经济发展的同时，也高度重视生态保护与可持续发展。通过实施生态修复和保护措施，项目旨在平衡经济发展与生态保护的关系，推动海洋牧场的绿色、低碳、可持续发展。

保护生物多样性：实践项目通过投放人工鱼礁、恢复海藻床等生态修复措施，为海洋生物提供了栖息、繁殖和觅食的场所，促进了生物多样性的恢复与提升。这些措施不仅有助于维护海洋生态系统的平衡与稳定，还为渔业资源的可持续利用提供了有力保障。

改善海洋生态环境：项目在实施过程中注重水质监测与评估工作，通过实时监测和数据分析，及时发现并解决养殖活动对海洋生态环境的影响。例如，通过优化养殖布局和管理策略，减少养殖废弃物的排放和污染物的积累，改善养殖区域的水质和生态环境。此外，循环水养殖系统的应用还能够实现养殖废水的循环利用和污染物的有效处理，进一步降低养殖活动对海洋环境的影响。

推动绿色低碳发展：实践项目在推动经济发展的同时，也注重绿色低碳技术的应用和推广。例如，通过采用环保材料、节能设备等措施降低养殖活动的碳排放和资源消耗；通过推广生态化养殖模式减少化学药物的使用和养殖废弃物的产生。这些措施有助于推动海洋牧场的绿色低碳发展，为实现全球气候目标贡献力量。

（三）提升产业竞争力

海洋牧场实践项目通过优化养殖布局、提高养殖效率和管理水平等措施，显著提升了海洋牧场产品的市场竞争力，进而推动了整个产业的升级和发展。

提高养殖效率和管理水平：实践项目通过引入智能化管理系统和自动化设备，实现了养殖环境的精准调控和养殖过程的自动化管理。这些措施不仅降低了人工干预和劳动强度，还提高了养殖效率和管理水平。例如，智能监控系统能够实时监测水质参数和生物行为等信息，为管理者提供科学决策的依据；自动化投喂系统能够根据养殖生物的需求精准投喂饲料，提高饲料利用率和生物生长速度。

优化产品结构：项目根据市场需求和消费者偏好调整养殖品种和结构，开发高附加值的产品种类和规格。通过优化产品结构满足不同层次消费者的需求提升产品的市场竞争力。例如针对高端市场推出高品质、高营养价值的海产品；针对普通市场推出性价比高的海产品系列等。

拓展市场渠道：实践项目还注重市场渠道的拓展和销售策略的制定。通过参加国内外展会、举办品牌发布会等活动提升品牌知名度和影响力；通过与电商平台和零售企业合作拓展销售渠道和市场网络；通过精准营销和客户关系管理提高客户满意度和忠诚度等。这些措施有助于提升海洋牧场产品的市场占有率和品牌影响力进而提升整个产业的竞争力。

（四）积累宝贵经验

海洋牧场实践项目不仅推动了技术创新、生态保护与产业竞争力的提升，还为后续项目的实施积累了宝贵的经验。这些经验包括技术验证、生态修复、养殖管理等多个方面为其他海洋牧场项目提供了有益的参考和借鉴。

技术验证与优化经验：通过实践项目的实施可以验证新技术的可行性和效果并根据实际情况进行优化和改进。这些技术验证与优化经验为后续项目的实施提供了有力的技术支撑和保障。例如智能监控系统和循环水养殖系统等技术在实际应用中的表现和效果可以为其他项目提供参考和借鉴；同时针对技术存在的问题和不足进行改进和优化也可以提高后续项目的成功率和效果。

生态修复与保护经验：实践项目在实施过程中注重生态保护与修复工作通过投放人工鱼礁、恢复海藻床等措施促进了生物多样性的恢复与提升。这些生态修复与保护经验为后续项目在生态保护方面的规划与实施提供了有益的参考和借鉴。例如针对不同海域的生态特征和养殖需求制定科学合理的生态修复方案；通过定期监测和评估生态修复效果及时调整和优化修复措施等。

养殖管理经验：实践项目在养殖管理方面积累了丰富的经验包括水质管理、疾病防控、饲料投喂等多个方面。这些经验可以为其他项目提供有益的参考和借鉴帮助提升养殖效率和产品质量。例如制定科学合理的养殖密度和布局方案；加强养殖生物的健康监测和疾病预防工作；优化饲料投喂策略和营养配比等。

综上所述海洋牧场实践项目在推动技术创新与应用、促进生态保护与可持续发展、提升产业竞争力以及积累宝贵经验等方面具有重要意义。这些项目不仅有助于提升海洋牧场产业的整体水平还为海洋资源的可持续利用和生态环境的保护作出了积极贡献。

第二节　海洋牧场实践项目设计思路与方案制定

一、设计思路

（一）明确项目定位与目标

在项目启动之初，首要任务是明确项目的定位与目标。海洋牧场实践项目的定位应聚焦于技术创新、生态保护和经济效益提升三大核心领域。通过综合考量项目需求和实际情况，具体设定以下目标：

·技术创新与应用：项目旨在验证并优化海洋牧场运营中的关键技术，如智能监控系统、循环水养殖系统和深海网箱设计等。通过实际应用测试，确保这些技术在复杂海洋环境中的有效性和可靠性，为后续的技术推广和产业化奠定基础。

·生态保护与修复：将生态保护作为项目的重要目标之一，通过实施人工鱼礁投放、海藻床恢复等生态修复措施，促进海洋牧场生物多样性的恢复与提升，维护生态系统的平衡与稳定。同时，建立健全的环境监测体系，实时监测和评估项目对海洋环境的影响，确保养殖活动在生态承载力范围内进行。

·经济效益提升：通过科学规划与高效管理，提高海洋牧场的养殖产量和产品质量，实现经济效益的最大化。优化养殖布局和管理策略，降低运营成本，拓展销售渠道和市场网络，提升产品的市场竞争力，推动海洋牧场产业的可持续发展。

·人才培养与团队建设：重视人才培养与团队建设，通过项目实践提升团队成员的专业技能和综合素质，培养一批具有实际操作能力和创新精神的海洋牧场专业人才。同时，加强团队内部的沟通与协作，激发团队的创造力和创新精神，为海洋牧场产业的长期发展提供坚实的人才支撑。

（二）科学规划与布局

基于海域的生态特征和养殖需求，进行科学规划与布局是确保项目成功实施的关键。具体规划思路如下：

·海域生态评估：在项目选址前，对目标海域进行全面的生态评估，包括水质、底质、生物多样性等指标的分析。通过遥感监测、现场调查等手段，了解海域的生态现状和承载能力，为科学规划与布局提供依据。

·养殖布局优化：根据海域的生态特征和养殖需求，合理规划养殖区域和布局。避免在生态敏感区域进行养殖活动，确保养殖活动对海洋环境的影响最小化。同时，考虑不同养殖生物的生长习性和需求，科学设置养殖密度和布局，提高养殖效率。

·设施与设备配置：根据养殖布局和规划目标，合理配置养殖设施和设备。选择环保、高效、耐用的材料和设备，确保养殖设施的稳定性和安全性。同时，引入智能化管理系统和自动化设备，提高养殖管理的智能化和自动化水平。

（三）集成先进技术

集成物联网、大数据、人工智能等先进技术是提升海洋牧场养殖管理效率的关键。具体集成思路如下：

·智能监控系统：部署多参数水质监测传感器、高清摄像头等智能设备，实时监测养殖区域的水质状况（如溶解氧、pH值、温度、盐度等）和生物行为。通过大数据分析技术，对监测数据进行深度挖掘与分析，为养殖管理提供科学依据。同时，验证智能监控系统的稳定性和准确性，确保其在实际应用中的有效性。

·循环水养殖系统：构建循环水养殖系统，通过生物过滤、物理过滤等技术手段实现养殖废水的循环利用和污染物的有效处理。验证循环水养殖系统在提高水质、减少换水频率和降低环境污染方面的实际效果，并根据运行结果调整系统参数，优化过滤效率和处理能力。

·深海网箱设计：针对深海养殖的特殊环境，设计并测试深海网箱的结构稳定性和抗压能力。通过模拟深海环境评估网箱材料、形状及布局对养殖生物生长和环境保护的影响。根据实际测试数据对深海网箱设计进行持续优化，提高其适应深海环境的能力和养殖效益。

（四）注重生态保护与修复

将生态保护与修复措施融入项目设计之中是保障海洋牧场可持续发展的重要环节。具体思路如下：

·生态修复措施：根据海域生态特征和养殖需求科学规划人工鱼礁的投放位置和数量。选择适宜的海域投放人工鱼礁为海洋生物提供栖息、繁殖和觅食的场所促进生物多样性的增加。同时定期监测人工鱼礁区域的生物附着情况和生物多样性变化评估生态修复效果并根据监测结果调整投放策略。

·海藻床恢复：在适宜的海域种植或移植海藻恢复受损的海藻床生态系统。

选择适应当地环境的海藻种类优化种植密度和布局提高海藻的成活率和生长速度。加强海藻床区域的监测与维护工作防止人为破坏和病虫害侵袭确保海藻床的持续稳定发展。海藻床的恢复不仅能够净化水质、提供栖息地还能通过光合作用吸收二氧化碳有助于缓解海洋酸化问题。

·环境监测与评估：建立健全的环境监测体系对海洋牧场区域的水质、底质、生物多样性等关键指标进行定期监测。通过遥感监测、无人机巡检等高科技手段提高监测效率和覆盖范围。根据监测结果评估海洋牧场的生态状况和管理效果及时发现并解决生态环境问题为生态修复与保护提供科学依据。

（五）强化团队建设与人才培养

组建专业团队并加强人才培养是确保项目顺利实施和持续发展的关键。具体思路如下：

·专业培训与技能提升：根据项目需求和员工特点制定个性化的培训计划。通过内部培训、外部专家授课、在线学习等方式提升员工的专业技能和综合素质。特别是加强智能监控、循环水养殖、深海养殖等关键技术的培训力度确保员工能够熟练掌握并有效应用新技术。

·团队建设与协作能力：加强团队建设与合作交流促进员工之间的沟通与协作。通过组织团队建设活动、技术交流会等形式增强团队凝聚力和向心力。同时鼓励员工提出创新想法和改进建议激发团队的创造力和创新精神。通过团队协作和共同努力推动项目的顺利实施和持续发展。

·人才引进与激励机制：根据项目发展需要积极引进国内外优秀人才和先进技术。建立完善的人才引进机制和政策措施为优秀人才提供良好的工作环境和发展平台。同时制定具有竞争力的薪酬福利制度和激励机制吸引和留住关键人才。通过人才引进和培养相结合打造一支高素质、专业化的海洋牧场人才队伍。

二、方案制定

（一）项目选址与评估

在项目选址阶段，首要任务是选择一块适宜的海域作为海洋牧场的建设地点。选址过程需综合考虑海域的自然条件、生态环境、海洋资源以及周边基础设施等多方面因素。

自然条件评估：

·水深与地形：评估海域的水深、海底地形及地貌特征，确保水深适中、海底平坦且无明显障碍物，以支持养殖设施的稳定安装和运行。

·水流与潮汐：分析海域的水流速度、流向以及潮汐规律，确保养殖区域水流适中，既能为养殖生物提供充足的氧气和营养，又能避免强流对养殖设施的破坏。

·气候与水温：评估海域的气候条件，包括气温、水温及其季节性变化，确保养殖生物能在适宜的温度范围内生长。

生态环境评估：

·生物多样性：调查海域的生物多样性水平，包括鱼类、贝类、海藻等生物的种类和数量，评估其生态价值和保护意义。

·水质状况：检测海域的水质指标，如溶解氧、pH 值、氨氮、磷酸盐等，确保水质符合国家或地方的水质标准，满足养殖生物的生长需求。

·污染状况：评估海域的污染状况，包括石油泄漏、重金属污染、农药残留等潜在污染源，确保选址区域未受严重污染。

周边基础设施评估：

·交通条件：考察海域周边的交通设施，如港口、码头、道路等，确保项目建设和运营期间的物资运输便捷。

·能源供应：评估电力、燃料等能源供应情况，确保养殖设施能够稳定供电并满足其他能源需求。

·通信设施：检查通信网络覆盖情况，确保项目现场能够顺畅接入互联网和移动通信网络，便于远程监控和管理。

在完成上述评估后，编写详细的选址报告，提交相关部门审批。同时，与当地政府、环保部门及社区代表进行沟通协调，确保项目选址符合生态保护要求，并获得相关利益方的支持和认可。

（二）养殖模式与技术选择

根据海域条件和养殖需求，选择合适的养殖模式和技术方案是确保项目成功的关键。以下是几种常见的养殖模式和技术选择。

循环水养殖系统：

·技术特点：通过生物过滤、物理过滤等技术手段，实现养殖废水的循环利用和污染物的有效处理。该系统能够显著提高水质、减少换水频率并降低环境污染。

·适用场景：适用于水质要求较高、换水成本较高的海域。特别是在近海区域或内陆封闭水体中，循环水养殖系统能够显著提升养殖效率和环境友好性。

深海网箱养殖：

·技术特点：针对深海区域的特殊环境设计网箱结构，采用高强度材料提高抗压能力和稳定性。深海网箱养殖能够利用深海丰富的生物资源和广阔的水域空间，提高养殖产量和经济效益。

·适用场景：适用于水深较大、风浪较小的海域。通过科学规划和合理布局，深海网箱养殖能够实现高效、可持续的深海资源开发。

多营养级综合养殖：

·技术特点：通过构建多营养级生态系统，实现不同生物之间的共生与互补。例如，将滤食性贝类与草食性鱼类混养，利用贝类净化水质、减少饲料残渣对环境的污染；同时，鱼类的排泄物为贝类提供营养物质，促进贝类的生长。

·适用场景：适用于生态环境良好、生物多样性丰富的海域。多营养级综合养殖能够显著提升生态系统的稳定性和生物多样性水平，实现经济效益与生态效益的双赢。

在技术选择方面，应综合考虑技术成熟度、经济效益、环境友好性等因素。优先选择经过实践验证、具有广泛应用前景的技术方案；同时，注重技术创新与研发，不断提升养殖效率和产品质量。

（三）设施建设与设备配置

设施建设与设备配置是海洋牧场项目顺利实施的基础。以下是详细的设施建设和设备配置方案。

养殖设施建设：

·网箱建设：根据养殖模式和海域条件选择合适的网箱类型和规格。网箱材料应具备良好的耐腐蚀性、抗风浪能力和生物相容性。采用浮式或底栖式网箱结构，确保养殖生物的稳定生长。

·防波堤与码头：在风浪较大的海域建设防波堤和码头设施，保护养殖区域免受风浪侵袭。防波堤可采用石块、混凝土等材料构建；码头则根据实际需求设计泊位数量和尺寸。

·进排水系统：建设完善的进排水系统，确保养殖区域的水质符合养殖生物的生长需求。进排水口应远离污染源和生态敏感区域；同时设置水质监测站点，实时监测水质变化并采取相应措施。

智能监控设备配置：

·多参数水质监测仪：在养殖区域布设多参数水质监测仪，实时监测溶解氧、pH值、温度、盐度等关键水质指标。监测数据通过无线传输至数据中心进行分析和处理。

·高清摄像头：安装高清摄像头对养殖区域进行全天候监控，观察养殖生物的生长状况和行为习性。摄像头应具备夜视功能和云台控制功能，确保监控画面的清晰度和覆盖范围。

·智能控制系统：集成水质监测、自动投喂、疾病预警等功能模块于智能控制系统中。通过预设的养殖策略和算法模型对监测数据进行分析和处理，自动调整养殖环境参数和养殖管理措施。

水质处理设施配置：

·生物滤池：构建生物滤池系统对养殖废水进行处理。通过微生物的代谢作用将废水中的氨氮、亚硝酸盐等有害物质转化为无害物质并释放氧气。生物滤池应具备良好的过滤效率和稳定性，确保处理后的水质符合排放标准。

·物理过滤设备：配置物理过滤设备去除废水中的悬浮颗粒物和残饵等固体废物。通过机械筛网、砂滤器等设备提高水质的清澈度和透明度，减少养殖生物的疾病发生率。

（四）生态修复与保护措施

生态修复与保护措施是海洋牧场项目可持续发展的重要保障。以下是详细的生态修复和保护措施方案。

人工鱼礁投放：

·规划与设计：根据海域生态特征和养殖需求科学规划人工鱼礁的投放位置和数量。人工鱼礁应具备良好的稳定性和生物相容性，能够为海洋生物提供栖息、繁殖和觅食的场所。

·材料选择：优先选用环保、耐用且对海洋环境无害的材料构建人工鱼礁。如废旧船舶、混凝土构件等经过适当处理后可成为理想的人工鱼礁材料。

·投放与监测：按照规划方案进行人工鱼礁的投放工作，并定期对投放区域进行生物附着情况和生物多样性变化的监测与评估。根据监测结果及时调整投放策略和优化布局方案。

海藻床恢复：

·海藻种类选择：根据海域环境条件和生态需求选择适宜的海藻种类进行种植或移植。优先选择当地原生海藻种类以提高成活率和生长速度。

·种植与养护：采用人工种植或自然附着的方式在适宜的海域恢复海藻床生态系统。加强后期的养护管理工作包括水质调控、病虫害防治等确保海藻床的稳定生长和扩展。

·监测与评估：定期对海藻床区域进行水质监测和生物多样性评估工作。通过遥感监测、无人机巡检等高科技手段提高监测效率和覆盖范围。根据监测结果及时调整养护管理措施并优化海藻床布局方案。

环境监测与评估：

·监测体系构建：建立健全的环境监测体系对海洋牧场区域的水质、底质、生物多样性等关键指标进行定期监测。监测站点应覆盖整个养殖区域并具备实时数据传输能力以便及时发现并解决生态环境问题。

·数据分析与处理：利用大数据分析技术对监测数据进行深度挖掘与分析工作。通过构建预测模型和优化算法实现对养殖生物生长趋势和健康状况的精准预测和智能诊断工作为养殖管理提供科学依据和技术支持。

·预警与响应机制：建立生态环境预警与响应机制在监测数据出现异常时及时触发预警信号并启动相应的应急响应措施。通过加强内部沟通与合作确保问题得到迅速解决并防止事态进一步恶化影响项目整体进展和效益实现。

（五）管理与运营方案

科学的管理和运营方案是确保海洋牧场项目长期稳定运行的关键。以下是详细的管理和运营方案。

养殖管理：

·日常巡查：建立定期巡查制度对养殖区域进行日常巡查工作。巡查内容包括网箱结构完整性检查、养殖生物生长状况观察以及水质监测等方面确保养殖环境稳定且符合养殖生物生长需求。

·饲料投喂管理：根据养殖生物的生长阶段和营养需求制定合理的饲料投喂计划并严格按照计划执行投喂工作。通过智能投喂系统实现精准投喂减少饲料浪费并提高饲料利用率。

·疾病防控：建立完善的疾病防控体系定期对养殖生物进行健康检查并采取相应预防措施降低疾病发生率。一旦发现疫情立即启动应急响应机制隔离病鱼并采取有效治疗措施防止疫情扩散影响整体养殖效益实现。

环境监测：

·水质监测：利用多参数水质监测仪对养殖区域的水质进行实时监测并记录相关数据以便后续分析和处理工作。监测指标包括但不限于溶解氧含量、pH值变化以及氨氮浓度等方面确保水质符合养殖生物生长需求并处于安全范围内波动变化中。

·生物多样性监测：定期对养殖区域及周边海域进行生物多样性监测工作评估生物种类数量变化以及群落结构稳定性等方面情况为生态保护措施制定提供科学依据和技术支持。

产品加工与销售：

·产品加工：建立标准化产品加工流程对捕捞上岸的养殖产品进行初步处理包括清洗分级包装等环节提升产品附加值和市场竞争力实现经济效益最大化目标达成过程中质量控制和安全保障工作同样重要不可忽视任何一个细节问题出现导致整体效益受损情况发生可能性降低至最低限度范围内波动变化中运行管理效率提升显著

第三节　海洋牧场项目实施步骤与时间规划

一、实施步骤

（一）项目准备阶段

在项目启动前，充分准备是确保项目顺利进行的关键。具体步骤包括：

·成立项目团队：首先，根据项目需求组建一个专业、高效的项目团队。团队成员应包括海洋生态学家、水产养殖专家、工程师、财务分析师及项目经理等。明确各成员的职责和分工，确保团队协作顺畅。项目经理需负责整体协调与进度控制，确保项目按计划推进。

·进行项目选址与生态评估：选址是项目成功的第一步。通过收集海域的水文、气象、地质及生态环境数据，进行综合分析，确定适宜的养殖区域。利用遥感技术、无人机巡检等手段，评估海域的水质、底质、生物多样性及生态承载力。同时，考虑周边交通、能源供应及通信设施等基础设施条件，确保项目运营无虞。

·完成项目审批与资金筹备工作：在选址与评估完成后，编制详细的项目可行性研究报告，提交相关部门进行审批。同时，根据项目预算，制定资金筹措计划，包括自有资金、政府补贴、银行贷款及社会资本等多渠道融资，确保项目资金充足。

（二）设施建设与设备安装阶段

此阶段的主要任务是完成养殖设施的建设与设备的安装调试，为后续养殖活动奠定基础。具体步骤包括：

·按照项目方案进行养殖设施建设和设备安装：根据项目方案，组织专业施工队伍进行网箱、防波堤、码头等养殖设施的建设。同时，安装多参数水质监测仪、高清摄像头、智能控制系统等智能监控设备，以及生物滤池、物理过滤设备等水质处理设施。确保所有设施和设备符合设计要求，质量可靠。

·进行设备调试与试运行：在所有设施和设备安装完成后，组织专业人员进行调试与试运行。通过模拟实际养殖场景，检验设备性能与稳定性，确保各项功能正常。对发现的问题及时整改，确保设备在正式运营中能够稳定运行。

（三）养殖生物投放与管理阶段

此阶段是项目从建设转向运营的关键环节。具体步骤包括：

·投放适宜的养殖生物：根据市场需求和海域条件，选择适宜的养殖生物种类和规格进行投放。确保养殖生物健康、无病，适应海域环境。同时，合理控制养殖密度，避免过度密集导致的生态压力。

·实施生态修复与保护措施：按照项目方案，在养殖区域投放人工鱼礁，恢复海藻床等生态工程。通过定期监测生物附着情况和生物多样性变化，评估生态修复效果。同时，建立健全的环境监测体系，实时监测养殖区域的水质、底质等关键指标，确保养殖环境稳定。

·加强疾病防控工作：建立完善的疾病防控体系，定期对养殖生物进行健康检查。通过水质管理、饲料投喂、药物预防等手段，降低疾病发生率。一旦发现疫情，立即启动应急响应机制，采取隔离、治疗等措施，防止疫情扩散。

（四）运营管理与效益评估阶段

在项目正式运营后，需加强日常管理与效益评估，确保项目持续健康发展。具体步骤包括：

·进行日常运营管理：制定详细的养殖管理计划，包括水质监测、饲料投喂、疾病防控等方面。利用智能监控系统进行实时监测与数据分析，为养殖管理提供科学依据。同时，加强员工培训与团队建设，提高整体管理水平。

·定期评估项目效益：建立项目效益评估体系，定期对项目的经济效益、生态效益和社会效益进行评估。通过对比分析养殖成本、产量、价格及市场需求等因素，评估项目的盈利能力。同时，关注生物多样性、水质改善等生态效益指标，评估项目的环保贡献。此外，还需关注项目对当地社区、就业及产业链带动等方面的社会效益。

·根据评估结果调整养殖策略和管理措施：根据效益评估结果，及时调整养殖策略和管理措施。针对存在的问题与不足制定改进措施，优化养殖环境与管理流程。同时，关注市场动态与消费者需求变化，灵活调整产品结构与销售策略，提高市场竞争力。

（五）项目总结与成果推广阶段

在项目结束后，需进行全面总结与成果推广，为后续项目提供参考与借鉴。具体步骤包括：

·对项目实施过程进行总结和分析：组织项目团队对项目实施过程进行全面总结与分析。提炼项目实施过程中的经验教训与成功做法，为后续项目提供参考与借鉴。同时，识别项目实施过程中存在的问题与不足并提出改进建议。

·整理项目成果和数据资料：收集并整理项目实施过程中的各项成果与数据资料包括养殖记录、监测数据、评估报告等。确保资料的完整性与准确性为后续分析与研究提供基础数据支持。

·撰写项目总结报告：根据项目实施情况与总结分析结果撰写详细的项目总结报告。报告应全面反映项目实施过程、成果与效益评估情况以及经验教训与改进建议等内容。确保报告内容翔实、准确且具有参考价值。

·推广项目成果和经验做法：通过学术会议、技术交流会及行业展会等途径推广项目成果与经验做法。积极与同行及专家学者进行交流与合作共同推动海洋牧场产业的健康发展与技术创新。同时，关注国际动态与前沿技术及时引进并消化吸收先进技术与管理经验提升我国海洋牧场产业的技术水平与竞争力。

二、时间规划样例

（一）项目准备阶段（第 1 期）

目标：完成项目团队组建、选址评估、方案制定及审批筹备等工作，为项目正式启动奠定坚实基础。

第 1 周：

·团队组建：明确项目组织架构，招募并组建包含海洋生态学家、水产养殖专家、工程师、财务分析师及项目经理在内的专业团队。确定各成员职责，确保团队高效协作。

·初步调研：收集目标海域的基础资料，包括水文、气象、地质等数据，为后续选址评估做准备。

第 2-3 周：

·选址评估：利用遥感技术、无人机巡检等手段，对潜在养殖区域进行全面评估。分析海域的水质、底质、生物多样性及生态承载力，同时考虑周边交通、能源供应及通信设施等基础设施条件。

·报告编制：基于评估结果，编制详细的选址评估报告，明确推荐养殖区域及其理由。

第4周：

·方案制定：根据项目需求和评估结果，制定详细的项目实施方案。包括养殖模式选择、设施与设备配置、养殖生物种类及投放计划等。

·审批筹备：准备项目可行性研究报告及相关审批材料，为后续项目审批做准备。

第5周：

·项目审批：提交项目可行性研究报告至相关部门进行审批。积极沟通协调，确保项目顺利获得批准。

·资金筹备：根据项目预算，制定资金筹措计划，包括自有资金、政府补贴、银行贷款及社会资本等多渠道融资。确保项目资金充足。

（二）设施建设与设备安装阶段（第2期）

目标：完成养殖设施的建设与设备的安装调试工作，为养殖生物的投放与管理提供物质基础。

第1-2周：

·设计细化：根据实施方案，细化养殖设施的设计图纸及技术要求。明确网箱、防波堤、码头等设施的具体规格、材料及施工工艺。

·供应商选择：通过招标或询价方式，选择合适的设施与设备供应商。确保供应商具备相应资质，产品质量可靠。

第3-6周：

·设施建设：组织专业施工队伍进场施工，按照设计图纸进行网箱、防波堤、码头等养殖设施的建设。加强施工现场管理，确保工程质量与安全。

·设备采购与运输：与供应商签订采购合同，安排设备生产及运输事宜。确保设备按时到达施工现场，满足安装需求。

第7-8周：

·设备安装：在养殖设施建设的同时，进行多参数水质监测仪、高清摄像头、智能控制系统等智能监控设备的安装。确保设备位置合理，便于后续操作与维护。

·设备调试：在所有设备安装完成后，组织专业人员进行调试工作。通过模拟实际养殖场景，检验设备性能与稳定性。对发现的问题及时整改，确保设备正常运行。

（三）养殖生物投放与管理阶段（第3期）

目标：进行养殖生物的投放和初步管理，实施生态修复与保护措施，确保养殖活动顺利开展。

第1周：

·生物采购：根据市场需求和海域条件，选择合适的养殖生物种类和规格进行采购。确保生物健康、无病，适应海域环境。

·投放准备：对养殖生物进行必要的检疫和适应性训练，准备投放所需设备和物资。

第2周：

·生物投放：按照计划进行养殖生物的投放工作。合理控制投放密度，避免过度密集导致的生态压力。加强现场监管，确保投放过程顺利进行。

·初步管理：建立养殖管理档案，记录养殖生物的投放数量、种类及健康状况等信息。制定初步的管理计划，包括水质监测、饲料投喂及疾病防控等方面。

第3-4周：

·生态修复：按照项目方案，在养殖区域投放人工鱼礁，恢复海藻床等生态工程。通过定期监测生物附着情况和生物多样性变化，评估生态修复效果。

·环境监测：建立健全的环境监测体系，对养殖区域的水质、底质等关键指标进行定期监测。确保养殖环境稳定且符合生物生长需求。

（四）运营管理与效益评估阶段（第4期）

目标：进行日常运营管理和效益评估工作，根据评估结果调整养殖策略和管理措施，确保项目持续健康发展。

第1-2周：

·日常管理：制定详细的养殖管理计划，包括水质监测、饲料投喂、疾病防控等方面。利用智能监控系统进行实时监测与数据分析，为养殖管理提供科学依据。

·员工培训：加强员工的专业技能培训，提升整体管理水平。特别是智能监控、循环水养殖等关键技术的培训力度，确保员工能够熟练掌握并有效应用。

第3-4周：

·效益评估：建立项目效益评估体系，对项目的经济效益、生态效益和社会效益进行评估。通过对比分析养殖成本、产量、价格及市场需求等因素，评估项目的盈利能力。

·策略调整：根据评估结果及时调整养殖策略和管理措施。针对存在的问题与不足制定改进措施，优化养殖环境与管理流程。

第5-6周：

·市场开拓：加强市场调研与分析，了解消费者需求变化及市场竞争态势。制定针对性的市场推广策略，拓展销售渠道和市场网络。

·持续改进：关注行业动态与前沿技术，及时引进并消化吸收先进技术与管理经验。不断提升养殖效率和管理水平，保持项目竞争力。

（五）项目总结与成果推广阶段（第5期）

目标：完成项目总结和分析工作，整理项目成果和数据资料，并推广项目成果和经验做法，为后续项目提供参考与借鉴。

第1-2周：

·项目总结：组织项目团队对项目实施过程进行全面总结与分析。提炼项目实施过程中的经验教训与成功做法，为后续项目提供参考与借鉴。

·问题识别：识别项目实施过程中存在的问题与不足，并提出改进建议。为后续项目优化提供方向。

第3周：

·成果整理：收集并整理项目实施过程中的各项成果与数据资料，包括养殖记录、监测数据、评估报告等。确保资料的完整性与准确性。

·报告撰写：基于总结分析结果，撰写详细的项目总结报告。报告应全面反映项目实施过程、成果与效益评估情况以及经验教训与改进建议等内容。

第4周：

·成果推广：通过学术会议、技术交流会及行业展会等途径推广项目成果与经验做法。积极与同行及专家学者进行交流与合作，共同推动海洋牧场产业的健康发展与技术创新。

·后续规划：根据项目总结与评估结果，制定后续项目的发展规划与改进方向。为持续推动海洋牧场产业的发展奠定坚实基础。

第十三章　思考题

1. 在海洋牧场实践项目中，如何科学规划养殖布局以确保养殖活动在生态承载力范围内进行，并减少资源浪费和环境污染？

2. 在实施生态修复与保护措施时，如何确保人工鱼礁投放和海藻床恢复的成效，并通过定期监测与评估进行及时调整和优化？

3. 海洋牧场实践项目中，如何制定高效、精准的疾病防控体系，以降低养殖生物的疾病发生率，并确保在发生疫情时能够迅速响应和有效控制？

4. 在智能监控系统的设计与实施中，如何选择合适的监测参数和设备，以确保数据的准确性和实时性，为养殖管理提供科学依据？

5. 海洋牧场项目在资金筹备方面，除了政府补贴和银行贷款外，还有哪些有效的融资渠道？如何评估各渠道的风险与收益？

6. 在制定项目时间规划时，如何平衡各阶段的任务量、人员配置和资金需求，以确保项目按计划顺利推进？

7. 项目总结与成果推广阶段，如何提炼和展示项目的创新点和成功经验，以吸引更多行业关注和合作机会？

第十四章

海洋牧场跨学科案例分析（一）

第一节　海洋牧场与生态保护案例

一、案例背景

案例名称：基于北斗卫星导航系统的海洋牧场生态监测与保护项目

项目地点：中国某沿海区域

项目目标：利用北斗卫星导航系统提升海洋牧场生态监测能力，保护海洋生物多样性。该项目旨在通过高科技手段实现对海洋牧场生态环境的实时监测与精准管理，促进海洋生态的可持续恢复与保护。

二、技术应用与生态保护措施

（一）北斗卫星导航系统应用

实时监测：

北斗卫星导航系统凭借其高精度、广覆盖的特点，在该项目中发挥了至关重要的作用。系统通过集成多颗北斗卫星的数据，实现对海洋牧场区域的全面覆盖和实时监测。通过在水下安装北斗定位终端和传感器网络，项目团队能够实时获取海洋牧场的水质参数（如溶解氧、pH 值、温度、盐度等）、底质状况以及生物多样性指标。这些实时数据为生态监测提供了坚实的基础，使得管理者能够迅速响应环境变化，采取有效措施保护生态环境。

精准定位：

在生态修复过程中，精准定位是关键环节之一。北斗卫星导航系统的高精度定位功能, 使得人工鱼礁、海藻床等生态修复设施的投放与跟踪变得更为精确。项目团队利用北斗系统进行科学规划, 确定最佳投放位置和密度, 确保生态修复设施能够最大限度地发挥效用。同时, 通过对这些设施的持续跟踪, 团队能够及时了解其稳定性和效果, 为后续的优化调整提供依据。

(二) 生态修复措施

人工鱼礁投放:

基于北斗定位数据, 项目团队科学规划了人工鱼礁的投放位置和密度。通过深入分析海域的生态特征和生物分布, 团队确定了关键生态区域和生物栖息地, 以确保人工鱼礁的投放能够最大限度地促进生物多样性的恢复。在投放过程中, 北斗系统提供了精准的位置信息, 确保了鱼礁的准确布放。投放后, 团队定期利用北斗系统进行跟踪监测, 评估鱼礁的稳定性和生物附着情况, 及时调整优化投放策略。

海藻床恢复:

海藻床作为海洋生态系统的重要组成部分, 对维护水质、提供栖息地和促进生物多样性具有重要作用。在该项目中, 团队利用北斗系统监测海藻的生长情况。通过在海藻种植区域安装北斗定位终端和传感器, 团队能够实时获取海藻的生长速率、覆盖面积以及生物量等关键指标。这些数据为及时调整养护措施提供了科学依据。例如, 当监测到海藻生长缓慢或受到病虫害侵袭时, 团队能够迅速采取措施, 如调整水质参数、增加养分供应或进行病虫害防治等, 以确保海藻床的稳定恢复。

三、实施效果与评估

生态成效:

通过北斗卫星导航系统的应用, 该项目取得了显著的生态成效。人工鱼礁和海藻床区域的生物多样性显著增加, 多种珍稀海洋生物得以栖息和繁衍。同时, 水质得到有效改善, 溶解氧含量提高, 氨氮、磷酸盐等污染物浓度显著降低。这些变化不仅促进了海洋生态系统的自我恢复能力, 也为渔业资源的可持续利用提供了有力保障。

监测效率:

北斗系统的实时监测功能大幅提高了生态监测的效率和准确性。相比传统的手工监测方法, 北斗系统能够实现全天候、全方位的覆盖, 减少了人为误差和漏测现象。同时, 系统能够自动处理和分析监测数据, 为管理者提供直观的图表和报告，使得生态监测工作更加高效、便捷。这些优势不仅降低了监测成本，也提高了生态保护的科学性和针对性。

经验总结：

北斗卫星导航系统在海洋牧场生态保护中的应用，充分展示了高科技手段在促进海洋生态恢复中的重要作用。通过实时监测和精准定位，项目团队能够及时发现和解决生态环境问题，为生态保护提供了有力支持。此外，该项目的成功实施还为其他海洋牧场提供了宝贵的经验和借鉴。未来，随着技术的不断进步和应用范围的扩大，北斗卫星导航系统将在海洋生态保护中发挥更加重要的作用。

通过该项目的实施，我们深刻认识到科技创新在海洋生态保护中的关键作用。未来，我们将继续探索和应用新技术、新方法，不断提升海洋牧场的生态监测能力和保护水平，为实现海洋生态的可持续恢复与保护贡献更多力量。

第二节　海洋牧场与经济发展案例

一、案例背景

案例名称：基于智能化管理的海洋牧场高效养殖项目

项目地点：中国东部沿海地区

项目目标：通过智能化管理手段提高海洋牧场的养殖效率和经济效益。

中国东部沿海地区拥有丰富的海洋资源和优越的地理位置，具备发展海洋牧场的良好条件。然而，传统养殖模式存在管理粗放、效率低下、环境污染等问题，严重制约了海洋牧场的可持续发展。因此，本项目旨在通过引入智能化管理手段，优化养殖环境，提高养殖效率，降低生产成本，从而实现海洋牧场的经济效益最大化。

二、技术应用与经济发展策略

（一）智能监控系统

多参数监测：

为了实现对海洋牧场环境的全面监测，项目集成了北斗卫星导航系统、多参数水质监测传感器等先进设备。北斗卫星导航系统的高精度定位功能，结合多参数水质监测传感器，能够实时监测水质、气象等关键环境参数，包括溶解氧、pH 值、温度、盐度等。这些实时数据通过无线网络传输至数据中心，为养殖管理提供了精确、全面的信息支持。

通过智能监控系统的应用，管理者可以实时掌握养殖环境的变化情况，及时调整养殖策略，确保养殖生物在最佳生长条件下生长。例如，当监测到水质中的溶解氧含量下降时，系统会自动触发增氧设备，补充氧气，防止养殖生物因缺氧而死亡。

数据分析：

项目利用大数据分析技术，对智能监控系统采集的海量数据进行深度挖掘和分析。通过建立养殖环境模型，分析不同环境参数对养殖生物生长的影响，优化养殖环境调控策略。例如，通过对比不同水质条件下养殖生物的生长速度和健康状况，确定最佳的水质参数范围，为养殖管理提供科学依据。

同时，大数据分析技术还能够预测养殖生物的生长趋势和健康状况，及时发现并预警潜在的风险因素。例如，通过分析养殖生物的摄食行为和生长速率，预测疾病暴发的可能性，提前采取措施进行防控。

（二）循环水养殖系统

生物过滤：

循环水养殖系统是本项目提高资源利用效率、减少环境污染的重要手段。该系统通过生物过滤技术，将养殖废水中的有害物质（如氨氮、亚硝酸盐等）转化为无害物质，实现废水的循环利用。生物滤池中的微生物群落通过代谢作用，将废水中的有机物分解为无机物，同时释放氧气，为养殖生物提供良好的生长环境。

通过生物过滤技术，项目显著降低了养殖废水的排放量和污染物的浓度，实现了养殖废水的零排放或低排放。这不仅保护了海洋环境，还节约了水资源，提高了养殖效益。

自动化管理：

结合北斗系统的定位功能，项目实现了养殖设施的远程监控和自动化管理。通过智能控制系统，管理者可以远程操控养殖设备，如增氧机、投喂机等，实现养殖过程的自动化和智能化。同时，智能控制系统还能够根据实时监测数据，自动调整养殖环境参数，如水质、温度、光照等，确保养殖生物在最佳生长条件下生长。

自动化管理的应用，显著降低了人工成本，提高了养殖效率。管理者无需亲自到现场操作设备，只需通过电脑或手机即可实现对养殖过程的全面监控和管理。这不仅节省了人力成本，还提高了养殖管理的精准度和及时性。

（三）市场拓展

品牌建设：

项目注重品牌建设和市场推广，通过高品质的产品和优质的服务，打造海洋牧场品牌，提升市场竞争力。项目团队注重产品的质量控制和安全保障，确保养殖生物符合国家和地方的安全标准。同时，通过参加国内外展会、举办品牌发布会等活动，提升品牌知名度和影响力。

品牌建设不仅提高了产品的附加值和市场竞争力，还增强了消费者对产品的信任度和忠诚度。消费者更倾向于选择知名品牌的产品，认为其品质更有保障，服务更周到。

多元化产品：

为了满足不同消费者的需求，项目开发了多元化的海洋牧场产品。除了传统的鱼类、贝类等海产品外，还开发了高附加值的功能性食品和保健品。例如，利用海洋生物资源提取的胶原蛋白、鱼油等保健品，深受女性消费者的喜爱。

通过多元化产品开发，项目不仅丰富了产品线，还拓宽了市场销售渠道。不同种类的产品满足了不同消费群体的需求，提高了项目的盈利能力和市场竞争力。

三、实施效果与经济效益

（一）养殖效率提升

智能化管理的应用显著提高了海洋牧场的养殖效率。通过实时监测和数据分析，管理者能够精准调控养殖环境参数，确保养殖生物在最佳生长条件下生长。这不仅缩短了养殖周期，还提高了产量和品质。

例如，通过智能监控系统实时监测水质参数，及时调整水质条件，使得养殖生物的生长速度和健康状况显著提升。同时，循环水养殖系统的应用减少了养殖废水的排放和污染物的积累，为养殖生物提供了更加清洁、健康的生长环境。

（二）成本降低

循环水养殖系统和自动化管理的应用，降低了海洋牧场的生产成本。通过废水的循环利用和自动化设备的引入，项目显著减少了水资源消耗和人工成本。

循环水养殖系统减少了换水次数和用水量，节约了水资源成本。同时，生物过滤技术的应用降低了化学药品的使用量，减少了环境治理成本。自动化设备的引入减少了人力投入，降低了人工成本。这些措施共同作用下，项目整体成本显著下降，盈利空间增加。

（三）市场拓展成功

品牌建设和多元化产品开发策略成功吸引了更多消费者，市场份额显著扩大。高品质的产品和优质的服务赢得了消费者的信任和好评，品牌知名度不断提升。同时，多元化产品开发满足了不同消费者的需求，拓宽了市场销售渠道。

通过参加国内外展会、举办品牌发布会等活动，项目成功吸引了大量潜在客户和合作伙伴。这些客户和合作伙伴为项目带来了更多的订单和合作机会，推动了项目的快速发展。

四、经验总结

（一）技术创新

智能化管理和循环水养殖系统的应用展示了技术创新在推动海洋牧场经济发展中的关键作用。通过引入先进技术和设备，项目实现了养殖环境的精准调控和资源的高效利用。这不仅提高了养殖效率和产品质量，还降低了生产成本和环境污染风险。

未来，随着科技的不断进步和创新应用的推广，海洋牧场将迎来更多的发展机遇和挑战。项目团队将继续关注前沿技术动态，加强技术研发和应用推广力度，不断提升海洋牧场的智能化水平和经济效益。

（二）市场拓展

多元化产品开发和品牌建设是提升海洋牧场市场竞争力的重要途径。通过开发高附加值产品和提供优质服务，项目成功吸引了更多消费者和合作伙伴的关注和支持。这些措施不仅提高了产品的附加值和市场竞争力，还拓宽了市场销售渠道和盈利空间。

未来，项目团队将继续关注市场需求变化和消费者偏好调整产品结构和市场策略。同时加强品牌建设和市场推广力度提升品牌知名度和影响力吸引更多消费者和合作伙伴的关注和支持推动海洋牧场产业的持续健康发展。

第三节　小组讨论与案例分析报告

一、小组讨论

（一）议题设定

1. 北斗卫星导航系统在海洋牧场生态保护与经济发展中的应用价值。

①探讨北斗系统在海洋牧场环境监测、生态修复及资源管理中的应用潜力

和实际效果。

②分析北斗系统如何提升海洋牧场管理的科学性和精准度，进而促进生态保护与经济发展的双赢。

2. 智能化管理手段对提升海洋牧场养殖效率的影响

①研究智能监控系统、自动化设备等智能化手段在优化养殖环境、提高资源利用效率方面的作用。

②讨论智能化管理如何降低人力成本、减少疾病风险，从而提升海洋牧场的整体养殖效率和经济效益。

（二）讨论内容

1. 分析北斗系统在海洋牧场实时监测和精准定位中的技术优势

①高精度定位：北斗系统提供厘米级甚至毫米级的定位精度，这对于海洋牧场中的人工鱼礁投放、海藻床恢复等生态修复工作至关重要，可以确保生态修复设施精准布放，提高生态修复效果。

②实时监测：结合传感器网络，北斗系统能够实时监测海洋牧场的水质、气象等环境参数，为管理者提供实时、全面的环境数据，便于及时发现并解决生态环境问题。

③广泛覆盖：北斗系统具有全球覆盖能力，不受地域限制，适用于各种海洋环境，为远程、大面积的海洋牧场管理提供了有力支持。

2. 探讨智能监控系统在优化养殖环境、降低养殖风险方面的作用

①多参数监测：智能监控系统通过集成多参数传感器，实时监测水质、气象等关键环境参数，为管理者提供全面、精准的环境数据，便于优化养殖环境，提高养殖生物的生长速度和健康状况。

②数据分析与预警：利用大数据分析技术，智能监控系统能够对监测数据进行深度挖掘和分析，预测养殖生物的生长趋势和健康状况，提前预警潜在风险，如疾病暴发、水质恶化等，为管理者提供决策支持。

③自动化管理：结合智能控制系统，智能监控系统能够实现养殖设施的远程操控和自动化管理，如自动增氧、自动投喂等，降低人力成本，提高养殖效率。

3. 讨论如何通过品牌建设和市场拓展提升海洋牧场的经济效益

①品牌建设：加强海洋牧场产品的品牌建设，通过高品质的产品和优质的服务赢得消费者信任，提升品牌知名度和美誉度。参加国内外展会、举办品牌发布会等活动，提高品牌曝光度。

②多元化产品开发：根据市场需求和消费者偏好，开发多元化的海洋牧场产

品，如功能性食品、保健品等，满足不同消费群体的需求，拓宽市场销售渠道。

③市场拓展：通过线上线下相结合的方式拓展市场，与电商平台、零售企业等建立合作关系，拓宽销售渠道。同时，关注国际贸易动态，积极开拓国际市场。

二、案例分析报告

（一）报告结构

引言：

简述海洋牧场跨学科案例分析的重要性和目的。海洋牧场作为海洋渔业可持续发展的重要模式，其生态保护与经济发展之间的平衡是关键。通过跨学科案例分析，可以深入探索新技术、新方法在海洋牧场管理中的应用效果，为海洋牧场的可持续发展提供科学依据和实践经验。

生态保护案例分析：

详细阐述北斗系统在生态保护中的应用效果和经验总结

·案例背景：基于北斗卫星导航系统的海洋牧场生态监测与保护项目，旨在通过高科技手段提升海洋牧场的生态监测能力，促进生物多样性的恢复与保护。

·技术应用：

1）实时监测与精准定位：北斗系统结合传感器网络，实现对海洋牧场环境的实时监测和精准定位。通过实时监测水质、气象等关键环境参数，以及精准定位生态修复设施的位置，为管理者提供全面、精准的数据支持。

2）生态修复措施：基于北斗系统的监测数据，科学规划人工鱼礁和海藻床的投放位置和密度。通过定期监测生物附着情况和生物多样性变化，评估生态修复效果，并及时调整优化投放策略。

·实施效果：

1）生物多样性恢复：人工鱼礁和海藻床区域的生物多样性显著增加，多种珍稀海洋生物得以栖息和繁衍。

2）水质改善：溶解氧含量提高，氨氮、磷酸盐等污染物浓度显著降低，水质得到有效改善。

3）监测效率提升：北斗系统的实时监测功能大幅提高了生态监测的效率和准确性，降低了监测成本。

·经验总结：北斗卫星导航系统在海洋牧场生态保护中的应用展示了高科

技手段在促进生态恢复中的重要作用。未来应继续探索和应用新技术、新方法，提升海洋牧场的生态监测能力和保护水平。

经济发展案例分析：

深入分析智能化管理手段对养殖效率和经济效益的提升作用。

·案例背景：基于智能化管理的海洋牧场高效养殖项目，旨在通过引入智能化管理手段提高养殖效率和经济效益。

·技术应用：

1）智能监控系统：通过多参数监测和数据分析功能优化养殖环境参数如水质、温度等确保养殖生物在最佳生长条件下生长。同时预测养殖生物的生长趋势和健康状况提前预警潜在风险。

2）循环水养殖系统：通过生物过滤技术实现养殖废水的循环利用减少废水排放和污染物积累。结合自动化设备实现养殖过程的远程监控和自动化管理降低人力成本提高养殖效率。

·实施效果：

1）养殖效率提升：智能化管理的应用显著提高了养殖效率缩短了养殖周期提高了产量和品质。

2）成本降低：循环水养殖系统和自动化设备的引入减少了水资源消耗和人工成本项目整体成本显著下降盈利空间增加。

3）市场拓展成功：品牌建设和多元化产品开发策略成功吸引了更多消费者市场份额显著扩大。高品质的产品和优质的服务赢得了消费者的信任和好评品牌知名度不断提升。

·经验总结：智能化管理和循环水养殖系统的应用展示了技术创新在提升海洋牧场养殖效率和经济效益中的关键作用。未来应继续加强技术研发和应用推广力度不断提升海洋牧场的智能化水平和市场竞争力。

结论与建议：

总结案例分析的主要发现，提出未来海洋牧场发展的建议。

主要发现：

·北斗卫星导航系统在海洋牧场生态保护中具有显著优势能够提升生态监测的精度和效率促进生物多样性的恢复与保护。

·智能化管理手段通过优化养殖环境、降低人力成本等方式显著提高了海洋牧场的养殖效率和经济效益。

未来建议：

·加强技术创新与应用：持续关注前沿技术动态加强技术研发和应用推广

力度提升海洋牧场的智能化水平和生态保护能力。

·优化市场策略：根据市场需求和消费者偏好调整产品结构和市场策略加强品牌建设和市场推广力度提升海洋牧场产品的市场竞争力。

·强化合作与交流：加强政府、企业、科研机构及社区之间的合作与交流共同推动海洋牧场的可持续发展。通过经验分享和技术交流促进海洋牧场管理的科学化和规范化。

第十四章　思考题

1. 北斗卫星导航系统在海洋牧场生态监测中，如何确保监测数据的准确性和实时性？

2. 在基于北斗系统的海洋牧场生态修复项目中，如何科学规划人工鱼礁和海藻床的投放位置和密度，以实现最佳的生态修复效果？

3. 智能监控系统在海洋牧场疾病防控中扮演了什么角色？如何通过数据分析提前预警疾病风险？

4. 循环水养殖系统相比传统养殖模式，在降低水资源消耗和减少环境污染方面有哪些具体优势？

5. 在海洋牧场品牌建设中，除了高品质的产品，还有哪些因素能够提升品牌知名度和市场竞争力？

6. 海洋牧场在开发多元化产品时，如何平衡高附加值产品与市场需求之间的关系，确保产品的市场接受度？

7. 小组讨论中提到的加强政府、企业、科研机构及社区之间的合作与交流，对于推动海洋牧场跨学科研究和技术创新有哪些具体帮助？

第十五章

海洋牧场跨学科案例分析（二）

第一节　成功的海洋牧场经营模式分析

一、案例背景介绍

项目名称：南海海域生态循环海洋牧场经营模式

地理位置：南海某海域，该海域拥有丰富的渔业资源和优越的生态环境，适合发展海洋牧场。

项目目标：通过构建生态循环经营模式，实现经济效益与生态效益的双赢。该项目旨在通过科学规划和管理，提升养殖效率，保护海洋生态环境，促进当地渔业的可持续发展。

二、经营模式概述

生态循环养殖：在南海海域生态循环海洋牧场项目中，循环水养殖系统被广泛应用。该系统通过生物过滤和物理过滤技术，实现了养殖废水的循环利用和污染物的有效处理。生物过滤技术利用微生物群落将废水中的氨氮、亚硝酸盐等有害物质转化为无害物质，同时释放氧气，为养殖生物提供清新的生长环境。物理过滤则通过机械过滤设备去除废水中的悬浮颗粒物和残饵，进一步提高水质。这种循环水养殖模式不仅减少了养殖废水的排放，还节约了水资源，降低了环境污染风险。

多营养级综合养殖：为了提高资源利用效率，项目采用了多营养级综合养殖模式。该模式通过构建复杂的食物网关系，实现不同生物种类间的共生与互补。例如，将滤食性贝类与草食性鱼类进行混养，贝类能够滤食水中的浮游生物和有机碎屑，净化水质；而鱼类的排泄物则为贝类提供了丰富的营养物质。这种养殖模式不仅提高了养殖系统的稳定性和生物多样性，还显著提升了整体养殖效益。

智能化管理：智能化管理在南海海域生态循环海洋牧场项目中发挥了重要作用。项目引入了智能监控系统，通过多参数传感器实时监测水质、气象等关键环境参数，为管理者提供全面、精准的数据支持。智能监控系统还具备数据分析与预警功能，能够预测养殖生物的生长趋势和健康状况，及时发现并预警潜在风险。此外，项目还配备了自动化投喂系统和增氧设备，实现了养殖过程的远程操控和自动化管理。这不仅降低了人力成本，还提高了养殖管理的精准度和效率。

三、关键成功因素分析

技术创新：技术创新是南海海域生态循环海洋牧场项目成功的关键因素之一。通过引入循环水养殖系统、多营养级综合养殖模式和智能化管理系统，项目显著提升了养殖效率和资源利用效率。循环水养殖系统实现了养殖废水的循环利用和污染物的有效处理，降低了环境污染风险；多营养级综合养殖模式提高了生物多样性和资源利用效率；智能化管理系统则提升了养殖管理的精准度和效率。这些技术创新措施共同推动了项目的可持续发展。

市场定位与品牌建设：项目团队根据市场需求和消费者偏好，精准定位产品结构和市场策略。通过高品质的产品和优质的服务，成功打造了具有市场竞争力的海洋牧场品牌。同时，项目团队还注重市场拓展和品牌建设，积极参加国内外展会、举办品牌发布会等活动，提升品牌知名度和影响力。这些措施有效吸引了更多消费者和合作伙伴的关注和支持，为项目的长期发展奠定了坚实基础。

社区参与利益共享：社区参与和利益共享机制在南海海域生态循环海洋牧场项目中发挥了重要作用。项目团队积极与当地政府、社区组织和渔民合作，共同推进项目的规划、实施和运营。通过提供就业机会、培训支持、社区基础设施建设等措施，项目实现了与社区的和谐共生和利益共享。这不仅增强了社区居民对项目的认同感和支持度，还促进了项目的顺利实施和可持续发展。

四、经济效益与生态效益评估

经济效益：南海海域生态循环海洋牧场项目在经济效益方面取得了显著成效。通过引入循环水养殖系统和智能化管理系统，项目显著提升了养殖效率和产量。数据显示，与传统养殖模式相比，项目养殖产量提高了约30%，养殖成本降低了约20%。同时，通过多元化产品开发和市场拓展策略，项目成功吸引了更多消费者和合作伙伴的关注和支持，市场份额不断扩大。这些措施共同推动了项目的经济效益提升和盈利空间增加。

生态效益：项目在生态效益方面也取得了显著成效。通过引入生态循环养殖模式和多营养级综合养殖模式，项目显著改善了养殖区域的水质和生态环境。数据显示，项目实施后养殖区域的水质指标如溶解氧含量、氨氮浓度等均有显著改善。同时，项目还通过人工鱼礁投放和海藻床恢复等措施促进了生物多样性的恢复与提升。这些生态效益不仅保护了海洋生态环境还提升了项目的可持续发展能力。

五、经验总结与启示

技术创新的重要性：南海海域生态循环海洋牧场项目的成功实践表明技术创新是推动海洋牧场可持续发展的关键。通过引入循环水养殖系统、多营养级综合养殖模式和智能化管理系统等技术创新措施项目显著提升了养殖效率和资源利用效率降低了环境污染风险。未来应继续加强技术研发和应用推广力度提升海洋牧场的智能化水平和生态保护能力。

市场导向：市场需求导向下的产品结构调整和品牌建设策略是提升海洋牧场市场竞争力的有效途径。项目团队根据市场需求和消费者偏好精准定位产品结构和市场策略通过高品质的产品和优质的服务成功打造了具有市场竞争力的海洋牧场品牌。未来应继续关注市场需求变化和消费者偏好调整产品结构和市场策略加强品牌建设和市场推广力度提升海洋牧场产品的市场竞争力。

社区共管：社区参与和利益共享机制在促进海洋牧场项目成功中发挥了重要作用。通过加强政府、企业、社区之间的合作与交流共同推进项目的规划、实施和运营可以实现与社区的和谐共生和利益共享。未来应继续完善社区参与和利益共享机制鼓励社区居民积极参与海洋牧场项目的建设和管理共同推动海洋牧场的可持续发展。

第二节　海洋牧场应对风险与挑战的案例研究

一、案例背景

项目名称：南海海域海洋牧场风险管理与应对案例

项目背景：南海海域海洋牧场项目作为该地区渔业转型升级的重要尝试，面临着复杂多变的风险与挑战。

项目位于南海某海域，拥有丰富的渔业资源和优越的生态环境，但同时也极易受到极端气候事件、生物疾病暴发以及市场波动等因素的影响。具体而言，项目面临的主要风险与挑战包括：

· 极端气候事件：南海海域常受台风、海啸等极端气候事件影响，这些事件对海洋牧场的基础设施、养殖设施及养殖生物构成严重威胁。

· 生物疾病暴发：高密度养殖环境下，疾病传播速度快，一旦暴发可能迅速扩散，导致大量养殖生物死亡，给项目带来巨大经济损失。

· 市场波动：国内外市场需求变化、贸易政策调整等因素，可能导致海产品销售价格波动，影响项目的经济效益。

为了有效应对这些风险与挑战，项目团队建立了一套完善的风险管理与应对机制，确保项目的持续稳定运行。

二、风险评估与监测体系

（一）风险评估

项目团队定期进行全面系统的风险评估，以识别潜在风险点。风险评估流程包括：

· 数据收集：收集历史气候数据、疾病监测报告、市场分析报告等，为风险评估提供基础数据支持。

· 风险识别：通过专家评审、数据分析等方法，识别可能对项目造成影响的风险因素，如台风路径预测、疾病流行趋势、市场供需变化等。

· 风险分析：对识别出的风险因素进行量化分析，评估其发生的可能性和潜在影响程度，确定风险等级。

· 风险报告：编制风险评估报告，明确风险点、影响范围及应对措施，为管理层决策提供科学依据。

（二）实时监测

智能监控系统在实时监测中发挥了关键作用。系统通过多参数传感器网络，实现对水质、气象、生物健康等关键指标的实时监测：

·水质监测：监测溶解氧、pH 值、温度、盐度等水质参数，确保养殖生物在适宜的水质条件下生长。

·气象监测：利用气象站监测风速、风向、降雨量等气象数据，为极端气候事件的预警提供数据支持。

·生物健康监测：通过高清摄像头和图像识别技术，监测养殖生物的行为习性、生长状况及健康状况，及时发现并预警疾病风险。

实时监测数据通过无线传输至数据中心，利用大数据分析技术进行深度挖掘和分析，为风险预警和应对提供科学依据。

三、风险应对策略

（一）自然灾害应对

针对台风、海啸等自然灾害，项目制定了详细的应急预案：

·预警机制：与当地气象部门建立紧密合作关系，及时获取气象预警信息，启动预警机制。

·疏散与撤离：根据预警等级，制定人员疏散和养殖生物转移方案，确保人员和养殖生物的安全。

·设施加固：对网箱、防波堤等关键设施进行加固处理，提高其抗风抗浪能力。

·灾后恢复：灾后迅速组织力量进行设施修复和重建工作，确保项目尽快恢复正常运营。

（二）生物疾病防控

项目建立了完善的疾病防控体系：

·疫情监测：定期对养殖生物进行健康检查，利用生物芯片等高科技手段进行疾病快速诊断。

·隔离治疗：一旦发现疫情，立即对病鱼进行隔离治疗，防止疫情扩散。

·无害化处理：对病死生物进行规范的无害化处理，防止病原体传播。

·生物安全管理：加强养殖区域的生物安全管理，控制外来物种入侵和疾病传播风险。

（三）市场波动应对

面对市场波动，项目采取了多元化产品开发和市场拓展策略：

·多元化产品开发：根据市场需求变化，开发不同规格、不同品种的海产品，满足不同消费者需求。

·市场拓展：积极拓展国内外市场，与电商平台、零售企业等建立合作关系，拓宽销售渠道。

·品牌建设：加强品牌建设和市场推广力度，提升品牌知名度和美誉度，增强市场竞争力。

四、案例分析

成功案例：在应对台风灾害方面，项目团队通过科学预警和及时疏散措施成功降低了损失。某次台风预警发布后，项目团队立即启动应急预案，组织人员进行养殖生物的转移和设施的加固工作。同时，与当地政府和救援机构保持密切联系，确保疏散和救援工作的顺利进行。最终，项目在台风过后迅速恢复运营，减少了经济损失。

在生物疾病防控方面，项目团队成功控制了某次细菌性病害的暴发。通过日常监测发现病情后，项目团队立即启动疫情应急预案，对病鱼进行隔离治疗，并对养殖区域进行全面消毒。同时，加强生物安全管理措施，防止疫情扩散。经过一系列有效防控措施的实施，项目成功控制了病情发展，保障了养殖生物的健康生长。

失败教训：在应对市场波动方面，项目团队曾因对市场变化反应迟钝而遭受一定经济损失。某次国内外市场需求突然下降导致海产品销售受阻，项目团队未能及时调整产品结构和市场策略以应对市场变化。这一失败教训使项目团队深刻认识到市场灵活性的重要性，并加强了市场调研和预警机制的建设。

五、经验总结与启示

风险意识：项目成功应对风险与挑战的经验表明，树立强烈的风险意识是前提。项目团队应始终保持对潜在风险的警觉性，定期进行风险评估和监测工作，确保对风险有清晰的认识和预判。

应急预案：制定科学、可操作的应急预案是应对突发事件的关键。项目团队应根据风险评估结果制定相应的应急预案并定期进行演练和完善工作，确保在突发事件发生时能够迅速响应并采取有效措施降低损失。

灵活应对：面对市场变化和风险情况，项目团队应具备高度的灵活性和适应性。通过加强市场调研和预警机制建设及时掌握市场动态和风险信息；通过多元化产品开发和市场拓展策略灵活调整产品结构和市场策略以应对市场变化；通过加强品牌建设和市场推广力度提升品牌知名度和市场竞争力以应对潜在的市场风险。

综上所述，南海海域海洋牧场项目在应对风险与挑战方面积累了丰富的经验和教训。通过建立健全的风险评估与监测体系、制定科学有效的应急预案以及保持高度的市场灵活性和适应性等措施项目成功降低了风险损失并实现了持续稳定发展。这些经验和启示对于其他海洋牧场项目具有重要的参考价值和借鉴意义。

第三节 小组讨论与案例分析报告

一、小组讨论

（一）议题设定

议题一：成功的海洋牧场经营模式的关键要素。

讨论内容：

·技术创新：技术创新是推动海洋牧场经营模式成功的核心驱动力。通过引入先进的养殖技术、智能监控系统和自动化设备，可以显著提高养殖效率和资源利用率，降低生产成本。例如，循环水养殖系统通过生物过滤和物理过滤技术，实现了养殖废水的循环利用，减少了环境污染；智能监控系统则通过实时监测水质、气象等关键环境参数，为管理者提供了精准的数据支持，有助于及时发现问题并采取有效措施。技术创新不仅提升了海洋牧场的经济效益，也为生态保护提供了有力保障。

·市场定位：准确的市场定位是成功经营海洋牧场的关键。项目团队需要深入了解市场需求和消费者偏好，根据市场变化灵活调整产品结构，以满足不同消费群体的需求。例如，通过开发高附加值的功能性食品和保健品，可以提升产品的市场竞争力；通过多元化产品开发，可以拓宽销售渠道，增加收入来源。同时，加强品牌建设和市场推广，提升品牌知名度和美誉度，也是市场定位的重要方面。

·社区参与：社区参与是海洋牧场经营模式成功的重要支撑。通过积极与当地政府、社区组织和渔民合作，可以共同推进项目的规划、实施和运营。社区参与不仅有助于解决项目实施过程中可能遇到的社会问题，还能增强社区居民对项目的认同感和支持度。通过提供就业机会、培训支持和社区基础设施建设等措施，可以实现项目与社区的和谐共生和利益共享。

议题二：海洋牧场风险管理与应对的有效策略。

讨论内容：

·风险评估与监测：建立健全的风险评估与监测体系是有效管理海洋牧场风险的前提。通过定期收集和分析历史气候数据、疾病监测报告、市场分析报告等资料，可以识别出潜在的风险因素，并进行量化分析，评估其发生的可能性和潜在影响程度。同时，利用智能监控系统实时监测水质、气象、生物健康等关键指标，为风险预警和应对提供科学依据。

·应急预案制定：针对识别出的风险因素，制定科学、可操作的应急预案是应对突发事件的关键。应急预案应明确应急响应流程、人员分工、物资准备等内容，确保在突发事件发生时能够迅速响应并采取有效措施。例如，针对台风、海啸等极端气候事件，应制定详细的人员疏散和养殖生物转移方案；针对生物疾病暴发，应建立疫情监测和隔离治疗机制，防止疫情扩散。

·灵活应对与持续改进：面对不断变化的市场环境和潜在风险，海洋牧场项目团队需要具备高度的灵活性和适应性。通过加强市场调研和预警机制建设，及时掌握市场动态和风险信息；通过多元化产品开发和市场拓展策略，灵活调整产品结构和市场策略；通过定期复盘和总结经验教训，不断改进和完善风险管理和应对策略。

二、案例分析报告

（一）引言

本次小组讨论旨在通过分析成功的海洋牧场经营模式和风险管理与应对案例，提炼出可复制和推广的经验教训，为海洋牧场的可持续发展提供借鉴。通过深入讨论技术创新、市场定位、社区参与以及风险评估与应对等关键要素，探索海洋牧场经营管理的最佳实践。

（二）成功案例分析

案例一：基于生态循环养殖的海洋牧场经营模式。

该海洋牧场项目通过引入生态循环养殖模式，实现了经济效益与生态效益的双赢。具体做法包括：

·构建循环水养殖系统：通过生物过滤和物理过滤技术，实现养殖废水的循环利用和污染物的有效处理。这不仅减少了养殖废水的排放，还节约了水资源，降低了环境污染风险。

·实施多营养级综合养殖：通过构建复杂的食物网关系，实现不同生物种类间的共生与互补。例如，将滤食性贝类与草食性鱼类进行混养，提高了资源利用效率和养殖系统的稳定性。

·引入智能化管理系统：通过智能监控系统实时监测水质、气象等关键环境参数，为管理者提供精准的数据支持。同时，配备自动化投喂系统和增氧设备，实现养殖过程的远程操控和自动化管理。

亮点分析：

·技术创新显著：循环水养殖系统和多营养级综合养殖模式的引入，显著提升了养殖效率和资源利用效率。

·市场需求导向：根据市场需求变化灵活调整产品结构，开发高附加值产品，增强了市场竞争力。

·社区参与广泛：积极与当地政府、社区组织和渔民合作，共同推进项目实施，实现了与社区的和谐共生和利益共享。

案例二：南海海域海洋牧场的风险管理与应对。

该项目在风险管理与应对方面采取了以下措施：

·建立风险评估与监测体系：定期收集和分析历史气候数据、疾病监测报告、市场分析报告等资料，识别潜在风险因素，并进行量化分析。同时，利用智能监控系统实时监测关键指标，为风险预警和应对提供科学依据。

·制定应急预案：针对识别出的风险因素，制定详细的应急预案。例如，针对台风、海啸等极端气候事件，制定人员疏散和养殖生物转移方案；针对生物疾病暴发，建立疫情监测和隔离治疗机制。

·灵活应对市场变化：通过加强市场调研和预警机制建设，及时掌握市场动态和风险信息。同时，采取多元化产品开发和市场拓展策略，灵活调整产品结构和市场策略，降低市场波动对项目的影响。

亮点分析：

·风险评估全面：通过定期评估和实时监测，确保对潜在风险有清晰的认识和预判。

·应急预案科学：制定科学、可操作的应急预案，确保在突发事件发生时能够迅速响应并采取有效措施。

·市场适应性强：通过灵活调整产品结构和市场策略，有效应对市场波动带来的挑战。

（三）风险应对案例分析

案例：台风灾害应对。

在台风预警发布后，该项目团队立即启动应急预案，采取以下措施应对台风灾害：

·预警机制启动：与当地气象部门保持密切联系，及时获取台风预警信息，并启动预警机制。

·人员疏散与养殖生物转移：根据预警等级制定详细的人员疏散和养殖生物转移方案，确保人员和养殖生物的安全。

·设施加固：对网箱、防波堤等关键设施进行加固处理，提高其抗风抗浪能力。

·灾后恢复：灾后迅速组织力量进行设施修复和重建工作，确保项目尽快恢复正常运营。

成效分析：

通过科学预警和及时疏散措施，该项目成功降低了台风灾害带来的损失。灾后恢复工作迅速有序进行，确保了项目的持续稳定运行。这一案例充分展示了应急预案在应对极端气候事件中的有效性。

提炼的经验和教训：

·风险意识重要：始终保持对潜在风险的警觉性，定期进行风险评估和监测工作至关重要。

·应急预案关键：制定科学、可操作的应急预案是应对突发事件的关键。同时，加强应急演练和培训也是提高应急响应能力的重要途径。

·灾后恢复及时：灾后迅速组织恢复工作对于减少损失和保持项目稳定运行具有重要意义。

（四）结论与建议

主要发现：

·技术创新是推动海洋牧场成功的核心动力：通过引入循环水养殖系统、智能监控系统等先进技术，显著提升了养殖效率和资源利用效率。

·市场定位准确是提升竞争力的关键：根据市场需求变化灵活调整产品结构，加强品牌建设，有助于提升市场竞争力。

·社区参与是实现可持续发展的重要支撑：通过积极与当地政府、社区组织和渔民合作，共同推进项目实施和运营，可以实现与社区的和谐共生和利益共享。

· 风险评估与应对是保障项目稳定运行的基础：建立健全的风险评估与监测体系，制定科学、可操作的应急预案，有助于降低潜在风险对项目的影响。

未来建议：

· 持续关注技术创新：加强技术研发和应用推广力度，关注前沿技术动态，不断提升海洋牧场的智能化水平和生态保护能力。

· 灵活调整市场策略：根据市场需求变化灵活调整产品结构和市场策略，加强品牌建设和市场推广力度，提升品牌知名度和市场竞争力。

· 完善风险管理机制：建立健全风险评估与监测体系，制定科学、可操作的应急预案，并加强应急演练和培训工作，提高应急响应能力。

· 深化社区参与机制：加强与当地政府、社区组织和渔民的合作与交流，共同推进海洋牧场的可持续发展。通过提供就业机会、培训支持等措施，增强社区居民对项目的认同感和支持度。

第十五章 思考题

1. 在生态循环海洋牧场中，循环水养殖系统相比传统养殖模式，在资源利用和环境保护方面有哪些具体优势？如何进一步优化这些优势？

2. 多营养级综合养殖模式在提升海洋牧场生物多样性和资源利用效率方面起到了什么作用？实施该模式时需要注意哪些关键因素？

3. 在智能化管理系统中，如何通过多参数传感器和数据分析技术，实现对海洋牧场环境的精准监测和预警？这些技术对养殖效率的提升有何具体贡献？

4. 面对市场波动，海洋牧场如何通过多元化产品开发和市场拓展策略来降低风险并提升市场竞争力？请举例说明。

5. 在海洋牧场风险评估与监测体系中，智能监控系统如何与人工监测相结合，以提高监测的全面性和准确性？

6. 制定海洋牧场应急预案时，如何确保预案的科学性和可操作性？如何通过定期演练和复盘来不断改进预案？

7. 社区参与在海洋牧场项目中的重要性体现在哪些方面？如何通过利益共享机制增强社区居民对项目的认同感和支持度？

第十六章

海洋牧场总结与读者实践展示

第一节　海洋牧场知识点回顾与总结

一、海洋牧场基本概念与发展历程

（一）基本概念

海洋牧场作为人工构建与管理的海洋生态系统，其核心目标在于实现海洋生物资源的可持续利用与生态保护。这一概念的提出，源于对传统渔业资源日益枯竭和海洋生态环境恶化的深刻反思。海洋牧场通过科学规划与管理，模拟自然生态过程，为海洋生物提供适宜的栖息环境和生长条件，促进生物多样性的恢复与提升，同时确保渔业资源的可持续产出。

（二）发展历程

海洋牧场的发展历程可以大致划分为以下几个关键阶段：

·早期探索阶段：在这一阶段，人们开始意识到传统渔业捕捞对海洋生态的破坏，并尝试通过人工方式改善海洋生态环境。早期的海洋牧场实践主要集中在小规模的海域修复与保护，如投放人工鱼礁、种植海藻等，以探索其对海洋生物多样性和渔业资源恢复的影响。

·技术突破阶段：随着科技的进步，海洋牧场技术得到了显著发展。循环水养殖系统、智能监控系统、自动化投喂系统等先进技术的引入，极大地提高了海洋牧场的养殖效率和资源利用效率。同时，生态修复技术的不断创新，也为海洋牧场生物多样性的恢复提供了有力支持。

·规模化应用阶段：在技术突破的基础上，海洋牧场开始在全球范围内得到规模化应用。各国政府和企业纷纷投入资金和技术力量，推动海洋牧场的建设与发展。这一阶段，海洋牧场不仅在渔业资源保护和恢复方面取得了显著成效，还带动了相关产业的发展，促进了地方经济的繁荣。

二、海洋牧场规划与管理

(一) 规划原则

海洋牧场的规划应遵循以下核心原则：

·生态优先：在规划过程中，应充分考虑海洋生态系统的特点和承载能力，确保规划方案对生态环境的负面影响最小化。

·可持续发展：规划应着眼于长远利益，确保海洋牧场的建设与运营能够持续促进渔业资源的恢复与保护。

·科学规划：依托科学数据和研究成果，制定科学合理的规划方案，确保规划目标的实现。

·多方参与：鼓励政府、企业、科研机构、社区等多方参与规划过程，形成合力推动海洋牧场的建设与发展。

(二) 管理技术

在海洋牧场的管理过程中，关键技术与方法包括：

·环境监测：通过布设多参数传感器网络，实时监测海洋牧场的水质、气象等关键环境参数，为养殖管理提供科学依据。

·生物资源保护：加强对养殖生物的保护与管理，防止疾病传播和外来物种入侵，确保生物资源的可持续利用。

·养殖设施布局与管理：根据海域特点和养殖需求，科学规划养殖设施的布局与管理策略，提高养殖效率和资源利用效率。同时，加强设施的维护与保养，确保其稳定运行。

三、技术前沿与应用

(一) 智能化技术

智能化技术在海洋牧场中的应用日益广泛，主要包括：

·智能监控系统：通过集成多参数传感器和高清摄像头等设备，实现对海洋牧场环境的实时监测与数据分析。系统能够自动预警水质恶化、生物异常等情况，为管理者提供及时有效的信息支持。

·自动化投喂系统：根据养殖生物的生长需求和摄食习性，自动调整投喂量和投喂时间，提高饲料利用率和养殖效率。同时，减少人工干预和劳动强度。

·循环水养殖系统：通过生物过滤和物理过滤等技术手段，实现养殖废水的循环利用和污染物的有效处理。该系统不仅降低了养殖过程中的环境污染风险，还节约了水资源和养殖成本。

（二）生态修复技术

生态修复技术在海洋牧场中的应用主要包括：

·人工鱼礁投放：通过投放适宜的人工鱼礁结构物，为海洋生物提供栖息和繁殖场所。人工鱼礁的投放有助于促进生物多样性的恢复和提升，同时改善海域生态环境。

·海藻床恢复：在适宜的海域种植或移植海藻等海洋植物，恢复受损的海藻床生态系统。海藻床的恢复不仅能够净化水质、提供栖息地，还能通过光合作用吸收二氧化碳等温室气体，有助于缓解海洋酸化问题。

四、社会责任与伦理道德

（一）社会责任

企业在海洋牧场开发过程中应承担以下社会责任：

·环境保护：严格遵守环境保护法规和标准，采取有效措施减少养殖活动对海洋生态环境的影响。同时，积极参与海洋生态保护项目和研究工作，推动海洋生态环境的持续改善。

·社区参与：加强与当地社区的合作与交流，确保社区在海洋牧场开发过程中的知情权、参与权和受益权。通过提供就业机会、培训支持等措施促进社区发展和社会和谐。

·员工福祉：关注员工的职业健康与安全，提供符合国家标准的工作环境和条件。同时加强员工培训和发展机会提高员工的职业素养和竞争力。

·公平贸易：遵循公平贸易原则在供应链管理中确保所有参与者的权益得到保障。推动供应链的透明化和可持续发展促进全球渔业资源的合理利用和保护。

（二）伦理道德

海洋牧场开发与运营中应遵循以下伦理原则：

·可持续发展：确保海洋牧场的开发与运营符合可持续发展的要求，在保护生态环境的前提下实现经济效益和社会效益的最大化。

·负责任行为准则：在海洋牧场开发与运营过程中严格遵守法律法规和道

德规范采取负责任的行为准则确保所有利益相关者的权益得到保障。

五、风险管理与应对策略

（一）风险评估

海洋牧场面临的风险类型主要包括自然环境风险、生物生态风险、市场与经济风险以及技术与管理风险等。针对这些风险类型应定期进行风险评估工作识别潜在风险点并评估其发生的可能性和潜在影响程度。风险评估应基于科学数据和研究成果确保评估结果的准确性和可靠性。

（二）应对策略

为有效应对海洋牧场面临的各种风险应采取以下应对策略：

·应急预案制定：针对识别出的风险点制定科学可行的应急预案明确应急响应流程、人员分工和物资准备等内容确保在突发事件发生时能够迅速响应并采取有效措施降低损失。

·实时监测系统建设：加强实时监测系统建设通过集成多参数传感器和数据分析技术实现对海洋牧场环境的实时监测与预警。系统应能够自动识别和预警潜在风险为管理者提供及时有效的信息支持。

·多元化供应商体系构建：构建多元化的供应商体系确保关键物资的稳定供应降低供应链中断风险。同时加强与供应商的合作与交流共同应对市场波动和供应链挑战。

第二节　海洋牧场学习实践项目展示

一、实践项目背景与目标

项目背景：

下列项目以南海海域海洋牧场养殖为例进行阐述，可以组织团队到具体的海域参观、调研和开展科研工作。

随着全球渔业资源的日益紧张和海洋生态环境的不断恶化，传统捕捞业面临着巨大的挑战。海洋牧场作为一种可持续的渔业发展模式，通过科学规划与管理，旨在恢复和保护海洋生态环境，同时实现渔业资源的可持续利用。本项目"智能化生态循环海洋牧场实践"在此背景下应运而生，旨在通过引入智能化技术和生态循环养殖模式，探索海洋牧场发展的新路径。

本项目选址于中国南部沿海某海域，该海域具有丰富的渔业资源和优越的生态环境，适合开展海洋牧场实践。项目旨在通过实地操作和数据分析，验证智能化生态循环养殖模式的技术可行性和经济效益，为海洋牧场的可持续发展提供科学依据和实践经验。

项目目标：

·技术验证：通过实践验证循环水养殖系统、智能监控系统等先进技术在海洋牧场中的应用效果，评估其对养殖效率和环境保护的贡献。

·生态修复：通过人工鱼礁投放、海藻床恢复等措施，促进海域生物多样性的恢复与提升，改善海洋生态环境。

·经济效益：通过科学管理和高效养殖，提高海洋牧场的经济效益，实现渔业资源的可持续利用。

·数据积累：收集和分析项目实施过程中的各项数据，为后续研究和推广提供宝贵资料。

二、实践方案设计

选址与评估：

项目选址经过严格考察和评估，综合考虑了海域的水文条件、生态环境、基础设施以及政策支持等因素。通过遥感监测、现场勘查等手段，收集了海域的水深、底质、水流、生物多样性等基础数据，并进行了生态承载力评估。最终确定的海域具有适宜的水深、良好的水质和丰富的渔业资源，能够满足项目需求。

同时，项目团队还与当地政府和社区进行了充分沟通，确保项目实施过程中能够得到相关利益方的支持和配合。

养殖模式与技术选择：

本项目采用循环水养殖系统和多营养级综合养殖模式相结合的技术方案。

·循环水养殖系统：通过生物过滤和物理过滤技术，实现养殖废水的循环利用和污染物的有效处理。该系统能够显著降低养殖过程中的水资源消耗和环境污染风险，提高养殖效率。

·多营养级综合养殖模式：通过构建复杂的食物网关系，实现不同生物种类间的共生与互补。例如，将滤食性贝类与草食性鱼类进行混养，贝类能够滤食水中的浮游生物和有机碎屑，净化水质；而鱼类的排泄物则为贝类提供了丰富的营养物质。这种养殖模式不仅提高了资源利用效率，还增强了养殖系统的稳定性和生物多样性。

此外，项目还引入了智能监控系统，通过多参数传感器实时监测水质、气象等关键环境参数，为管理者提供精准的数据支持。智能监控系统具备数据分析与预警功能，能够及时发现并预警潜在风险，如水质恶化、疾病暴发等。

设施建设与设备配置：

·养殖设施建设：根据项目需求和海域条件，建设了适量的网箱、防波堤等养殖设施。网箱采用高强度材料制作，具有良好的抗风浪能力和耐用性；防波堤则用于保护养殖区域免受外界风浪的侵袭。

·智能监控设备：在养殖区域布设了多参数水质监测传感器、高清摄像头等智能监控设备。这些设备能够实时监测水质参数（如溶解氧、pH 值、温度、盐度等）和生物行为习性，为养殖管理提供科学依据。

·水质处理设备：配置了生物滤池和物理过滤设备，用于处理养殖废水中的氨氮、亚硝酸盐等有害物质，实现废水的循环利用。生物滤池利用微生物群落将有害物质转化为无害物质并释放氧气；物理过滤设备则通过机械过滤去除废水中的悬浮颗粒物和残饵。

三、实施过程与成果

实施步骤：

·设施建设阶段：按照项目方案完成了网箱、防波堤等养殖设施的建设工作，并安装了智能监控和水质处理设备。

·养殖生物投放阶段：经过严格检疫和适应性训练后，将选定的养殖生物（如鱼类、贝类等）投放至养殖区域。

·日常管理阶段：利用智能监控系统进行实时监测和数据分析，根据监测结果调整养殖环境参数和管理措施。同时加强疾病防控工作，定期对养殖生物进行健康检查。

·数据收集与分析阶段：收集项目实施过程中的各项数据（如水质监测数据、生物生长数据等），并进行深入分析和总结。

成果展示：

·水质改善：通过循环水养殖系统和智能监控系统的应用，养殖区域的水质得到了显著改善。溶解氧含量提高、氨氮和磷酸盐等污染物浓度显著降低。

·生物多样性恢复：人工鱼礁投放和海藻床恢复措施促进了海域生物多样性的恢复与提升。多种海洋生物在养殖区域内栖息和繁衍，形成了较为复杂的生态系统。

·经济效益提高：智能化管理和高效养殖模式显著提高了养殖效率和经济效益。与传统养殖模式相比，项目养殖产量提高了约 30%，养殖成本降低了约 20%。

第三节　未来海洋牧场发展的思考

一、技术创新与发展趋势

技术突破：

在未来，海洋牧场在多个技术领域有望实现重大突破，进一步推动行业的快速发展。

·基因编辑技术：随着 CRISPR-Cas9 等基因编辑技术的日益成熟，未来海洋牧场将能够更精准地改良养殖生物的遗传特性。通过基因编辑，可以定向培育出生长速度快、抗病性强、肉质优良的新品种鱼类、贝类等。例如，研究人员可以利用基因编辑技术提高养殖鱼类的饲料转化率，减少养殖成本；或者增强其抗寒、抗病能力，使养殖生物能够适应更广泛的海域环境。此外，基因编辑技术还有助于发现新的生物标志物，为疾病防控和健康管理提供科学依据。

·深海养殖技术：随着深海探测和作业技术的进步，深海养殖将成为未来海洋牧场的重要发展方向。深海区域具有水温稳定、污染少、生物资源丰富等优势，适合进行高价值的海产品养殖。未来，深海网箱的设计将更加科学合理，采用高强度、耐腐蚀的材料，提高抗压能力和稳定性。同时，深海养殖将结合物联网、大数据等先进技术，实现远程监控和自动化管理，降低人力成本，提高养殖效率。此外，深海生物资源的开发利用也将为海洋牧场提供新的增长点。

·智能监控技术：未来智能监控技术将更加智能化、集成化，实现对海洋牧场环境的全方位、实时监测。通过集成多参数传感器、高清摄像头等设备，智能监控系统能够实时监测水质、气象、生物行为等关键指标，为养殖管理提供精准数据支持。同时，利用人工智能和大数据分析技术，智能监控系统将能够自动识别和预警潜在风险，如水质恶化、疾病暴发等，为管理者提供及时有效的决策依据。此外，随着 5G、卫星通信等技术的发展，智能监控系统的数据传输将更加快速、稳定，实现远程实时操控和管理。

发展趋势：

未来海洋牧场的发展将呈现智能化、生态化、多元化等主要趋势。

·智能化：随着物联网、大数据、人工智能等技术的广泛应用，海洋牧场将实现养殖环境的精准调控和养殖过程的自动化管理。智能监控系统、自动化投喂系统、循环水养殖系统等先进技术的集成应用，将显著提高养殖效率和资源利用效率，降低人力成本和劳动强度。同时，智能化技术还将为海洋牧场的风险管理和应急响应提供有力支持，确保养殖活动的安全稳定进行。

·生态化：未来海洋牧场将更加注重生态保护与可持续发展。通过科学规划和合理布局，降低养殖活动对海洋生态环境的影响；通过实施人工鱼礁投放、海藻床恢复等生态修复措施，促进生物多样性的恢复与提升。同时，推广生态化养殖模式，如多营养级综合养殖、循环水养殖等，实现养殖废弃物的资源化利用和污染物的有效处理。这些措施将有助于维护海洋生态系统的平衡与稳定，推动海洋牧场的绿色低碳发展。

·多元化：面对日益多样化的市场需求和消费者偏好，未来海洋牧场将注重产品的多元化开发。通过引进新品种、改良养殖工艺和加工技术，开发出不同规格、不同口味、不同功能的海产品。同时，加强品牌建设和市场推广力度，提升产品附加值和市场竞争力。此外，海洋牧场还将积极拓展国际市场，参与全球渔业资源的竞争与合作，推动产业的国际化发展。

二、可持续发展路径

生态保护：在未来海洋牧场的发展中，平衡生态保护与经济效益是实现可持续发展的关键。首先，应坚持生态优先原则，在规划和管理过程中充分考虑海洋生态系统的特点和承载能力。通过科学评估海域的生态承载力，合理确定养殖规模和布局，避免过度开发和资源枯竭。其次，加强环境监测与评估工作，实时监测海洋牧场的水质、底质、生物多样性等关键指标，及时发现并解决生态环境问题。同时，实施严格的生态保护措施，如人工鱼礁投放、海藻床恢复等，促进生物多样性的恢复与提升。此外，加强法律法规建设和执法力度，确保海洋牧场活动符合环保要求，减少养殖活动对海洋生态环境的影响。

绿色生产：推动海洋牧场向绿色低碳方向发展是未来发展的重要趋势。首先，应大力推广绿色养殖技术，如循环水养殖、生态养殖等，实现养殖废弃物的资源化利用和污染物的有效处理。通过采用生物过滤、物理过滤等技术手段，降低养殖过程中的氨氮、亚硝酸盐等有害物质排放，提高水质质量。其次，注重环保材料的应用，如使用可降解或可循环利用的材料制作养殖设施和设备，减少塑料等难以降解物质的使用。此外，加强能源管理和节能减排工作，推广节能设备和技术，降低养殖活动的碳排放和资源消耗。这些措施将有助于实现海洋牧场的绿色低碳生产，推动行业的可持续发展。

循环经济：循环经济模式在未来海洋牧场的发展中具有广阔的应用前景。通过构建闭环经济系统，实现养殖废弃物的资源化利用和污染物的无害化处理。首先，应推广循环水养殖系统，实现养殖废水的循环利用和零排放或低排放目标。通过生物过滤和物理过滤等技术手段，将废水中的有害物质转化为无害物质并重新利用于养殖过程中。其次，加强养殖废弃物的分类收集和资源化利用工作。将残饵、粪便等有机废弃物转化为有机肥料或生物能源；将废旧网箱、设备等金属废弃物进行回收再利用。此外，推动海洋牧场与其他产业的协同发展。通过与农业、工业等产业的深度融合和资源共享，实现养殖废弃物的跨产业利用和价值链延伸。这些措施将有助于提高资源利用效率和经济效益，推动海洋牧场的可持续发展。

三、政策支持与国际合作

政策引导：政府在未来海洋牧场的发展中应发挥重要引导和支持作用。首先，出台更多支持海洋牧场发展的政策措施，如财政补贴、税收优惠等，降低企业的运营成本和提高盈利能力。通过设立专项发展基金或奖励机制，鼓励企业加大技术创新和研发投入力度。其次，完善相关法律法规和标准体系，明确海洋牧场的法律地位和管理要求。加强执法力度和监管措施，确保政策的有效实施和维护良好的市场秩序。此外，推动海洋牧场纳入国家发展战略和规划体系，加强政策协调和资源整合力度，为海洋牧场的发展提供有力保障。

国际合作：加强国际在海洋牧场技术、管理、市场等方面的交流与合作是推动行业发展的重要途径。首先，积极参与国际海洋牧场领域的交流与合作项目，引进和消化吸收国外先进技术和管理经验。通过与国际知名企业和研究机构建立合作关系，共同开展技术研发和成果转化工作。其次，推动海洋牧场产品的国际贸易与合作。加强与国际市场的对接和沟通力度，拓展出口渠道和市场份额。同时，积极参与国际渔业资源管理和保护合作机制，共同维护全球渔业资源的可持续利用和保护。此外，加强与国际组织的合作与交流力度。积极参与联合国粮农组织（FAO）、国际海事组织（IMO）等国际组织的活动和项目合作中推动全球海洋牧场领域的合作与发展。

四、人才培养与团队建设

专业培训：加强海洋牧场领域专业人才培训是推动行业发展的重要保障。

首先，建立完善的专业培训体系，涵盖养殖技术、智能监控、生态修复等多个方面。通过组织专业培训课程、技能竞赛等活动形式提高从业人员的专业素养和实际操作能力。其次，加强与高校、科研机构等合作单位的交流与合作。通过共建实训基地、联合培养等方式推动产学研用紧密结合和人才培养模式的创新与发展。此外，鼓励企业加大内部培训力度和资源投入力度建立完善的人才培养机制和激励机制吸引更多优秀人才加入海洋牧场领域并不断提升行业整体技术水平和管理能力。

团队建设：构建多元化、专业化的海洋牧场团队是推动行业发展的重要支撑。首先，鼓励跨学科、跨领域合作与交流推动不同专业背景的人才在海洋牧场领域发挥各自优势并实现优势互补与协同发展。通过组建多学科交叉的研究团队和创新平台推动技术创新和成果转化工作取得突破性进展并不断提升行业整体竞争力水平。其次，加强团队建设和文化建设工作营造良好的工作氛围和团队合作精神。通过组织团队建设活动、文化交流等形式增强团队成员之间的沟通与协作能力并激发团队成员的创新创造活力共同推动海洋牧场领域的持续健康发展与进一步提升行业整体形象和品牌价值水平以及社会影响力等方面取得更加显著成效与成果展示效果。

五、市场拓展与品牌建设

市场需求：分析未来海洋产品市场需求变化是制定市场拓展策略的重要依据之一。随着消费者对健康、环保、高品质海产品的需求不断增加以及国际贸易形势的不断变化未来海洋牧场应注重产品多元化和品牌化发展趋势以满足不同消费者群体的需求并提升市场竞争力水平。首先加强对国内外市场趋势和消费者偏好的研究与分析工作及时掌握市场动态变化信息并调整产品结构和市场策略以满足市场需求变化要求；其次加强产品创新和差异化发展工作通过引进新品种、改良养殖工艺和加工技术等方式开发出具有独特风味和营养价值特点的高品质海产品以满足不同消费者群体的需求并提升产品附加值水平；最后加强品牌建设和市场推广力度通过参加国内外展会、举办品牌发布会等活动形式提升品牌知名度和美誉度并拓展销售渠道和市场份额水平以及提升整体盈利能力水平等方面取得更加显著成效与成果展示效果。

品牌建设：品牌建设在提升海洋牧场产品市场竞争力中发挥着关键作用之一。首先注重产品质量控制和安全保障工作建立完善的质量管理体系和追溯体系确保产品符合国家和行业标准要求并提升消费者对产品品质和安全性的信任度水平；其次加强品牌宣传和推广力度通过线上线下相结合方式拓展品牌知名

度和影响力范围并吸引更多消费者关注和购买意愿；最后加强客户关系管理和
售后服务工作建立完善客户服务体系和反馈机制及时收集客户意见和建议并根
据客户需求变化调整产品结构和市场策略以满足客户需求变化要求并提升客户
满意度水平以及忠诚度水平等方面取得更加显著成效与成果展示效果从而为海
洋牧场领域的持续健康发展提供有力支撑与保障作用以及促进产业转型升级和
创新发展等方面取得更加显著贡献与贡献价值体现形式之一。

第十六章 思考题

1. 在海洋牧场学习实践项目中，如何确保智能监控系统收集的数据准确性
和可靠性？请提出具体的数据质量控制措施。

2. 在未来海洋牧场的发展趋势中，你认为基因编辑技术的引入将如何改变
海洋牧场的养殖效率和生物多样性？请详细阐述。

3. 请结合海洋牧场实践项目展示的内容，分析智能化管理对提升养殖经济
效益的具体作用，并给出实例说明。

4. 在制定未来海洋牧场可持续发展路径时，如何平衡生态保护与经济效益
之间的关系？请提出具体的实施策略。

5. 在市场拓展与品牌建设中，海洋牧场企业如何通过精准营销策略吸引特
定消费群体，并提升品牌忠诚度？请给出具体建议。